U0204467

帕特里克·麦克纳马拉
Patrick McNamara

波士顿大学神经学系副教授，北方中央大学心理学系教授。他因在睡眠和梦方面的工作获得了两项美国国立卫生研究院（NIH）研究资助奖。《新科学家》《波士顿环球报》等媒体对他的作品进行过深入报道。

The Neuroscience of Sleep and Dreams

脑科学前沿译丛

主编　李红　周晓林　罗跃嘉

睡眠与梦的神经科学

[美] 帕特里克·麦克纳马拉　著

Patrick McNamara

黄俊锋　张大山　译　史可卉　校

浙江教育出版社 · 杭州

图书在版编目（CIP）数据

睡眠与梦的神经科学 / (美) 帕特里克·麦克纳马拉 (Patrick McNamara) 著 ; 黄俊锋, 张大山译 ; 史可卉校. -- 杭州 : 浙江教育出版社, 2023.11
(脑科学前沿译丛)
ISBN 978-7-5722-6515-0

Ⅰ. ①睡… Ⅱ. ①帕… ②黄… ③张… ④史… Ⅲ. ①神经科学 Ⅳ. ①Q189

中国国家版本馆CIP数据核字(2023)第169009号

引进版图书合同登记号 浙江省版权局图字：11-2020-086

脑科学前沿译丛
睡眠与梦的神经科学
SHUIMIAN YU MENG DE SHENJING KEXUE
[美]帕特里克·麦克纳马拉(Patrick McNamara) 著　黄俊锋 张大山 译　史可卉 校

责任编辑：洪　滔　　责任校对：陈阿倩
美术编辑：韩　波　　责任印务：陆　江
装帧设计：融象工作室_顾页

出版发行：浙江教育出版社（杭州市天目山路 40 号）
图文制作：杭州林智广告有限公司　　印刷装订：杭州佳园彩色印刷有限公司
开　本：787 mm × 1092 mm　1/16　　印　张：13.75
插　页：4　　字　数：275 000
版　次：2023 年 11 月第 1 版　　印　次：2023 年 11 月第 1 次印刷
标准书号：ISBN 978-7-5722-6515-0　　定　价：79.00 元

如发现印装质量问题，影响阅读，请与我社市场营销部联系调换。联系电话：0571-88909719

“脑科学前沿译丛”总序

人类自古以来都强调要“认识你自己”（古希腊箴言），因为“知人者智，自知者明”（老子《道德经》第三十三章）。然而，要真正清楚认识人类自身，尤其是清楚认识人类大脑的奥秘，那还是极其困难的。迄今，人类为“认识世界、改造世界”已经付出了艰辛的努力，取得了令人瞩目的成就，但对于人类自身的大脑及其与人类意识、人类健康的关系的认识，还是相当有限的。20世纪90年代开始兴起、至今仍如初升太阳般光耀的国际脑科学研究热潮，为深层次探索人类的心理现象，揭示人类之所以为人类，尤其是揭示人类的意识与自我意识提供了全新的机会。始于2015年，前后论证了6年时间的中国脑计划在2021年正式启动，被命名为“脑科学与类脑科学研究”。

著名的《科学》（*Science*）杂志在其创立125周年之际，提出了125个全球尚未解决的科学难题，其中一个问题就是“意识的生物学基础是什么”。要回答这个问题，就必须弄清“意识的起源及本质”。心理是脑的机能，脑是心理的器官。然而，研究表明，人脑结构极其复杂，拥有近1000亿个神经元，神经元之间通过电突触和化学突触形成上万亿级的神经元连接，其内部复杂性不言而喻。人脑这样一块重1400克左右的物质，到底如何工作才产生了人的意识？能够回答这样的问题，就能够解决“意识的生物学基础是什么”这一重大科学问题，也能够解决人类的大脑如何影响以及如何保护人类身心健康这一重大应用问题，还能解决如何利用人类大脑的工作原理来研发新一代人工智能这一重大工程问题。事实上，包括中国科学家在内的众多科学家，已经在脑科学方面做了大量的探索，有着丰富的积累，让我们对脑科学拥有了较为初步的知识。

2017年，为了给中国脑计划的实施做一些资料的积累，浙江教育出版社邀请周晓林、罗跃嘉和我，组织国内青年才俊翻译了一套“认知神经科学前沿译丛”，包括《人类发展的认知神经科学》《注意的认知神经科学》《社会行为中的认知神经科学》《神经经济学、判断与决策》《语言的认知神经科学》《大脑与音乐》《认知神经科学史》等，围绕心理/行为与脑的关系，汇集跨学科研究方法和成果——神经生理学、神经生物学、神经化学、基因组学、社会学、认知心理学、经济/管理学、语言学、音乐学等。据了解，这套译丛在读者群中产生了非常好的影响，为中国脑计划的正式实施起到了积极的作用。

正值中国脑计划启动之初，浙江教育出版社又邀请我们三人组成团队，并组织国内相关领域的专家，翻译出版“脑科学前沿译丛”，助力推进脑科学研究。我们选取译介了国际脑科学领域具有代表性、权威性的学术前沿作品，这些作品不仅涉及人类情感(《剑桥人类情感神经科学手册》)、成瘾(《成瘾神经科学》)、认知老化(《老化认知与社会神经科学》)、睡眠与梦(《睡眠与梦的神经科学》)、创造力(《创造力神经科学》)、自杀行为(《自杀行为神经科学》)等具体研究领域的基础研究，还特别关注与心理学密切关联的认知神经科学研究方法(《计算神经科学和认知建模》《人类神经影像学》)，充分反映出当今世界脑科学的研究新成果和先进技术，揭示脑科学的热点问题和未来发展方向。

今天，国际脑计划方兴未艾，中国也在2021年发布了脑计划首批支持领域并投入了31亿元作为首批支持经费。美国又在2022年发布了其脑计划2.0版本，希望能够在不同尺度上揭示大脑工作的奥秘。因此，脑科学的研究和推广，必然是国际科学界竞争激烈的前沿领域。我们推出这套译丛，旨在宣传脑科学，通过借鉴国际脑科学研究先进成果，吸引中国青年一代学者投入更多的时间和精力到脑科学研究的浪潮中来。如果这样的目的能够实现，我们的工作就算没有白费。

是为序。

李 红

2022年6月于华南师范大学石牌校区

Contents 目录

前　言

这本关于睡眠和梦的神经科学的导论性质的著作是剑桥大学出版社“剑桥神经科学心理学基础”系列中的一部分。该系列丛书旨在介绍神经科学方法和研究的运用，从而使读者了解该领域的心理学问题。因此，本书的一大关键主题，即告知读者睡眠与梦的基础科学知识，并阐明围绕睡眠和梦出现的心理学问题。本书可以作为学院/大学课程（如脑与行为、精神药理学、神经心理学、行为神经科学、梦心理学、生理心理学）的补充教科书、受过高等教育的非专业人士的普及版图书，和大学高年级或研究生水平的大学课程或研讨会的主要教科书（可供补充的科学论文）。

我将要回答的问题包括：什么是睡眠？为什么有快速眼动和非快速眼动两种基本睡眠形式（至少陆生哺乳类动物如此）？为什么快速眼动期间杏仁核被激活，而背前额叶皮质被抑制？慢波睡眠期间进行免疫系统修复的证据是什么？什么是睡眠债务？其与脑功能有什么关系？慢性睡眠债务的心理后果是什么？几种主要的睡眠异态提供了关于意识状态的什么信息？我将讨论多种睡眠障碍（梦游症、快速眼动行为障碍、发作性睡病、睡眠异态等）中许多有趣而奇异的临床症状，以及有关睡眠和梦在记忆和学习中的作用的最新发现。关于梦，需要解决的问题包括：为什么有些人很少回忆起梦，而有些人每天都被梦的记忆所淹没？为什么社会交往在梦中无处不在？某些梦境体验是否预示着疾病甚至死亡？为什么有些梦非常感人，另一些则平淡无奇、容易忘却？为什么有些人在做梦的时候很容易意识到自己在做梦（“清醒梦”），而另一些人却从未“清醒”过？我们需要做梦才能完成记忆吗？我们需要梦才能有创造力吗？使用智能手机和应用程序跟踪睡眠模式和梦境的新风潮将如何改变我们对睡眠和梦的理解？梦魇为什么会发生？我们对此能做些什么吗？以上只是本书要解决的关于睡眠与梦的迷人谜题中的一小部分。

与其他关于睡眠和梦的入门教材不同，我会采用进化和社会神经科学方法相结合的方式来理解睡眠与梦的神经心理学，因为将生理系统的功能性置于达尔文进化生物学的框架内会更易于理解。在进化的背景下研究睡眠会不可避免地导致我们将睡眠视为一种社会行为，因为大多数动物的适合度权衡均发生在社会交往中。因此，我认为睡眠（至少在一定程度上）可以作为一种社会现象进行有益的研究和理解。例如，胎儿和婴儿的睡眠不能在无社会背景（即婴儿与母亲的互动）的情况下进行理解；与之类似，幼儿期到成年期的睡眠状态也发生在社会背景下（例如，童年时期与父母的依恋关系、成年后与性伴侣的依恋关系等），而这些社会背景塑造了睡眠表现的各个方面。独眠者的睡眠表现不同于同眠者，同眠很可能是人类进化的默认现象；我们的祖先都是同眠者，这一事实可以帮助解释睡眠的一些特殊生物学特征。虽然这些关于睡眠和社会背景的基本事实已经被睡眠科学家作为一种可能的预设并得到了偶尔承认，但在我看来，它们从未得到应有的持续或明确的关注。社会背景下的睡眠分析将为本书的读者阐明睡眠的日常功能及其障碍。

致　谢

本书的内容得益于众多科学家和学者的研究成果，对此我深表感谢。部分内容首先出现在我的博客文章中，网址是www.psychologytoday.com/us/blog/dream-catcher/，其他一些想法和文字首先出现在以下论文中：

McNamara, P., Minsky, A., Pae, V., Harris, E., Pace-Schott, E., & Auerbach, S. (2015). Aggression in nightmares and unpleasant dreams and in people reporting recurrent nightmares. *Dreaming*, 25(3), 190–205. http://dx.doi.org/10.1037/a0039273.

McNamara, P., Ayala, R., & Minsky, A. (2014). REM sleep, dreams, and attachment themes across a single night of sleep: A pilot study. *Dreaming*, 24(4), 290.

McNamara, P., Pace-Schott, E. F., Johnson, P., Harris, E., & Auerbach, S. (2011). Sleep architecture and sleep-related mentation in securely and insecurely attached young people. *Attachment and Human Development*, 13(2), 141–154.

McNamara, P., Johnson, P., McLaren, D., Harris, E., Beauharnais, C., & Auerbach, S. (2010). REM and NREM sleep mentation. *International Review of Neurobiology*, 92, 69–86.

McNamara, P., Auerbach, S., Johnson, P., Harris, E., & Doros, G. (2010). Impact of REM sleep on distortions of self concept, mood and memory in depressed/anxious participants. *Journal of Affective Disorders*, 122(3), 198–207. PMID: 19631989.

Capellini, I., McNamara, P., Preston, B. T., Nunn, C. L., & Barton, R. A. (2009). Does sleep play a role in memory consolidation? A comparative test. *PLoS ONE*, 4(2), e4609. PMID: 19240803.

Preston, B. T., Capellini, I., McNamara, P., Barton, R. A., & Nunn, C. L. (2009). Parasite resistance and the adaptive significance of sleep. *BMC Evolutionary Biology*, 9, 7. PMID: 19134175.

Capellini, I., Nunn, C. L., McNamara, P., Preston, B. T., & Barton, R. A. (2008). Energetic constraints, not predation, influence the evolution of sleep patterning in mammals. *Functional Ecology*, 22(5), 847–853.

Stavitsky, K., McNamara, P., Durso, R., Harris, E., Auerbach, S., & Cronin-Golomb, A. (2008). Hallucinations, dreaming and frequent dozing in Parkinson's disease: Impact of right-hemisphere neural networks. *Cognitive and Behavioral Neurology*, 21(3), 143–149. PMID: 18797256.

McNamara, P., Belsky, J., & Fearon, P. (2003). Infant sleep disorders and attachment: Sleep problems in infants with insecure-resistant versus insecure-avoidant attachments to mother. *Sleep and Hypnosis*, 5(1), 7–16.

McNamara, P., Durso, R., & Auerbach, S. (2002). Dopaminergic syndromes of sleep, mood and mentation: Evidence from Parkinson's disease and related disorders. *Sleep and Hypnosis*, 4(3), 119–131.

McNamara, P., Dowdall, J., & Auerbach, S. (2002). REM sleep, early experience and the development of reproductive strategies. *Human Nature*, 13(4), 404–435.

McNamara, P., Andresen, J., Arrowood, J., & Messer, G. (2002). Counterfactual cognitive operations in dreams. *Dreaming*, 12(3), 121–133.

McNamara, P., Andresen, J., Clark, J., Zborowski, M., & Duffy, C. (2001). Impact of attachment styles on sleep and dreams: A test of the attachment hypothesis of REM sleep. *Journal of Sleep Research*, 10, 117–127.

McNamara, P. (2000). Counterfactual thought in dreams. *Dreaming*, 10(4), 232–245.

Zborowski, M., & McNamara, P. (1998). The evolutionary psychology of REM sleep. *Psychoanalytic Psychology*, 15(1), 115–140.

第一部分

睡眠

第1章

何为睡眠？

3

学习目标

- 理解睡眠的稳态性质
- 评估睡眠的科学定义中的关键要素
- 评估睡眠的社会性质的证据
- 区分爬行类、鸟类、哺乳类、非人灵长类和人类睡眠的生物学特征

1.1 引言

如果你睡眠不足，将会出现什么情况？你会变得容易分心，对他人容忍度下降，难以清楚思考，还会在社交活动中表现得形同醉酒。如果你不止一个晚上没有睡觉，那么社会交往对你而言将变得很困难；你会更难以控制情绪，容易对他人发火，自控能力下降；你对食物、攻击性和性的原始驱力会增加；你更容易受到病毒感染，尤其是伤风和感冒之类；微小的疼痛将被放大，而你只想睡一会儿。

如果你连续几晚不睡觉，情形还会每况愈下：你会发现难以调节自己的体内温度，感到虚弱，行尸走肉般度过一天，你甚至可能开始产生各种奇怪的幻觉，或是生出有人想要抓住你的偏执妄想。诚然，因长期睡眠减少而出现偏执妄想的情况尚属罕见，更为常见的是出现思维问题和细微的视觉幻觉，这些视觉幻觉可能是梦侵入了清醒的意识所导致的。无论如何，在没有得到充足的睡眠时，人总是会非常困倦，这不可避免，也无法忽视。你会越来越困，直到以下两种情况之一发生：死亡，或最终屈服于睡眠。因此，睡眠是人类的基本生理需要，我们既需要它，也有必要了解它；越来越多的证据也表明，梦对于人类的正常认知和社会功能至关重要。因此，本书的目的即帮助大家更好地理解睡眠与梦。

4

超过 6000 万的美国人，即大约三分之一的成人，都经历过睡眠不足，这可能会影响其日常活动。睡眠减少还与美国几个主要死亡原因有关，包括心血管疾病、癌症、中风、糖尿病和高血压（Kochanek et al., 2014）。睡眠减少不仅会损害健康，还会让我们的经济付出代价。睡眠不足可能导致交通事故、工业事故（如埃克森瓦尔迪兹石油泄漏）、医疗事故和误工（Pack et al., 1995）。

雇主应该为睡眠被剥夺的员工感到担忧。相比拥有正常睡眠的员工，每天睡眠不足 6 小时的员工更常请病假。后者每年损失约 6 个工作日，多于睡眠 7 至 9 小时的员工。每年，美国因睡眠不足约损失 123 万个工作日（Hafner et al., 2016）。

慢性睡眠减少并不局限于快节奏、高度工业化的北方经济体。南半球，尤其是贫穷国家的人们，也在抱怨睡眠不足。斯特兰奇斯（Stranges）等人（2017）调查了来自亚非八国的大量人员，他们在 2006 至 2007 年间参与了世界卫生组织全球老龄化与成人健康研究（INDEPTH WHO-SAGE multicenter study）。该研究具体包括加纳、坦桑尼亚、南非、印度、孟加拉国、越南和印度尼西亚的农村人口以及肯尼亚的一个城市地区人口，调查对象的年龄在 50 岁及以上，其中女性 24434 人，男性 19501 人。该研究对调查对象过去 30 天的两项睡眠质量指标以及一系列社会人口统计变量、生活质量指标和健康障碍进行了评估，共有 16.6% 的被试报告有严重（极严重）的睡眠问题。研究者在试图找出这群人睡眠减少的原因时发现了几个至关重要的社会因素：独眠（无生活伴侣），自我评估较差的整体生活质量，以及可作为睡眠问题独立预测因子的持续强烈的抑郁和焦虑感觉。

为什么无论是在富裕国家还是贫穷国家，都有那么多人睡眠不足？社会环境似乎是一个主要因素。我们忧虑的时候就会失眠，而我们的忧虑常由社会问题所引起，与朋友吵架、无力支付房租或无法养活孩子、工作紧迫或找不到工作、街区犯罪甚至邻里间的噪声都会导致失眠；而住在贫困社区的人更易受到这类忧虑和睡眠减少压力的影响，最近的社区调查发现，住在贫困社区的非拉美裔非裔美国人（non Hispanic African Americans）中，高达 53% 的人每晚睡眠时间少于 6 小时（Durrence & Lichstein, 2006）。

睡眠不足对所有年龄段的人均会产生不利影响，无论其社会经济地位如何；如果睡眠剥夺发生在不同经济阶层的儿童和青少年身上，则可能引发不可逆转的长期后果。例如，有证据表明学龄儿童和青少年的睡眠质量和时长与其学习成绩和认知能力有关（DeWald et al., 2010）。此外，根据美国国家睡眠基金会（2014）的调查，15 至 17 岁的青少年中，每晚睡眠时间为 7 小时或更少的人数超过一半（58%），睡眠时间为 9 小时或更多的只有 10%；而在 6 至 11 岁的儿童中，每晚睡 7 小时或更少的人数占 8%，23% 的人每晚只睡 8 小时。智能手机和电视干扰了孩子们的睡眠，89% 的成人和 75% 的儿童在其卧室里至少有一件电子设备，68% 的家长和 51% 的孩子则有两件及以上，小至四五岁的孩子在睡前使用智能手机应用（如令人上瘾的手机游戏应用）已不少见，还有超过 10% 的儿童在夜间醒来发送或阅读短信，这些行为都严重影响睡眠。在年龄谱的另一端，美国 3300 万 65 岁以上的成人中有一半以上存在慢性睡眠问题，这引起了个人的不适和疾病，既加重了照顾者的负担，也增加了整体的医疗费用。

尽管一些简单的行为习惯常常能够重新有效地保证人们拥有足够的睡眠时间并提升睡眠质量（见表 1.1），但总体而言，睡眠减少似乎已成为一种全球性的“流行病”。基于以上原因，我们需要更好地了解睡眠。

想要有效地研究睡眠，首先需要做的就是对睡眠进行定义。

表 1.1　睡眠卫生建议

1. 确定规律且固定的就寝时间，设置固定的起床时间。
2. 日间接受足够的自然光照射，睡前减少包括电子设备在内的所有光源照射。
3. 限制影响睡眠质量的咖啡因、苏打水、酒精和烟碱等刺激物的摄入。
4. 锻炼，日间只要进行 10 分钟的有氧运动就可以改善睡眠。
5. 限制日间小睡。
6. 睡前做一些放松身心的例行练习，以缓解与社会交往相关的焦虑和胡思乱想。

1.2 何为睡眠?

以下是我提出的人类睡眠的定义（见表 1.2）：睡眠是一个脑状态调节的恢复性过程，其可逆且稳态，内嵌于昼夜节律和社会生理组织，涉及物种特异性静止姿势、一定程度的知觉脱离和觉醒阈值的升高。不可否认，这个定义拗口且冗长，但它所包含的每个元素都有其来由，我们将简要地定义和讨论每一个术语。虽然这个定义最能体现人类的睡眠，但如果放宽其中某些组成部分，也可以描述其他生物的睡眠。例如，即便是基因和神经简单如秀丽隐杆线虫的生物，也会表现出有规律的不活动或静止期；其他简单生物，如果蝇等昆虫，也会规律性地表现出静止期，还有证据显示其存在补偿性“睡眠”反弹或稳态所调节的静止期。在动物和人类等神经系统较为复杂的生物中，活动和非活动阶段之间的脑状态调节过渡作用变得更加突出。因此，这一定义的范围足以涵盖从最简单到最复杂的生物的基本睡眠要素；而为了更详细地完善这个定义，我们还需要迅速确定一些与动物和人类睡眠相关的共同特质或特征。

表 1.2　睡眠的定义

睡眠是一个脑状态调节的恢复性过程，其可逆且稳态，内嵌于昼夜节律和社会生理组织，涉及物种特异性静止姿势、一定程度的知觉脱离和觉醒阈值的升高。

- 恢复性过程是指个体在高质量睡眠后会感到神清气爽。
- 可逆是指个体入睡后容易因为噪声、摇晃等因素恢复清醒，昏迷等其他静止状态则没有快速的可逆性。
- 稳态是指个体在睡眠缺失后至少需要部分弥补所损失的睡眠。
- 脑状态调节是指睡眠由脑引发和维持，且不同的睡眠形式与独特的脑激活和负激活模式有关；后面的章节将介绍的“社会脑”对睡眠十分重要，反之亦然。
- 昼夜节律和社会生理组织是指睡眠每 24 小时发生一次，并受环境中的社会线索影响，以优化与同种个体的交往。
- 静止姿势是指大多数动物睡眠的姿势是相对静止的——通常是躺着。
- 知觉脱离是指睡眠时对正常环境刺激的反应减弱。
- 觉醒阈值升高是指需要足够大的噪声或强烈的摇晃才能唤醒个体。

睡眠可视作由行为、功能、生理和电生理特征所组成（见表 1.3）。大多数动物的睡眠只能通过测量其行为和功能睡眠特征来识别，因为它们的神经系统并不支持完全多导睡眠（full polygraphic sleep），其睡眠无法使用脑电图（Electroencephalograph，EEG）通过颅骨记录脑电波来测量。

完全多导睡眠监测原指通过脑电图仪识别出快速眼动（Rapid Eye Movement，REM）和非快速眼动（Non-rapid Eye Movement，NREM）睡眠阶段N1 期、N2 期和N3 期的电生理测量，但用该词表示除了电生理测量外的其他三个主要组成部分的睡眠也已经变得很普遍。如果动物表现出睡眠的四大组成部分，即行为、电生理、生理和功能，则认为其表现出完全多导睡眠。从这一意义上讲，目前只有包括人类在内的灵长类才有完全多导睡眠。人类和其他哺乳类（或许还有一些爬行类）的睡眠有两种形式或阶段，即快速眼动和非快速眼动；虽然许多哺乳类动物都存在REM和NREM阶段，但其NREM并不能像某些灵长类那样被划分为不同的子阶段。

8

表1.3　睡眠特征

1. 行为

- 身体通常保持静止
- 特定睡眠场所
- 睡前行为习惯（如打转、打哈欠）
- 身体静止
- 觉醒和反应的阈值升高
- 状态迅速可逆
- 休息-活动周期的昼夜节律组织
- 对社会线索和同类活动敏感
- 不同于冬眠/蛰伏

2. 电生理

脑电图（EEG）

NREM：高电压慢波，δ 能量（δ power）（安静睡眠）

- 某些动物存在纺锤波
- 某些灵长类存在K复合波

REM：低电压快波［快速眼动，异相睡眠或活跃睡眠（Active Sleep，AS）］

- 海马 θ 节律；桥膝枕（Pontine Geniculo Occipital，PGO）波

眼电图（Electrooculogram，EOG）

NREM：无眼球运动或眼球滚动较为缓慢

REM：快速眼动

肌电图（Electromyogram，EMG）

- 肌张力从清醒 → NREM → REM逐渐丧失

3. 生理

- REM：心率、呼吸、体温等不稳定。其他：阴茎勃起
- NREM：生理/代谢过程减少，体中心温度下降约2℃

4. 功能

补偿睡眠不足（稳态调节）：

- 增加睡眠剥夺后的睡眠时间
- 强化睡眠过程（如脑电图中 δ 能量的增加）

9

睡眠的行为特征包括物种特异性身体姿势，通常是躺着不动（静止），但有些动物在站立时也会有一定时间的睡眠（如奶牛）。物种通常还会有其特异性睡眠场所，其目的是保暖和免受睡觉时捕食者的伤害。在放松地进入睡眠场所之前，动物通常会进行一些行为仪式（如睡前绕窝和打哈欠），但目前这么做的目的尚不清楚。其他行为指标包括肌张力降低、颈部肌张力降低、某些物种的抗重力肌麻痹、觉醒阈值升高，以及清醒的快速可逆性。睡眠的生理指标包括NREM期间体中心温度和代谢的显著降低，自主神经系统（Autonomic Nervous System，ANS）活动以及REM期间心血管和呼吸测定显著不稳定。REM的电生理测量包括低电压快波、快速眼动、海马 θ 节律和桥膝枕波（PGO波），其中PGO波是所有视觉中心（从脑桥到枕叶皮质）的放电；NREM的电生理测量则包括高电压慢波、纺锤波和K复合波。睡眠的功能指标包括睡眠剥夺后睡眠时长和强度的增加。

因此，我们定义**睡眠是一个脑状态调节的恢复性过程，其可逆且稳态，内嵌于昼夜节律和社会生理组织，涉及物种特异性静止姿势、一定程度的知觉脱离和觉醒阈值的升高**。

1.3 每个术语的意思

1.3.1 恢复性过程

经历一夜高质量的睡眠后，你会感到神清气爽、精力充沛。因此，睡眠能够逆转一些令人感到疲惫、邋遢和社交乏力的状态，是带来清醒状态的过程。由于清醒和睡眠状态都由脑介导，所以我们需要神经科学来理解睡眠。对睡眠状态的基因和神经化学分析显示，管家基因、代谢基因和能量相关基因在睡眠期间均有不同的表达，还有大量证据表明睡眠恢复了脑中的糖原（脑的“燃料”）水平。

1.3.2 可逆

10

可逆是指睡眠状态并不像昏迷状态那样无法唤醒，适当形式的刺激（如高分贝的噪声和剧烈的震动）便可让人恢复清醒。通常，成人会在大约 5 至 8 小时后自动从睡眠中醒来。

1.3.3 稳态

稳态调节是指睡眠时长和强度由一种内部恒定机制所控制。如果睡得太少，就会欠下睡眠债务，最终需要偿还或弥补；而为了弥补睡眠不足，便需要在接下来的几个晚上睡得更久和更沉一点。简而言之，睡眠时长和清醒时长是成比例的，清醒时长越长（或睡眠剥夺数量越多），随后的睡眠时长和强度就越大。许多人在工作日睡得很少，然后在周末睡得久一些，就是用周末的时间来补工作日的觉。

如果用EEG（详见附录）来记录补觉时的脑电波，就可以看到脑部呈现出很多 δ 能量。睡前清醒时长越长，睡眠期间 δ 能量就越强，而一旦进入睡眠状态，δ 能量便开始减弱，这说明它是睡眠需求的信号，反映了补觉期间的睡眠强度。δ 能量越强，睡眠强度也越强。当 δ 能量在整夜表现为先强后弱时，人们通常报告经历了高质量的睡眠，所以在补觉中，重要的是睡眠的强度而非时长，以 δ 能量测量的睡眠强度越强，睡眠后越神清气爽。因此，我们可以通过增加睡眠强度或时长的方式来弥补睡眠不足。

补觉的现象表明人体或脑内的某种化学过程在清醒时累积，在睡眠时释放。δ 活动（N3 慢波睡眠期间）表示与清醒相关的化学过程（称为S过程）的释放效率，δ 能量的作用则是逆转清醒状态下S过程所引起的任何变化。例如，如果S过程是身体和脑的某种"燃料"，在清醒的时候消耗殆尽，那么 δ 能量可能代表了某种制造过程，产生了一些化学物质为身体和脑补充"燃料"，找出影响S过程的生理因素就有可能了解睡眠的实际功能。睡眠剥夺与补觉或恢复性睡眠之间的关系很重要，因为它可以帮助我们了解睡眠究竟有什么作用，即睡眠的功能。

11

在整夜的睡眠中，除了 δ 能量呈指数级下降外，不同脑区的 δ 能量还会局部短暂上升，这与该区域的使用量有关。这些局部上升表明恢复性睡眠的功能取决于使用状况，即如果清醒时集中使用某脑区，该区域就会表现出 δ 波活动的局部上升，说明该特定脑区正在进行某种恢复性过程。相比其他脑区，额叶的特定区域及其相互连接的区域似乎与每夜所发生的规律性的、更全面的 δ 波活动变化更密切相关（Halasz et al., 2014）。总体而言，睡眠剥夺已被证明能增强恢复性睡眠中 δ 指示的慢波活动（Slow Wave Activity，SWA）的额叶优势（Horne, 1993; Cajochen et al., 1999; Finelli et al., 2001），尤其是左脑（Achermann et al., 2001）。

NREM睡眠剥夺不仅显然导致EEG中 δ 慢波显著增加（尤其是在额叶），还有证据表明其与睡眠反弹现象有关。REM睡眠同样受到稳态调节，但尚不清楚其是否存在强度度量（如NREM中对 δ 波的测量）。随着REM反弹，快速眼动的密度增加，但尚不清楚这是否表明了睡眠强度的增加。无论如何，对于REM和NREM反弹现象，睡眠调节的稳态成分都是独立于昼夜节律调节位点/过程进行调节的。虽然两者都与下丘脑网络有关，但昼夜节律系统依赖于下丘脑内的视交叉上核，而稳态系统并不依赖。

1.3.4 脑状态调节

脑发起睡眠、维持睡眠、促进不同睡眠形式的转换并触发觉醒，因此睡眠是一个完全依赖脑并受之调节的过程。此外，做梦是人类睡眠的一部分，梦的现象学也非常依赖于脑的激活和负激活模式，这反映了睡眠和梦与脑状态的变化有本质上的联系。

本书的主题之一，即脑中的一个网络可能对睡眠至关重要，而睡眠对该网络区域同样也非常重要，该区域被称为“社会脑”网络（Dunbar et al., 1998; Kennedy & Adolphs, 2012; Mars et al., 2012; Lieberman, 2014）。“社会脑”网络是一组相互连接的脑区，通过处理或介导我们的思考和情绪工作，保持和调节我们与他人的社会交往。由于人是高度社会化的物种，所以我们的脑优先处理的大多是与社会相关的信息。例如：谁对谁做了些什么？为什么？我加入了哪些社会团体？又是否与之保持良好的关系？我可以信任谁？我该如何与每天必须接触的各种群体保持合作关系？等等。组成社会脑的网状结构主要包括以下部分：与情绪记忆、威胁评估和恐惧有关的杏仁核；支持面部的快速识别和加工的梭状回；支持加工自我相关信息和理解他人心理状态［即心智理论（Theory of Mind，ToM）任务］的前额腹内侧和背内侧区域；（BA10区）参与多任务处理、工作记忆和认知分析，并可能支持社会意向性的三阶和四阶等层次的加工的额极区；包含支持社会模仿行为（可能还有情绪移情）的镜像神经元的颞上沟；支持ToM任务和语言加工的颞顶联合区；支持移情反应和道德情绪的脑岛；以及参与从心理模拟到自我意识的一系列活动的楔前叶。社会脑的核心是心理化网络和杏仁核网络，包括杏仁核、腹内侧前额皮质、扣带皮质和颞顶联合区。

这些相互连接的脑结构使我们能够流利或熟练地处理每天所接触的大量重要社会信息，这些信息关乎我们和我们最亲密的人的福祉。社会交往中重要的输入信息（见图 1.1）通常与对他人的面部知觉有关，该部分由梭状回处理，而该人的可信度则由杏仁核和边缘及旁边缘区域来评估；接着，此人的意向状态由腹内侧前额皮质及相关区域来评估，所有这些加工均与自我相关，而自我通过边缘和内侧前额皮质的中线结构，以及脑岛和楔前叶的皮质下结构所介导。毫无疑问，这个相互连接的网络结构专门处理所有社会信息，而有趣的是，睡眠似乎对这个网络至关重要。组成社会脑的结构（尤其是心理化网络和杏仁核网络）在入睡后和NREM睡眠期间（基本是前半夜）逐渐离线，又在每个后续的REM阶段逐渐一起激活和重连，直到脑觉醒后完全恢复上线（Maquet, 2000; Muzur et al., 2002; Dang-Vu et al., 2005; Maquet et al., 2005）。社会脑和与睡眠相关的脑区之间虽然并无完美的对应关系，却有着惊人的重合。这些重合值得被记住，因为它们可能不仅仅是巧合。

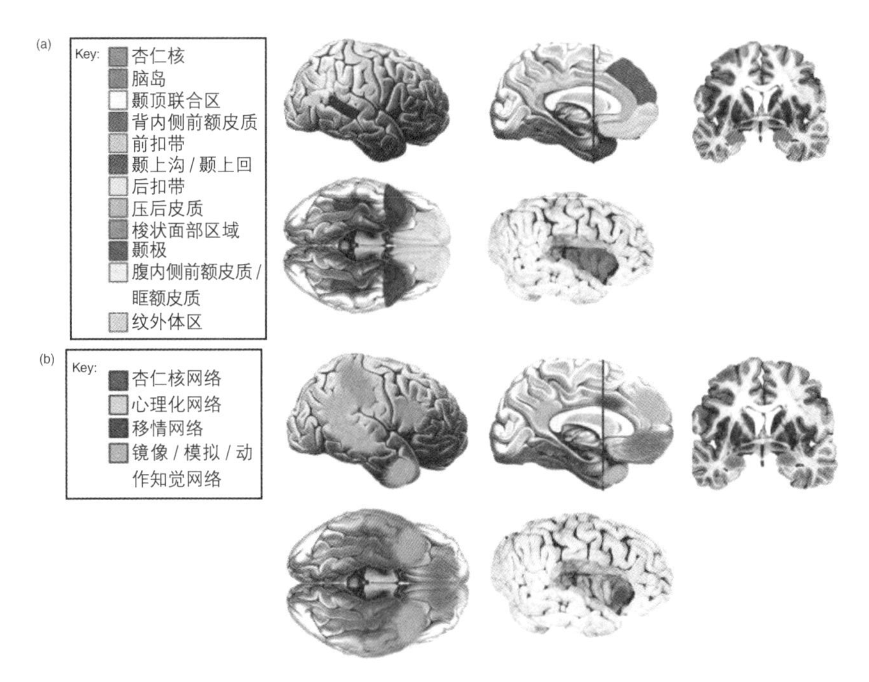

图1.1　社会脑的信息加工过程

（经许可转载自 Elsevier Press; Cell; TINS from Kennedy and Adolphs, 2012）

腹外侧前额皮质等帮助调节社会脑的脑结构在入睡后最先停止工作，然后社会脑本身的结构随着每一个渐进的NREM阶段（N1、N2、N3 慢波睡眠）逐渐休息。例如，在入睡的第一个NREM阶段，额部 δ 指示的慢波活动（SWA）多于顶部和枕部（Werth et al., 1996, 1997; Finelli et al., 2001），慢波活动的同步化随后逐渐扩散到后部和皮质下区域（De Gennaro et al., 2004）。 14

正电子发射断层扫描（Positron Emission Tomography，PET）（Dang-Vu et al., 2005; Hofle et al., 1997; Maquet, 1995）和功能性磁共振成像（functional Magnetic Resonance Imaging, fMRI）（Czisch et al., 2004; Kaufmann et al., 2005）的研究均表明，随着NREM睡眠的加深，包括额区在内的整体大脑活动持续减少。从清醒到NREM阶段的转变中，丘脑以及广泛的皮质、皮质下区域显著负激活（Dang-Vu et al., 2005; Hofle et al., 1997）；而一旦进入睡眠状态，丘脑的进一步负激活却似乎并非NREM阶段加深的特征（Dang-Vu et al., 2005）。相反，有PET研究表明，NREM睡眠中渐进负激活的结构集中在社会脑网络，包括BA9 区和BA10 区的内侧前额皮质前内侧区、眶额皮质（BA11 区）及尾眶基底前脑、前扣带（BA24 区）、双侧前脑岛、基底前脑/下丘脑前部、双侧壳核和左侧楔前叶（Dang-Vu et al., 2005; Kaufmann et al., 1997）。

因此，睡眠在受到脑调节的同时也塑造着脑结构，而社会脑网络在睡眠中起着重要作用。

1.3.5 昼夜节律和社会生理组织

睡眠是在社会背景下按昼夜节律或24小时周期发生的。人类和其他灵长类的睡眠通常是单相或集中在夜间的大段睡眠，虽然有一些对狩猎采集者的睡眠研究表明人类的睡眠可能是天然的双相睡眠，即包含夜间长时间的睡眠和傍晚短时间的睡眠，但大部分哺乳类动物的睡眠是多相的，即日间和夜间都有间歇性睡眠。在猫和豚鼠这样的物种中，日间和夜间的任何时间都可以发生短时性睡眠。造成不同类型睡眠周期阶段的因素尚不清楚，但保持开放的社交能力可能是其中之一。长时间的静止使动物易被捕食，还增加了错过社会联盟或繁殖机会的可能性。因此，如果动物能在几次短时间的睡眠而非一次长时间的睡眠中获得好处，那么它们会作何选择将是显而易见的。

15

人类和其他灵长类的睡眠对社会线索非常敏感。虽然生物节律与昼夜的明暗变化有关，但社会线索也可以极大地影响睡眠的表现。我们无法在跨越时区时入睡，不仅是因为光照期关闭了，也因为周围无人睡觉。在非人灵长类动物中，传染性哈欠会向同类发出信号，表明睡眠阶段即将来临，需要建立睡眠伙伴关系，而这种现象也可能出现在人类中。一旦睡眠开始，个体的生理系统似乎就假定个体并非独眠。例如，体温调节反射在REM阶段会放松，这可能是因为睡在另一个温暖的身体旁边可以保持体温。大多数哺乳类动物的性激活也发生在REM期间，这种激活可以视为REM期间脑干激活的副产品，或是一种假设个体并非独眠的机会性功能。与性伴侣同眠时，个体的脑、身体和生物节律会交织在一起，产生共鸣，婴儿和母亲同眠时亦是如此。婴儿身上的几种夜间信号形式会影响母亲的睡眠/觉醒模式和日间的依恋过程，如哭泣、吮吸、哺乳、微笑、抓握、抽动、咕咕哝哝和其他发声，这些行为更可能发生在REM而非NREM睡眠阶段。与父母同眠会影响婴儿夜醒的次数和时长（McKenna et al., 1990; 1993; 1994），一般来说，同眠的婴儿更有可能得到哺乳，也相应地更有可能在夜间频繁醒来。

在早先的社区里，孩子们长大的过程也很有可能伴有同眠的情况。当孩子们成熟时，会逐渐与性伴侣和/或其他家庭成员同眠。直到最近一百年左右，独眠才开始出现在欧洲和北美的少数富裕国家，纵观人类历史，睡眠一直是一种社会行为。

表1.4　社会隔离与睡眠

吉米尼亚尼（Gemignani）等人（2014）在模拟太空飞行环境中对社会隔离的影响进行了研究。6名身体健康的志愿者在代号为MARS500的宇宙飞船模拟器中生活了105天，并在模拟期间的5个特定时间点接受研究。研究人员发现，志愿者的皮质醇水平虽然尚在正常范围内，但其较高的水平与睡眠时间缩短、觉醒次数多和REM潜伏时间减少的碎片化睡眠有关；NREM阶段的N3中δ能量降低，σ和β增强。即使皮质醇在正常范围内波动，社会隔离也显著改变了睡眠结构和睡眠EEG波谱内容。

人类睡眠具有社会性质的其他证据还包括睡眠剥夺与情绪表达减少、情绪认知受损，以及与情绪活动增加相关（Beattie et al., 2015）。情绪是社会交往的黏合剂或货币，但经历睡眠剥夺后，人们对自己和他人情绪的感知和评价往往会变得更为消极，而失去准确解读他人情绪和表达自己情绪的能力，社交活动将难以为继。前额皮质和杏仁核之间的连接断开是睡眠剥夺产生影响的神经科学基础，睡眠剥夺不仅导致杏仁核激活增加60%（达到对照组的3倍），还导致杏仁核、内侧前额皮质、双侧眶额皮质和左侧梭状回之间的功能连接中断。杏仁核介导情绪，而内侧和眶额前额皮质帮助调节杏仁核的反应，梭状回则介导面部知觉（情绪表达的载体）。鉴于正在全球流行的睡眠剥夺（前文所述）会影响情绪的表达和加工，可以推断出我们在社会交往中经历的部分负面情绪体验是因为慢性睡眠剥夺。许多日常社交并不会增加致使情绪加工崩溃的额外负担，但睡眠剥夺（即使是短暂的）会。因此，毫不夸张地讲，努力将简单的睡眠卫生技术介绍并推广给世界人民将会构成一场社会革命。 16

1.3.6 静止状态 17

静止状态只是指身体活动相对于清醒时的休息状态减少的状态。所以，想象一下你清醒时最放松的休息状态，然后进一步减少身体活动，最终便会达到静止状态。然而，静止并非完全停止身体活动，不同睡眠阶段仍可以观察到一些轻微的动作：在REM状态时，可以观察到眼球在紧闭的眼睑下快速移动，耳垂和身体的其他部位可能偶尔抽动，但大部分是静止的，因为麻痹通常是REM的典型特点；而NREM睡眠阶段能观察到眼球在紧闭的眼睑下缓慢来回滚动，同时身体的其他部位微微抽动。

1.3.7 知觉脱离

人与动物睡眠时的一个显著特征是无法对环境刺激正常回应。即使扒开熟睡的哺乳类动物的眼睑，其眼睛也不能正常视物，即功能性失明。虽然有一些视觉信息被摄入了，但其由于被截断或衰减而无法进入正常的知觉加工阶段。其他感觉系统也是如此，刺激被注意到却未被正常加工，因而无法唤醒个体。知觉脱离可能起到保护睡眠的作用，所以一些研究者不将其作为睡眠本身定义的一部分，但如果没有知觉脱离，睡眠便不可能存在，因此它是睡眠定义必不可少的部分。然而，包括人类在内的许多动物有时并不会完全脱离知觉，而是利用假寐这一中间状态获取一些睡眠的益处，即眼睑半闭，眼睛继续正常处理视觉刺激；假寐状态还会持续出现微睡眠，个体短暂进入深度睡眠，又很快醒来进入假寐状态。

1.3.8 物种特异性姿势

绝大多数陆生哺乳类动物的睡眠均发生在一个专门建构的场所，动物闭眼并处于卧位。睡巢（窝）的目的在于御寒、进食，以及与一个或一些同伴同眠，但闭眼的原因尚不清楚。是因为可以保护睡眠吗？毕竟这样就不太可能看到惊醒睡眠者的事物。然而，许多动物在睡觉时只半闭眼睛（反刍动物）或睁一只眼（一些鸟类和一些水生哺乳类动物），而且有些人实际上可以睁着眼睛睡觉，所以睡觉时闭眼的目的可能不仅仅是保护睡眠。

鸟类和一些水生哺乳类动物（如海豚和鲸）的睡眠一次仅发生在一侧脑半球，睁开的眼睛通常与处于睡眠状态的脑半球相对，因此可以合理假设其睁开的眼睛主要向清醒而非睡眠的脑半球传递信息，但一些信息可能会从这一通路中泄漏到睡眠半球的通路中。无论如何，单侧闭眼（或保持一只眼睛和一侧脑半球清醒）的功能允许动物“在行进中睡眠（sleep on the wing）”，即处于一侧脑半球睡眠的状态时，水生哺乳类可以继续游泳，鸟类可以继续飞翔。

大多数陆生动物以卧姿睡在某处受保护的场所，它们在睡窝躺倒，然后睡着。躺下虽然可以保存能量，但这并非全部原因，因为脑在睡眠中高度活跃，所以可以排除保存能量是卧姿睡眠的主要原因这一可能性。动物卧姿睡眠的原因可能只是其他姿势均与REM相关的肌肉张力缺失和麻痹不相容，因此能站立睡觉的反刍动物（如奶牛）会表现出极少REM睡眠便不足为奇了；另一方面，海獭更喜欢漂浮在海面上睡觉，蝙蝠则倒挂在洞壁上入眠。许多幼年哺乳类动物会睡在兄弟姐妹或母亲的身旁，并以此得到温暖、舒适和保护，睡眠对其来说并不是被动的过程，因为它们可以在睡眠中抓握、吮吸和依偎，如幼鼠的睡眠“期望”一种社会环境，并似乎适应群体睡在提供热量、保护以及营养的母亲附近；成年啮齿动物则成群地蜷缩在一个隐蔽的壁龛或洞穴里睡觉。

灵长类动物的睡眠场所会随着社会组织的不同而发生系统性地变化（Anderson, 1998）。群体中个体间的社会关系影响着灵长类动物睡眠群的排列，亲属关系、繁殖地位和支配关系会影响睡眠中的空间和拥挤关系。弗鲁斯（Fruth）和麦克格鲁（McGrew）（1998）、弗鲁斯和霍曼（Hohmann）（1993）注意到，类人猿（great apes）的许多亲缘与合作的互动（如玩耍、梳洗、性接触和母婴照料）都发生在睡眠场所的巢穴中，这表明灵长类动物的睡眠过程本身便受社会因素密切影响。

19

1.3.9 觉醒阈值升高

睡眠的重要特征之一，表现为很难以不超过触摸力度、声音响度或光照强度等阈值的感觉输入唤醒睡眠中的个体。换言之，感觉输入必须超过相应阈值才能唤醒某人。一旦入睡，脑便会产生保护睡眠的机制。如果睡觉的房间里有噪声，脑会在接收后压制这些信息，从而避免吵醒个体。脑利用神经元抑制机制阻止声音信息到达唤醒中心，这些抑制机制有时与所谓的K复合波和睡眠纺锤波关联，该部分将在稍后进行更全面的讨论。

目前为止，我们已完成了对睡眠定义中关键术语的回顾，但还有一些与睡眠密切相关的行为现象值得一提，它们有助于揭示睡眠的潜在功能。

1.3.10 打哈欠

在灵长类动物中，打哈欠可能会传染，所以如果我看到或听到你打哈欠，我也会不由自主地打哈欠。究其原因，打哈欠可以作为一个传递给同种动物并同步睡眠时间的信号。例如，一旦猴群中的一只猴开始打哈欠，那么其他猴也将开始打哈欠，一系列行为随之开始：寻找或建造合适的睡眠场所、例行绕窝打转、选择睡眠伙伴，然后躺下睡觉等等。在个体层面上，打哈欠与脑尝试在静止与警觉两种状态之间切换有关。打哈欠可能发生在所有哺乳类、部分鸟类，甚至爬行类动物和胎儿的身上，通常包括不自觉张嘴、吸气、闭眼、伸展躯干和四肢，并和REM睡眠一样与胆碱能兴奋（cholinergic excitation）和多巴胺能抑制有关。注射催产素和睾酮也会诱发打哈欠；有趣的是，将催产素注射入室旁核或海马会引起打哈欠和阴茎勃起（Argiolas & Gessa, 1991），而REM睡眠也与勃起有关。打哈欠在动物界广泛的分类学分布表明了与睡眠状态有关的古老谱系以及重要的功能关系。

20

1.3.11 冬眠与蛰伏

冬眠是某些温血动物得以长时间不活动、食物和体温需求大幅降低的适应性行为。动物会寻觅一个安全之所（如山间洞穴或挖掘地洞），在其中蜷缩一两天（蛰伏）或度过整个冬天（冬眠），看似睡觉，实则不然。冬眠的动物会降低身体中心温度和减弱代谢活动，进入一段静止不动的时期，但还会周期性地觉醒并进入慢波睡眠，就好像在补觉。冬眠使动物能在食物稀缺的漫长冬季中存活下来，毕竟此时消耗卡路里觅食全无好处。蛰伏对于松鼠等动物也有同样的作用，但这些动物只需要在短时间内处于蛰伏状态，而非整个冬天。蛰伏虽然可以大幅减少动物对食物、水和温度的需求，但并不能减少它们对睡眠的需求，所以动物必须周期性地觉醒并进入睡眠状态。动物从蛰伏中醒来后会立即进入慢波活动，像是为了弥补失去的睡眠，但慢波睡眠的数量似乎与身体和脑的温度有关，而非睡眠本身需要，因为脑的温度越低，之后慢波睡眠量就越大。

熊是伟大的冬眠者，其冬眠由睡眠和觉醒的昼夜节律的逐渐减弱所触发，并通过颤抖和提高代谢率来调节体温。在整个冬眠季节，熊大多处于NREM睡眠和REM睡眠中，只有短暂的清醒时光。

1.4 睡眠比较

1.4.1 简介

某种形式的睡眠存在于所有哺乳类和鸟类中，也可能存在于爬行类甚至无脊椎动物中。在对睡眠进化史的分析中，尤其重要的是确定了睡眠模式随着进化路径上物种间的差异而变化。例如，现代哺乳类和鸟类的谱系被认为在约 2.5 亿年前从其爬行类祖先中分化而来，现代尚存的爬行类可能保留了它们祖先在哺乳类兴起之前的一些睡眠特征，而哺乳类可能又继承了爬行类睡眠的一些特征。因此，对现代爬行类动物的研究可能会揭示哺乳类和鸟类睡眠的进化形式。

1.4.2 爬行类

虽然鸟类与爬行类的亲缘关系比与哺乳类的亲缘关系更近，但相较于爬行类，哺乳类和鸟类的睡眠过程似乎更为相似。鸟类与哺乳类的REM和NREM睡眠状态均有明确的电生理特征，而爬行类睡眠状态中明确的电生理特征直到最近才被发现。爬行类动物的高电压慢波（High Voltage Slow Wave，HVSW）或高幅棘波（high-amplitude spike）和尖波伴随着清晰的睡眠行为特征（如眼动模式或觉醒阈值），这被认为是在哺乳类睡眠中发现的爬行类慢波活动（Slow Wave Activity，SWA）的前身；某些爬行类在睡眠剥夺（Sleep Deprivation，SD）后出现的脑电波（Electroencephalogram，EEG）棘波等睡眠相关过程补偿性反弹也支持爬行类HVSW与哺乳类SWA之间的关系。卡拉曼诺夫（Karamanova）（1982）认为，一些爬行类动物证明了这些REM和NREM睡眠的电生理前体。近日，谢恩-艾德尔森（Shein-Idelson）及其同事（2016）发现澳大利亚鬃狮蜥的REM和NREM睡眠状态的电生理特征与哺乳类和鸟类的相似。更有意思的是，鬃狮蜥的REM与NREM睡眠阶段交替与哺乳类动物的一致，即以低频/高幅尖波（与哺乳类慢波睡眠相似）为特征的阶段与以类似觉醒的脑活动和快速眼动（与哺乳类REM相似）为特征的另一阶段交替出现。鬃狮蜥的慢波睡眠（Slow Wave Sleep，SWS）和REM在夜间有规律地进行短周期（约80秒）交替，产生多达350个睡眠（SWS-REMS）周期（人类则是4至5个约90分钟的睡眠周期）。谢恩-艾德尔森等人还记录了慢波睡眠期间鬃狮蜥皮质与背室嵴（dorsal ventricular ridge）的协调活动，而哺乳类动物的皮质和海马之间也存在类似的神经协调活动，这可能是哺乳类动物记忆巩固过程的基础。

显然，爬行类、鸟类和哺乳类均发育出两种主要的睡眠过程，可以合理地称之为REM和NREM。REM和NREM之所以普遍存在于三个类群中，可能是因为这三者拥有一个共同的祖先，这个祖先生活在大约3.2亿年前，发育出了双相睡眠过程。若果真如此，那么我们所知道的睡眠便是一个极其古老的生理过程；抑或，爬行类、鸟类和哺乳类动物类似的睡眠过程可能是趋同进化造成的，即三个类群中观察到的相似睡眠模式是因为这些动物为应对共同的进化挑战发展出了相似的解决方案。

22

1.4.3 鸟类

鸟类的REM和NREM睡眠的EEG特征与哺乳类的相同，但其REM睡眠阶段通常只持续几秒钟（尽管任何特定睡眠阶段都存在很多REM睡眠），REM睡眠在总睡眠时间中的占比还不及哺乳类动物的一半。

迁徙期的鸟类可能会在飞行时睡觉。研究人员在实验室条件下对迁徙的白冠麻雀进行研究时，发现其表现出“迁徙性焦躁（migratory restlessness）”，此状况下的白冠麻雀花在睡眠中的时间显著减少（占日间活动的13%），表明其在飞翔时亦是如此。

和水生哺乳类动物一样，鸟类也会表现出单侧闭眼和单半球慢波睡眠（Unihemispheric Slow Wave Sleep，USWS）（Rattenborg et al., 2000; 2009）。USWS即每次仅一侧脑半球入睡，有证据表明迁徙队伍中的鸟类在飞行时便是这样睡觉的。鸽子NREM睡眠中的SWS在黑暗期并未下降，说明其清醒时耗尽的化学物质并未在

SWS时得到积累补充。不同于哺乳类动物，鸟类在NREM睡眠期间并无睡眠纺锤波。除了惯常的SWS之外，鸟类还表现出结合了清醒和SWS特征的睡眠状态。

单孔目动物

这些哺乳类动物由三种现存物种组成（两种针鼹和一种鸭嘴兽），它们被认为早23于有袋类和胎生哺乳类从主要的哺乳类谱系中分化出来。虽然对短吻针鼹（针鼹属）的初步研究表明其存在明确的SWS，但未发现REM的EEG信号。后续研究表明，在低、热中性和高环境温度的条件下，短吻针鼹REM的特点表现为皮质同时激活、强直肌电图（Electromyography，EMG）活动减少和快速眼动，而SWS中不规则网状放电模式构成了REM和NREM的混合。鸭嘴兽也并无明显REM的EEG迹象，但后续同样记录到了快速眼动。因此，单孔目动物似乎表现出一种混合、不确定的睡眠形式，包含哺乳类动物REM和NREM睡眠状态的成分，而后者的睡眠状态可能正是从这种原始、混合、不确定的睡眠状态中产生的，其中SWS和REM根据动物的中枢神经系统（Central Nervous System，CNS）分离成独立的脑状态。

1.4.4 水生哺乳类

瓶鼻海豚、鲸、海牛、海象和海豹等海洋哺乳类动物的睡眠与陆生动物的睡眠明显不同（Lyamin et al., 2008）。不同于陆生哺乳类，海洋哺乳类和鸟类一样表现出单半球睡眠，即每次仅一侧脑半球入睡，且睡眠半球仅参与NREM睡眠，而不参与REM睡眠。和鸟类一样，水生哺乳类动物单半球睡眠时会睁着一只眼睛，通常是睡眠半球对侧的那只。海狗在水中通常是单半球睡眠，但在陆地上则和其他陆生哺乳类动物一样双侧脑睡眠。

虽然观测不到REM的EEG信号，但鲸类表现出了REM睡眠的其他行为特征，包括快速眼动、阴茎勃起和肌肉抽搐。鳍足类的两个主要科，即海狮科（海狮和海狗）和海豹科（海豹），显示出单半球和双半球两种睡眠形式。海豹在水下睡觉时会屏住呼吸，两侧脑半球都表现出REM或SWS；亚马孙海牛也会在水下睡觉，并表现出双半球REM、双半球SWS和单半球SWS三种睡眠状态，两侧脑半球觉醒后浮出水面并开始呼吸；鲸（白鲸）和海豚（瓶鼻海豚）仅表现出USWS；北海狗和海狮（海狮科）是水陆两栖动物，这些动物在水中时和鲸类一样存在USWS，但在陆地上则存24在USWS和双半球慢波睡眠（Bihemispheric Slow Wave Sleep，BSWS）。目前尚不清楚鲸类动物是否存在REM睡眠，但海狮科动物在陆地上时存在REM睡眠，而且总是双半球的。

睡眠剥夺的动物表现出单半球睡眠的现象可能证明了单半球睡眠反弹，而这促使一些权威人士声称睡眠是脑的某些部分而非身体的主要功能，毕竟睡眠反弹效应似乎只发生在前脑的局部区域。海洋哺乳类动物单半球睡眠的数据还表明，REM和NREM的功能截然不同，没有完整多导REM阶段的动物也可以生存。

既然SWS可以出现在单侧脑半球，那么REM是否也可以呢？据我所知，REM只能同时出现在双侧脑半球，这很可能是因为单侧脑半球或局部脑区不足以支撑REM。REM的双侧性被认为是其代价之一，而某些海洋哺乳类动物的脑结构显然承受不了这一代价，其REM也总是发生在双侧脑半球。在进行单半球慢波睡眠（USWS）时，一侧脑半球有高振幅的慢波活动（1.2 Hz至4 Hz），另一侧则是去同步化的EEG活动，这通常被视为觉醒或REM。如果我们试图阻止USWS，又会发生什么呢？该侧脑半球（且仅该侧脑半球）会产生睡眠债务，而一旦不再阻止其进入USWS，该侧脑半球就会出现反弹，且USWS的数量和强度均会增加。这些物种的睡眠反弹只发生在一侧半球，说明对睡眠的稳态需求是在每侧半球独立累积的，而如果稳态需求具有脑半球特异性，那么醒后的消耗也一定在该半球。最近一项关于北海狗的USWS研究（Lyamin et al., 2016）显示，在USWS中去同步化（清醒）半球的组胺、去甲肾上腺素和5-羟色胺（5-hydroxytryptamine）水平并不高于对侧半球；大脑皮质乙酰胆碱的释放是单侧的，与清醒的脑半球紧密相连。因此，清醒时脑半球所消耗的并非这些经典的神经递质。

1.4.5 陆生哺乳类

视线从海洋移到陆地，现在我们开始探讨陆生哺乳类动物的睡眠。不同陆生哺乳类动物的睡眠也截然不同：日间平均睡眠时长从驴（非洲野驴）的3个小时到犰狳（披毛犰狳）的20个小时（Affani, Cervino, & Marcos, 2001），平均睡眠周期也从毛丝鼠的6分钟到人类和黑猩猩的90分钟不等。对陆地哺乳类动物睡眠配额/值的比较研究表明，NREM和REM睡眠的配额同时增加，即每当进化中的NREM时长增加，REM也会增加其时长（Capellini, Barton, et al., 2008）。易暴露、不安全的睡眠场所，以及草食性占比更多的饮食会使动物的REM与NREM睡眠时长都比较短，这表明经历更高被捕食风险的物种的总睡眠时间受到限制。

1.4.6 灵长类

纳恩（Nunn）等人（2010）对灵长类动物的睡眠进行了回顾，其中现存灵长目动物被分为两类，原猴亚目（狐猴、懒猴）和简鼻亚目（猴、猿和眼镜猴），我们主要感兴趣的是后者（这条支线包含了人类起源），其分为阔鼻下目和狭鼻下目，前者是新大陆土生土长的猴，后者则包含旧大陆的猴和猿。

非人灵长类动物存在REM与NREM这两个主要睡眠阶段，一些猿类的NREM睡眠还表现出两种亚型，即浅睡眠阶段和以慢波活动为特征的深度睡眠阶段。夜猴、棉顶狨（绒顶柽柳猴）和倭狐猴（小鼠狐猴）每天平均总睡眠时间为13至17小时；人类、黑猩猩、少数猕猴、狐猴以及一些新大陆灵长类动物的睡眠时间较短，平均为8至11小时。灵长类动物的REM睡眠时间则从长尾黑颚猴（非洲绿猴）的每天30分钟多一点到黑猩猩和人类的每天2小时不等。相比其他灵长类动物，人类的睡眠时间非常短，但REM的比例明显更高（Samson & Nunn, 2015）。

总体而言，灵长类动物的睡眠特点是：（1）睡眠被整合为一次长时间睡眠或两次较长时间的睡眠，以达到更好的睡眠强度；（2）日间活动的物种（包括人类）的睡眠时间减少，这可能反映了与昼行性（或日间活跃）相关的许多不同优势或限制；（3）睡眠强度增加，这可能与NREM睡眠阶段分为浅睡和深睡阶段有关；（4）睡眠时保持社会接触，这可能在照顾婴儿、规避捕食风险和体温调节方面具有优势。

1.4.7 人类祖先

人类的正常睡眠模式存在着持续的争论，一些学者认为人类在夜间睡数小时，然后在下午晚些时候打个长盹，即“双峰睡眠模式”；另一些科学家则认为该双峰模式发生在夜间，由两段睡眠时期和一段清醒时期构成；还有学者声称人类在夜间进行长时间睡眠，根本不存在双峰睡眠模式。历史学家和人类学家提供了大量的证据，证明双峰睡眠模式在前工业社会很常见，如艾基奇（Ekirch）（2005）指出传统民族经常提到“第一”和“第二”睡眠，并以西非海岸的阿散蒂人（Asante）和芳蒂人（Fante）[①]为例：其母语奇卢伯语中的“woadá ayi d. fā”表示“他们躺在第一睡眠中”，而“wayi（或wada）d. biakō”的意思是“他已睡了前半夜”，这种双峰睡眠模式允许传统民族在黑暗的夜间进行大量社会交往，如照顾孩子、形成社会联盟，以及对夜间捕食者保持警惕（Yetish et al., 2015）。

1.4.8 结论

从蚯蚓、果蝇等最简单的生物体，到非人灵长类动物和人类身上，都可以发现睡眠有规律地出现静止期和一定程度的睡眠反弹，但在谈及爬行类动物之前，并无

① 阿散蒂人、芳蒂人均为加纳民族。——译者注

证据表明它们出现了明显的睡眠状态。鸟类和水生哺乳类表现出明显的睡眠状态，包括使其能够在飞行或游泳时睡眠的单半球睡眠现象，但REM只能发生在双侧脑半球。爬行类、鸟类和哺乳类睡眠中存在的高电压慢波和类REM脑激活模式表明，在人类中发现的双相、REM和NREM睡眠阶段是一种非常古老的适应性行为，其益处远大于睡眠时静止、减少对环境反应所带来的风险。

回顾思考

27

- δ 脑电波可以表示睡眠的强度，为什么睡眠时这些波在额叶处最强？
- 慢波睡眠可以一次只发生在一侧脑半球，但就目前所知，REM睡眠从不仅仅发生在单半球，这是为什么？
- 为什么一些鸟类和海豚等水生哺乳类动物睡眠时只使用一侧脑半球？
- 睡眠具备社会性质这一科学论断有哪些优缺点？

拓展阅读

- Lyamin, O. I., Manger, P. R., Ridgeway, S. H., Mukhametov, L. M., & Siegel, J. M. (2008). Cetacean sleep: An unusual form of mammalian sleep. *Neuroscience and Biobehavioral Reviews*, 32, 1451–1484.
- Rattenborg, N. C., Amlaner, C. J., & Lima, S. L. (2000). Behavioral, neurophysiological and evolutionary perspectives on unihemispheric sleep. *Neuroscience and Biobehavioral Reviews*, 24, 817–842.
- Rattenborg, N. C., Martinez-Gonzalez, D., & Lesku, J. A. (2009). Avian sleep homeostasis: Convergent evolution of complex brains, cognition and sleep functions in mammals and birds. *Neuroscience and Biobehavioral Reviews*, 33, 253–270.
- Siegel, J. M. (2008). Do all animals sleep? Trends in Neuroscience, 31(4), 208–213. (2005). Clues to the functions of mammalian sleep. *Nature*, 437, 1264–1271.

第2章

28

从生物节律到睡眠周期

学习目标

- 描述睡眠周期如何与24小时的昼夜周期相适应
- 理解视交叉上核这一主生物钟的调节功能
- 理解主要生物节律障碍的原因和后果
- 理解睡眠周期中主要由电生理学定义的睡眠阶段成分

2.1 引言

所有陆生动物都生活在24小时的明暗周期中，所面对的挑战和机遇也随着24小时的明暗周期规律地出现和消失。例如，人类面临的挑战包括捕食性动物（如大型猫科动物）的出现，后者在黑暗期的捕猎最高效；机遇则包括一些易于获取的食物来源和群体内的社会交往（包括追求繁殖机会），其中许多更容易发生在24小时周期的黑暗期。因此，所有动物均已发展出适应性，使其既能够避免捕食者，也能够利用24小时周期中的繁殖机会。

睡眠也不例外地牢牢内嵌在被称为昼夜节律的24小时明暗周期中。灵长类动物主要在日间睡眠，但我们作为灵长类的后裔却主要在夜间睡眠，这一从夜行性（活跃于黑暗期）到昼行性（活跃于光照期）的转变与生态和行为能力的巨大变化（包括睡眠逐渐稳固到黑暗期）有关。向日间生活方式的转变与迁出树林有关，伴随着关键谱系变得更为陆地化，使动物得以迁移到更开放的栖息地，在光照期活跃起来（Nunn et al., 2010）。除了夜猴属的夜猴，所有猴和猿（包括人类）都在日间活跃，而在夜间不同时长沉寂。

29

睡眠周期如何适应更大的24小时或昼夜周期？目前的观点是，基于脑的昼夜节律起搏器或主时钟与明暗周期同步或受其诱发，随着明转暗或暗转明，明暗周期向脑的其他部分（开启或关闭睡眠的脑区）和身体发送其每日变化的化学信息。与起搏区相关的稳态过程（借助起搏基因）调节或影响睡眠的数量和时间，可能通过腺苷、其他神经内分泌或神经化学物质的积累来标记睡眠需求和睡眠债务，其中腺苷在清醒时积累起来，随之增加的是睡觉的冲动，直到入睡后腺苷水平重置，而昼夜节律起搏器通过控制包含主时钟在内的神经内分泌下丘脑区域来调节腺苷和相关化学信息的释放。

主时钟被认为位于下丘脑，通常与视交叉上核（Suprachiasmatic Nucleus，SCN）联系在一起。例如，下丘脑的SCN接收来自视觉系统的信息，判断个体是进入光照期还是黑夜期，然后根据这些信息释放褪黑素（由松果体合成），从而触发睡眠的终止或开始。此过程的功能障碍会导致几种类型的睡眠和昼夜节律障碍，稍后将更详细地讨论。

2.2 昼夜节律与睡眠

2.2.1 简介

人类脑中作为主要昼夜节律的区域是SCN，位于视交叉上方和下丘脑底部，通过视网膜下丘脑束接收视网膜的直接输入。视网膜下丘脑束将眼内视神经的光信息传递到丘脑的膝状体核，再从膝状体核传递到视觉皮质和SCN。视网膜上的神经节细胞含有视黑蛋白这一独特的光敏色素，核心SCN细胞便接收来自神经节细胞的光信息，当光信息到达核心内的SCN细胞时，SCN细胞会伴随明暗周期进入放电模式；还有一组细胞包围着SCN核心细胞，被称为壳细胞（shell cell），参与调节褪黑素的释放。

30

褪黑素是松果体所分泌的一种激素，与季节性繁殖动物的季节性发情有关。无论动物是在日间还是夜间活动，褪黑素均主要在夜间释放，因此季节性繁殖者可以据此衡量白昼的长度。随着春季白昼长度增加，较长的光照期会抑制褪黑激素的产生，导致夜间峰值持续时间缩短，而这一夜间褪黑素水平的变化会解除对促性腺激素释放的抑制，使动物进入繁殖模式。

褪黑素作用于人体时，其主要作用是增加睡意。人体内的褪黑素释放在22点左右开始增加，中枢神经系统水平在凌晨3点左右达到峰值（此时REM占主导），然后在早上8点下降到非常低的水平，日间几乎检测不到。青春期前的儿童体内褪黑激素的循环水平显著下降，这可能有助于对促性腺激素解除抑制并促进其夜间释放的发育。

合成和释放褪黑素的松果体位于两侧大脑半球之间，通过一小根蒂（stalk）与脑相连，但脑与松果体的神经联系并不经过松果蒂。SCN的壳细胞投射到下丘脑附近被称为室旁核的区域，这一从室旁核到SCN的连接有助于调节褪黑素的释放。褪黑素一旦经由松果体释放，便受到SCN的控制，从而帮助生物钟以24小时的明暗周期引导生理过程。

2.2.2 REM-NREM循环

睡意由与SCN相关的褪黑素活动触发。哺乳类个体一旦进入睡眠状态，其体内另一个循环过程便在24小时的昼夜节律周期中被激活，称为次昼夜循环（ultradian cycle），其包含了REM与NREM睡眠状态的交替。我们将很快讨论到睡眠起始和补偿的脑机制，但首先想让大家注意的是，人类的REM-NREM周期在昼夜节律周期中的黑暗期约为90分钟，换言之，个体大约每90分钟便会经历一段REM睡眠和一段NREM睡眠。成人的次昼夜循环始于NREM阶段并抵消于REM阶段，其中NREM阶段在夜间的前三分之一占优，REM阶段在后三分之一占优，我们中的大多数人都从REM而非NREM中醒来。以上90分钟的次昼夜睡眠循环需要数年才能在人体内形成。

31

现在，让我们更仔细地看看这个睡眠周期如何在普通成年男性或女性的一夜睡眠中起作用：首先，我们通过NREM进入睡眠，其包含N1、N2、N3（SWS）三个阶段；经历约1小时的NREM睡眠后，随着睡眠变浅，我们结束了深度SWS，短暂地回到N2和N1期；EEG振幅下降，波形越来越快，几乎像清醒时的活动；以缓慢眼球运动为特征的N3开始呈现周期性棘波，同时眼球在眼睑下来回转动；我们因肌张力丧失而无法活动，心率增加，男女性因为性系统激活分别出现阴茎勃起和阴蒂充血，这些巨大的变化都标志着当晚首个REM睡眠阶段的开始，而一旦进入首个REM，我们便将经历一个完整的NREM-REM周期（第一个REM睡眠阶段只持续大约10至20分钟，但临近清晨的REM睡眠将持续大约30至40分钟）；第一个完整的NREM-REM周期之后，我们将再次循环回到慢波睡眠，即经历短暂的N1、N2后进入N3期，我们的肌张力增加、眼球转动缓慢、无性激活、呼吸和心率规律，如此1小时后，再次通过N2和N1期迅速来到下一个REM，一整夜周而复始。

通过睡眠趋势图来描绘NREM-REM周期中EEG和觉醒状态的变化，我们可以看到整夜REM和NREM睡眠时间的分布变化，其中时间为横轴，睡眠状态为纵轴，一夜睡眠的结果称为睡眠结构。图2.1中的睡眠状态，新命名法将第3和第4阶段归为

一个N3 期。

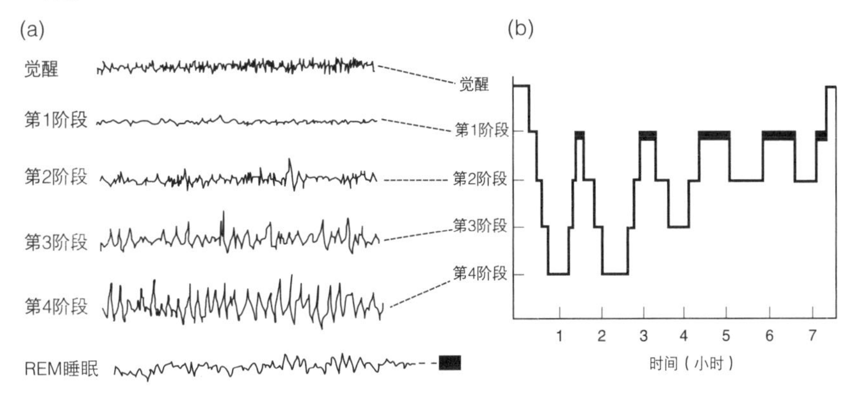

图2.1　人类睡眠结构（睡眠趋势图）

2.2.3 什么触发了次昼夜睡眠循环

32

20 世纪 90 年代中期，萨伯尔（Saper）及其同事（2005）认为下丘脑前部存在着一个睡眠开关。进入睡眠状态之前，下丘脑前部的神经元活动增加，γ-氨基丁酸（Gamma-aminobutyric Acid，GABA）神经元投射到所有脑干促醒神经元，并使其关闭。有趣的是，下丘脑前部的GABA促睡眠神经元和下丘脑内的相关神经元，如组胺能神经元、下丘脑分泌素神经元和睡眠开启神经元（sleep-on neuron）直接或间接接受来自附近SCN的输入，后者将来自视网膜的光信号转换为与明暗的昼夜节律周期有关的激素和神经元信息。简而言之，引起NREM-REM睡眠周期的过程如下：表明黑夜到来的信息首先从视网膜传递到下丘脑SCN，再从SCN传递到丘脑前部，激活下丘脑前部的GABA能睡眠开启神经元，这些神经元向脑干中保持清醒状态的神经元发送抑制性信号以指示其关闭，睡眠由此起始；睡眠结束后，每日光照期开始的信息从SCN发送到下丘脑分泌素神经元，后者再将兴奋性信号发送到脑干的促醒核（wake-promoting nuclei），激活大脑皮质的同时也将抑制性信号发送回下丘脑的睡眠开启细胞。

2.2.4 腺苷的作用

33

告知脑部该睡觉的化学信号很可能是腺苷。脑内腺苷水平在日间缓慢累积，随着腺苷水平上升，睡意（似乎与精力不足直接相关）也越来越浓，而咖啡因会打断腺苷和睡意的累积。能量以糖原的形式储存在脑部的胶质细胞中，而随着睡眠剥夺或清醒持续，脑中能量供应减少，脑最终开始利用其糖原储备。随着糖原储备减少，腺苷被释放出来，睡意和睡眠便开始出现。注射模拟腺苷作用的化学物质可以促进睡眠，使脑部出现慢波或 δ 能量活动。

2.2.5 昼夜节律与睡眠节律的相互作用：双过程睡眠调节模型

迄今为止，在所有被研究的哺乳类物种中，睡眠剥夺最大的影响体现在“补偿性反弹”现象，即睡眠的增加超过了基线的时间和强度，其中强度体现在觉醒阈值更高、慢波活动更强、单位时间内快速眼动的频率更快、睡得更深以及睡眠周期更长（Borbeley, 1980; Borbeley et al., 1984）。换言之，在经历睡眠剥夺后，哺乳类动物会试图通过提高随后睡眠的强度和时长进行弥补。在清醒或睡眠剥夺期间，一些神经化学物质，可能是腺苷（Strecter et al., 2006; Blanco-Centurion, et al., 2006），会与清醒时长成比例地积累，其水平在睡眠中心（可能是基底前脑）升高时，会对脑干和前脑中促进清醒的神经元产生抑制作用，进而增加睡意。腺苷在睡眠期间停止积累，现有的存量开始以取决于睡眠强度的速率消散，直到恢复至基线水平。个体醒来后将需要再次在一天中积累腺苷，从而成功启动睡眠。

博贝利（Borbeley）（1982）首次正式提出，哺乳类动物的睡眠因涉及数量和强度的平衡而处于稳态控制之下。在他提出的“双过程睡眠调节模型”中，被称为S过程的睡眠需求因素（可能与腺苷水平有关）在清醒或睡眠剥夺时增强，在入睡后减弱，这解释了睡眠的恢复性，并明确预测睡眠是脑或身体或两者的某些恢复过程所必需的；C过程则是由光照调节的昼夜节律系统，独立于睡眠和清醒节律外，S过程被认为与C过程的输入相互作用；慢波活动（SWA）被视为S过程中时间进程的一个指标，因为已知SWA与觉醒阈值相关，并且在所有被研究的哺乳类动物中，SWA在之前的清醒期和睡眠剥夺后的反弹期显著增加；一旦达到S过程的阈值（即具备适当数量和强度的SWS），C过程便将被激活。利用该模型的假设进行的模拟表明，睡眠的稳态成分在清醒时呈S形下降，在睡眠时以饱和指数式上升。

双过程模型使研究者能够通过简单地调制其中一种基本成分或一个参数来模拟现实生活中的睡眠障碍，如失眠或睡眠剥夺可以通过减少或去除与C过程相互作用的S过程来模拟，如果S过程不能产生足够的腺苷来有效地抑制觉醒中枢，个体便无法入睡或睡得不好。为了解释睡眠剥夺对认知的影响，研究人员使用了昼夜节律C过程和稳态S过程之间的非线性双向相互作用，而不是原始模型中C过程对S过程的单向影响；也有研究人员试图将次昼夜NREM-REM循环纳入总体的双过程模型中。

双过程模型并未涉及REM的稳态方面。REM在睡眠剥夺后会反弹，但其强度成分可能与单位时间内快速眼动的频率（密度）有关。

无论如何，REM和NREM都处于稳态控制之下，睡眠强度的增强高于基线可以满足稳态的睡眠需求。总之，睡眠强度指示了功能性的需求。

虽然双过程模型能够简洁明了地表示睡眠-觉醒周期的正常功能，但目前还发展出了多振荡模型（multi-oscillator model）来探究睡眠周期与其他行为变量间更复杂的相互作用。在多振荡模型中，两个或多个相互作用的振荡器负责产生被建模的每个行为变量的周期。例如，一个振荡器可能是SCN，即主时钟，驱动体温节律和褪黑素节律；第二个振荡器可能是睡眠-觉醒节律的控制器，或许集中在腹外侧视前核（Ventrolateral Preoptic Nucleus，VLPO），驱动REM-NREM循环。近日，研究人员在VLPO中发现了一个所谓的触发开关，这促进了睡眠-觉醒状态调节触发器模型的发展。触发开关的机制即开关处于一个位置（睡眠）时，另一个位置（觉醒）便被阻止，反之亦然。最近的一个触发器模型假设，VLPO内的睡眠活跃神经元（S-R）与下丘脑和脑干内的觉醒活跃神经元（W-A神经元）相抗，后者在清醒时放电，REM时减少放电；第三组神经元在REM阶段时于扩展的VLPO区域内放电，位于基底前脑内的第四组神经元则在清醒和REM时均会放电（W-R组神经元），并与前两组神经元相互作用；随着睡眠促进物质（如腺苷）在清醒时积累并激活S-R神经元，又在睡眠中消散，这四组相互作用的神经元促进着脑状态的切换；第二种睡眠促进物质（可能是生长抑素或生长激素类的激素）在清醒和NREM时积累，并激活扩展VLPO区域的W-R神经元，然后在REM期间消散。

35

2.2.6 生物节律的社会调制

非人灵长类和人类身上的次昼夜和昼夜节律对社会线索非常敏感。社会交往的频率和质量对身体的节律有着深远的影响，社会节律和光线线索被认为是强大的“授时因子”或计时者，通过让个体对定期发生的机会（如社交聚餐、社会联盟、社会谈判、繁殖机会等）或环境中的威胁做好准备，将身体节律与定期发生的社交活动联系起来。你是百灵鸟还是夜猫子？“清晨型”和“夜晚型”可能是个体根据对不同社会线索或授时因子的敏感程度形成的。[1]清晨型的人通常喜欢在5点至7点之间起床，21点至23点之间睡觉；夜晚型则倾向于晚一点起床（9点至11点）和睡觉（23点至次日凌晨3点）。清晨型的人的昼夜节律和睡眠周期变化相对较小。

36

“午后小憩”或午睡是另一种常见的睡眠现象，其对社会线索也非常敏感。午睡

① 根据早晚偏好型特征区分，表现为早睡早起特征的常被称为百灵鸟型或清晨型；表现为晚睡晚起特征的常被称为夜猫子型或夜晚型；处于两种类型之间的为中间型。——译者注

时段是指大多数人在 13 点至 16 点间睡意增强、变得迟钝、警觉性降低的一段时间。在世界各地的办公室和工厂里，人们注意力涣散、昏昏欲睡，开始犯些小错误或趴在桌子上睡觉。午睡期间，个体体温明显下降，似乎在为睡眠做准备。这一午睡现象与人类祖先的睡眠双峰模式观点一致，即夜间长时间睡眠，下午的晚些时候短时间睡眠，不同的是后者在现代的大多数文化中变成了午睡（甚至许多文化中根本没有日间休息），这些事实表明睡眠在一定程度上受到社会规范的影响，至少有一部分睡眠是非强制或可塑的。

2.2.7 节律障碍

约四分之一的人抱怨睡眠困难或缺乏恢复性睡眠，原因可能是生物节律障碍，即 24 小时的睡眠-觉醒时间表与社会授时因子或社会义务不同步。在所谓的睡眠相位后移综合征（Delayed Sleep Phase Disorder，DSPD）中，睡眠-觉醒时间表比习惯性或常规睡眠时间晚至少 2 小时。因此，如果当地文化中的大多数人在午夜前入睡，那么凌晨 2 点左右入睡的人便可能患有DSPD。DSPD患者试图早点睡觉但总难如意，即使设法早点睡觉，也总会比当地文化的标准醒得晚。DSPD患者的睡眠时间表与社会要求相冲突，又由于必须比身体节律醒得更早而经常欠下睡眠债务，所以总是昏昏欲睡和疲惫不堪。DSPD通常发生在青春期，有时会在家族中流传，因此可能有遗传因素。

与DSPD相对的是睡眠时相前移综合征（Advanced Sleep Phase Disorder，ASPD）。相比他人，DSPD患者偏好晚睡，ASPD患者则偏好早睡，他们在夜晚早期就变得困倦，并会在清晨自发醒来，即使想睡懒觉也睡不着。

如果要治疗DSPD患者，可以将其暴露在早晨明亮的光线下，并在晚上减少光线照射，从而重置其主时钟（通常是通过日光来控制的），使其与传统的睡眠-觉醒时间表相吻合；此外，在预期睡眠时间的 6 小时前服用褪黑素也能回调主时钟，使其更符合传统的休息-活动时间表。ASPD患者则采用相反的治疗方法，即晚上暴露在强光下，延迟睡眠和褪黑激素的释放时间。

我们都知道时差综合征，即正常的睡眠-觉醒时间表在飞跨时区时被打乱，昼夜节律与当地社交时间表不同步。由于睡眠、饮食和休息时间与当地人的作息都不一致，所以如果想和当地人正常交往，整个生理机能就必须适应当地时间。

季节性情感障碍（Seasonal Affective Disorder，SAD）也称为季节性抑郁，是重度抑郁症的一个亚型，患者在黑暗的冬季变得沮丧、困倦和无精打采，又随着阳光和春天的回归而振奋。

双相I型障碍患者会在一天或几周内出现明显的情绪波动，在连续数天的躁狂失眠、疯狂活动以及之后突然陷入的抑郁、思睡、不活动状态间反复。躁狂发作期间，患者可以连续几天不睡觉，说话又快又紧张，想法变得泛滥且容易兴奋，有时还会性欲亢进；而当抑郁发作时，患者往往会崩溃，不想讲话，几乎没有任何想法，自我批评且情绪低落，总是昏昏欲睡（尽管可能无法获得高质量的睡眠）。

抗抑郁药和情绪稳定剂可以有效治疗SAD和双相情感障碍，生物钟疗法（chronotherapy）或强光暴露则可以有效重置昼夜节律，从而治疗相位综合征甚至SAD。

表2.1　生物节律障碍

障碍	症状	病理生理学与治疗
轮班工作和时差反应	疲劳、思睡、意识模糊、无精打采、缺乏活力、胃肠道疾病	个体生物节律与社会群体的节律和活动不一致、不同步 治疗：跨时区旅行后需要一周的时间来适应当地的时间安排；褪黑素可以帮助重置生物钟
季节性情感障碍	秋冬月份（dark months）的情绪功能障碍和抑郁	秋冬季节的日间时长缩短、日照强度减弱，改变SCN的输出并扰乱昼夜节律组织 治疗：光疗法（暴露在不同光照强度下以重置SCN）和抗抑郁药物
双相I型障碍	在各持续约1周的极端躁狂和抑郁发作之间反复：躁狂阶段会感到愉悦和极度兴奋（抑制解除、激动、失眠，并偶有妄想症）；抑郁阶段则会感到重度抑郁（悲伤、绝望、缺乏快感等）	病因尚不明确，但与SCN的时钟基因表达密切相关 治疗：抗精神病药、情绪稳定剂、抗抑郁药
睡眠相位后移综合征	个体的睡眠-觉醒时间比常规参照标准晚至少2小时	病因尚不明确，一种观点认为，延迟性睡意可能是对后青春期青少年体内生物钟正常变化的过度反应 治疗：早上强光照射，服用褪黑素
睡眠时相前移综合征	个体的睡眠-觉醒时间比常规参照标准更早	治疗：晚上强光照射，早上服用褪黑素

2.2.8 结论

次昼夜NREM-REM睡眠周期内嵌于更大的24小时昼夜节律周期中，二者相互作用，这一过程可以通过双过程模型解释，其中昼夜节律周期由下丘脑内的SCN主

时钟控制。睡眠相位后移综合征和躁郁症等生物节律障碍对睡眠有显著影响，但可
39
得到治疗。我们将在下一章中了解到，睡眠表现在整个生命周期中也会发生显著的变化。

回顾思考

- 腺苷在睡眠周期调节中的作用是什么？
- 有哪些证据表明躁郁症/双相情感障碍是睡眠相关的生物节律障碍？
- 社会过程调制生物节律的两种方式是什么？
- 双过程模型如何描述昼夜节律周期与睡眠周期的相互作用？
- 为什么我们通过NREM阶段而不是REM阶段进入睡眠？

拓展阅读

- Alloy, L. B., Ng, T. H., Titone, M. K., & Boland, E. M. (2017). Circadian rhythm dysregulation in bipolar spectrum disorders. *Current Psychiatry Reports*, 19(4), 21. doi: 10.1007/s11920–017–0772-z. Review. PMID:28321642.
- Borbely, A. A. (1982). A two process model of sleep regulation. *Human Neurobiology*, 1, 195–204.
- Czeisler, C. A., & Gooley, J. J. (2007). Sleep and circadian rhythms in humans. *Cold Spring Harbor Symposia on Quantitative Biology*, 72, 579–597.
- Saper, C. B., Scammell, T. E., & Lu, J. (2005). Hypothalamic regulation of sleep and circadian rhythms. *Nature*, 437(7063), 1257–1263.

第3章

人类一生中的睡眠表现

40

学习目标

- 理解中级进化理论（依恋理论、亲子冲突理论、发育差时等）与生命周期中睡眠特征表现的相关性
- 评估REM睡眠对脑发育至关重要这一观点的证据
- 描述生命周期中REM和NREM睡眠状态比例变化的意义
- 理解睡眠对寿命的影响

3.1 引言

我们应该如何研究人类睡眠模式的典型发育和表现？最简单直接的方法便是观察人们在发育至成熟、繁殖、衰老和死亡过程中的睡眠状态的发育，可我们又该研究哪些人和民族来获知典型的人类模式？

不幸的是，绝大多数关于睡眠在整个生命周期中的发育和表现的研究都局限在一类人身上，毕比（Beebe）（2016）称之为“西方（Western）、受教育（Educated）、工业化（Industrialized）、富有（Rich）和民主（Democratic），即WEIRD民族”。因此，睡眠科学家所认为的正常生命周期睡眠模式的证据不过是主要基于人类这一大家庭中一个小且不具代表性（例如，世界上大多数人口并不富裕）的片段：WEIRD样本。如果已知睡眠不受社会或文化因素的影响，那么这些研究便可以接受，但事实并非如此。由于睡眠受到社会和文化因素的强烈影响，所以将对睡眠发育的理解建立在一个无法代表人类大家庭其他成员的单一样本上并不妥。例如，在非WEIRD社会中，同眠在从婴儿到老年的所有生命阶段都是常态；而在WEIRD社会中，同眠即使对母婴而言也并不普遍。因此，读者在阅读本章有关人类生命周期中睡眠表现常模

41

的信息和数据时需要牢记这些考量（Peña et al., 2016）。

我们还需要了解进化背景，以便充分了解人类生命周期中的睡眠发育时间表。

3.2 睡眠发育的进化背景

3.2.1 神经发育过程中的发育差时或时间变化

麦克纳马拉（McNamara）（1997）和伯恩斯（Burns）（2007）等人指出，每个正常发育阶段（婴儿期、儿童期、青春期和成熟期等）的超期发生[①]或生长时间延长（相对于我们的灵长类祖先）都可以解释人类生命周期中独特的发育特征。我们早已在灵长类动物生命周期发育的每个经典时期划出了生长阶段，其表明脑在婴儿期和儿童期会变大，仅仅是因为其在婴儿期和儿童期的生长时间较长（同样是相对于我们最近的进化亲属）。鉴于人类发育时间表的特点是超期发生，可以预期人类的睡眠周期必然受其影响。例如，如果睡眠的部分功能是促进脑发育，那么睡眠周期可能会在脑发育最多的生命阶段（婴儿期和儿童期）发挥更大的作用。超期发生意味着睡眠周期在婴儿期和儿童期不得不变得更长，或变得比其他灵长类动物或生命周期的其他时间波动更激烈。事实证明，相对于其他灵长类动物，人类的睡眠时间特别短，但REM比例明显更高（Samson & Nunn，2015），这表明我们选择了以REM配额的形式增加睡眠强度，从而支持更长的脑发育时间。事实上，有越来越多的证据支持REM会在婴儿期和儿童期增强脑发育。青春期的睡眠强度也很高，这是人类相对于灵长类亲戚而言的另一个延长期。

3.2.2 REM促进脑发育

迪穆兰（Dumoulin）、布里迪（Bridi）等人（2015）提出了证据，表明生命早期的REM睡眠通过促进释放一种对神经元可塑性至关重要的激酶来促进脑发育，即所谓的胞外信号调节激酶（Extracellular Signal Regulated Kinase，ERK）。初级视皮质V1区的激酶磷酸化需要REM睡眠，因为其不会发生在睡眠被剥夺的动物身上，而REM诱导的ERK磷酸化对视觉区域的可塑性变化至关重要。单眼剥夺（闭合一只眼）后的REM睡眠剥夺可以选择性抑制小猫V1的ERK磷酸化，从而抑制ERK激活并减少眼优势的可塑性（正常视觉发育），而ERK正是该可塑性的关键激酶。

① 过型形成的一种发生类型。因成熟期的推迟延长了幼体异速生长阶段，导致祖先时期并不存在的器官或构造出现和发展。一般后裔成年个体较大。——译者注

脑中新神经元回路的形成是通过依赖于经验的选择性修剪和消除发育过程中最初过度生长的突触而完成的，而REM剥夺会阻止神经元突触的选择性修剪和消除。李（Li）等人（2017）的研究表明，REM睡眠会促进小鼠体内运动皮质第5层锥体神经元在发育和运动学习过程中新形成的突触后树突棘的修剪，REM睡眠期间产生的树突钙峰电位（dendritic calcium spike）对此类修剪和加强新棘很重要。

鸟类的异相/活跃睡眠[REM在非人类物种中有时被称为异相睡眠（Paradoxical Sleep，PS）]似乎在某些方面对歌曲学习是必需的（Margoliash et al., 2005），也可能在鸟类性学习的某些方面起介导作用，因为在实验室进行性印记训练后，其PS总时间和次数都有明显增加。米尔米兰（Mirmiran）等人（1983, 1995）发现，生命早期（新生时）使用了REM抑制剂（如氯丙咪嗪）的大鼠的雄性性反应（爬跨和射精）明显受损。沃格尔（Vogel）和哈格勒（Hagler）（1996）证明，新生大鼠服用REM抑制剂和抗抑郁药物氯丙咪嗪、齐美定或地昔帕明后，会在成熟期出现抑郁症状和性功能障碍等异常；而为了测试致病因素是否为REM本身，沃格尔和哈格勒又给新生大鼠注射了伊普吲哚，该抗抑郁药物不会产生快速眼动睡眠剥夺（Rapid Eye Movement Sleep Deprivation，RSD），使用了该药物的大鼠成熟后也并未表现出性功能障碍或抑郁症状。

虽然REM对脑发育的重要性越来越明显，但该作用需要在生物体的整体发育时间表中加以理解，而后者的目的在于使长期繁殖适合度的计算取得最优解。为了理解睡眠在人类发育时间表中的作用，我们需要考虑几种作用于该表的进化力量，相关的进化理论包括亲子冲突、生命史和依恋理论。

43

3.2.3 亲子冲突

婴儿出生后的睡眠状态在母婴互动的背景下发展，母婴互动的发展又反过来在母婴之间关于投资于婴儿的资源数量和质量的冲突大背景下进行。这一关于提供或投资于婴儿的资源的冲突由母婴的基因利益对比所驱动，如果婴儿想要比母亲能够或愿意提供的资源更多，斗争便随之发生。

特里弗斯（Trivers）（1974）指出，父母与后代的亲缘关系系数为0.5，即孩子只携带了母体基因组的一半，所以母亲和孩子的基因利益并不完全相同，后代对父母的要求往往超过父母愿意或能够给予的程度。此外，哺乳类动物的后代可能并不拥有同一个父亲，因此个体基因利益将与其兄弟姐妹有很大差异；即使拥有同一个父亲，个体与其兄弟姐妹的亲缘关系也只有0.5，基因利益也不完全相同。因此，后代会试图垄断来自母亲的资源，不考虑对母亲或兄弟姐妹的影响。婴儿从照顾者那里获得更多资源的策略包括发声、抓握、微笑、哭泣、哀号和吸吮等，而睡眠对母亲来说是一段解脱期，除非婴儿在睡觉时吸吮，所以夜醒便尤其成为母亲/照顾者和婴儿之间的战场。我们很快将看到，婴儿的夜醒与母亲和孩子之间建立的依恋关系类型有关。

3.2.4 生活史理论

根据生活史理论（Stearns, 1992），生命周期特征（如妊娠期长度、后代数量和大小、首次繁殖年龄、哺乳期/断奶期、持续繁殖策略和生命长度）会受到当地生态和社会环境的影响，并有助于提升繁殖适合度。个体会发育出相应机制或生物行为策略，帮助其解决整个生命周期中婴儿存活、儿童成长、成人发育和繁殖的问题。关于当前环境条件（如当地的死亡率）的知觉–情绪信息被用于做出（无意识的）关于有限资源的最佳分配决定。

时间和能量必须在“存续策略（somatic effort）”（即投资于身体的生长发育）和“繁殖策略（reproductive effort）”（即投资于生产和抚养后代）之间做出权衡。由于睡眠的部分功能是调节能量预算，睡眠配额（用于睡眠的时间）在某种程度上取决于存续和繁殖的目的。繁殖策略可以再分为两部分：交配策略（即寻找、追求和保留合适的配偶）和养育策略（即妊娠、分娩和产后护理）。鉴于发育性睡眠过程对脑发育的影响，睡眠过程可能在无意识的情况下参与决定躯体发育和行为策略发展，从而支持繁殖策略（亲子关系和交配策略）。

关于发育时间表的无意识决定很可能建立在个体对于自身基因遗传的直觉把握和当前社会环境的体验之上。贝尔斯基（Belsky）和奇泽姆（Chisholm）（1999）等研究者认为，新生儿和青少年对未来社会和生态条件的押注必定基于其遗传特征和对照顾者的体验。如果照顾者仅在孩子身上投入最少的资源，那么孩子就会得出当地社会和生态条件不利的结论，并相应地制定发育时间表：“尽快长大，尽少睡觉，多生孩子，因为你命不久矣”；另一方面，如果照顾者在孩子身上投入高质量的时间和资源，那么孩子就会得到社会和生态环境有利的信息，进而选择较慢的发育时间表、更长或更密集的睡眠周期，以及更长的生命周期：“慢慢长大，沉沉睡眠，对一个或两个孩子进行大量投资，活得久一些”。简而言之，父母带给孩子的体验在制定发育性睡眠–觉醒时间表方面至关重要，而该体验可以在“依恋”的概念下进行操作。

3.2.5 依恋理论

鲍尔比（Bowlby）（1969）和安斯沃思（Ainsworth et al., 1978）等人发展了依恋理论，该理论的基本思想是，婴儿在出生后到 18 个月之间会与照顾者发展出一种特殊的情绪信任纽带。鲍尔比认为依恋系统是一个生物行为调节过程，会调整照顾者和孩子之间身体和情绪的亲密关系，该依恋系统的最佳结合方式称为“安全依恋”，即婴儿始终受到照顾者的照顾，因而发展出的亲近感和舒适感使其能够离开照顾者的直接身体存在以进行探索。

通过“陌生情境法（Strange Situation Procedure，SSP）”，安斯沃思能够识别不安全依恋取向。反复无常的养育方式会使孩子发展出不安全–焦虑的取向，表现为无法在不出现情绪危机的情况下忍受与照顾者的分离，这些孩子在分离后很难得到安慰，更愿意继续寻求与照顾者的亲近；另一方面，不安全–回避取向的孩子喜欢回避与照顾者的互动，并出现情绪抑制。

类似的依恋取向也发生在成人身上，这种依恋取向被认为是解释自我和依恋对象之间透视关系的认知工作模型（见表3.1）。换言之，我们每个人都在认知上将依恋关系表现为自我和他人之间关系的表征。具有安全取向的成人往往对自身和依恋对象持积极的看法，对亲密关系和独立感到舒适；不安全–矛盾或焦虑取向的人则过度重视依恋目标而贬低自身，对独立感到不适；不安全–回避取向的人对自己和依恋目标有消极看法，但对独立感到舒适；轻视取向的人自视甚高却对依恋对象看法消极。越来越多的证据表明，这些自我和他人的内部工作模型是在REM梦中形成的，本书会在后续关于梦和依恋主题的章节中再次讨论这一问题，眼下我们的重点是发育时间表、社会依恋过程和睡眠之间的相互关系。

46

依恋关系对睡眠–觉醒时间表的发育至关重要。如果新生儿/孩子能对母亲形成安全的情绪依恋，孩子便会“得知”当地环境将支持充足资源和长期繁殖策略，即延迟成熟和对少数高质量后代进行高投资。在这种情况下，婴儿期的睡眠强度会很高，而夜醒、梦魇和其他睡眠障碍则不常发生。我们很快将看到，这些观点得到了最近研究的支持。

表3.1 依恋取向中的自我和他人的内部工作模型

		自我被认为是	
		积极的	消极的
依恋对象被认为是	积极的	**安全型** 个体对自身和依恋对象均感到舒适；个体希望建立关系并在其中感到舒适	**焦虑型** 个体对自身看法消极，而对依恋对象看法过于积极；个体急于建立关系
	消极的	**轻视型** 个体对自身看法过于积极，对依恋对象看法过于消极；个体声称对亲密关系的需求很低	**回避型** 个体对自身和依恋对象均持消极的看法；个体焦急地回避关系

3.2.6 胎儿的睡眠

迄今为止，所有被研究的哺乳类动物在子宫内均表现出一段自发和混合的脑活动，称为不确定睡眠（indeterminate sleep），该睡眠到妊娠中期渐渐分化为不同的睡眠状态。从大约 28 至 32 周的孕龄（Gestational Age，GA）开始，安静睡眠（Quiet Sleep，QS）和活跃睡眠（Active Sleep，AS）从这一不确定睡眠中发育而来。大约 28 周时，以REM和呼吸运动为特征的离散期开始与无眼动或眼动次数极少的持续运动静止期交替出现。类似REM的活跃睡眠状态出现在 30 至 32 周之间，并随着时间推移不断增加，直至占据胎儿睡眠的近 90%。REM在睡眠中的比例一直保持在 90%左右，直到产后 1 至 2 周后开始相对快速地下降到成人的水平。无人知晓为什么发育中的胎儿大部分时间处于REM状态，尽管这一事实与REM能够支持脑发育的观点一致。

47

3.2.7 新生儿的睡眠

新生儿每天大约睡 16 个小时。与成人通过NREM进入睡眠的模式相反，正常的足月新生儿通过类似REM的状态进入睡眠。婴儿的睡眠在AS和QS之间平均分配，每 50 分钟轮换一次，即典型新生儿在一天 24 小时内通常有 6 至 8 个固定的睡眠时间；但这也并非绝对，如有些新生儿在出生后的头几天会睡 18 至 20 个小时，而另一些在 24 小时内只睡 10 至 12 个小时（Burnham et al., 2002）。在出生后的第一个月内，新生儿的睡眠-觉醒状态组织开始适应明暗周期和社会线索。

婴儿期的前体睡眠状态（AS和QS）在大约 3 至 6 个月时开始接近成人形式的REM和NREM，而REM睡眠的时间比例会随着个体日益成熟逐渐减少，如两三岁孩子的REM睡眠大约占总睡眠时长的 35%，成人大约仅 20%。婴儿在 3 个月大后继续重复出现REM，周期为 50 至 60 分钟，但每个周期中的REM睡眠数量开始变化，即REM睡眠在夜间较晚的睡眠周期中占主导地位，NREM睡眠在较早的周期中占主导地位，特别是NREM阶段的N3 睡眠。到 3 岁时，孩子的夜间睡眠时间组织已与成人相似，但睡眠周期直到青春期才延长到成人的 90 分钟。

母体分离如何影响发育中的大鼠（Hofer & Shair, 1982）和猴（Reite & Short, 1978; Reite et al., 1976）的研究，为AS/REM值如何与婴儿和母亲的接触相联系提供了引人注目的说明：AS/REM睡眠（而非NREM或SWS）的测量值在婴儿与母亲分离后受到选择性影响，即AS/REM时间先是增加，然后在分离后急剧减少。

与电图特征成熟时间相当的REM（如猫出生三周后才出现PGO波）相反，NREM脑活动（0.5 至 4.0 Hz的 δ 波段和 7 至 14 Hz的睡眠纺锤波慢波）的成熟会在较短的时间内完成。EEG慢波通常被报告为在爆发抑制 EEG模式中发展为孤立的慢波，在人类婴儿中被称为“交替波”，该模式随后在发育过程中又被更连续的慢波模式所取代。睡眠纺锤波也会稍晚出现。 48

表3.2　从新生儿到成人期的睡眠变化

	婴儿	成人
REM/NREM比例	50/50	20/80
REM/NREM周期	50至60分钟	90至100分钟
睡眠起始状态	REM	NREM
睡眠状态时间	整个睡眠期间的REM/NREM周期相等	NREM在夜间前1/3占优；REM在夜间后1/3占优
睡眠结构	1个NREM阶段	3个NREM阶段

3.2.8 依恋和婴儿的睡眠

伯纳姆（Burnham）等人（2002）报告了婴儿夜醒/觉醒次数的显著变化。一个月时，婴儿平均醒来4.12次（SD=2.57），范围1至11次；12个月时，婴儿平均醒来2.62次（SD=2.03），范围0至10次。进化理论预测夜醒会随着依恋状态而变化，婴儿夜醒后出现哭闹等信号会比醒后无信号更可能引起母亲的干预。几种夜间信号的形式可以影响依恋过程，包括哭泣、吸吮、哺乳、微笑、抓握、抽动、咕咕叫、咿呀学语和其他发声，所有这些行为都更可能在REM而非NREM睡眠中发生或出现（见McNamara, 2004）。

与进化论一致的是，夜醒被认为对依恋状态很敏感。在一项针对20个被判断为对母亲不安全依恋的婴儿的研究中，贝努瓦（Benoit）等人（1992）报告称这些孩子100%存在严重的睡眠障碍。萨希（Sagi）等人（1994）则在对以色列基布兹的睡眠安排（公共与家庭）对依恋安全的影响进行研究时发现，52%的公共睡眠婴儿（即离开父母家睡觉的婴儿）和仅20%的家庭睡眠婴儿被归类为不安全依恋的婴儿。谢尔（Scher）（2001）报告称，安全依恋的婴儿每晚醒来一次，并保持约11分钟的清醒；43%的“依赖安全”（即B4：安全但也表现出一些矛盾心理的婴儿）和23%的安全婴儿的母亲报告称其婴儿有安定困难；频繁夜醒的婴儿在陌生情况下的维持接触优于不夜醒的婴儿。贝杰斯（Beijers）及其同事（2011）发现，在6个月大的婴儿中，被归类为不安全-抵抗或不安全-焦虑型的婴儿的夜醒次数最多，而不安全-回避型的次数最少。麦克纳马拉及其同事（2003）报告了类似的模式，即15个月大的婴儿 49

中，不安全-焦虑/抵抗比不安全-回避型的婴儿夜醒次数更多、时间更长。莫雷尔（Morrell）和斯蒂尔（Steele）（2003）还发现，12个月大的婴儿的不安全-焦虑或不安全-抵抗依恋与频繁的夜醒有关，并且预示着在一年的随访中有持续的睡眠问题。综上所述，这些研究表明婴儿的不安全-焦虑依恋与6至18个月之间不成比例的高夜醒次数有关，而具有不安全-回避和安全取向的婴儿在这一时期的夜醒次数往往要少得多。为什么会这样呢？如果夜醒是为了能从母亲那里获取更多的资源，那么具有安全取向的婴儿就不需要利用这种行为，因为其自认为已经得到了充分的供给；不安全-回避型婴儿也不会像不安全-焦虑/抵抗型婴儿那样经常发出信号，因为其采取了回避策略。我们很快就会看到，这些婴儿夜醒模式在进化的背景下是有意义的。

3.2.9 婴儿的睡眠和基因冲突

每一个初为父母的人都知道，为人父母是一件令人精疲力竭的事情。孩子会频繁夜醒、大声"发声"或哭闹，令人夜不能寐。为此，存在着由所谓的婴儿睡眠专家组成的庞大产业，负责向新父母提供如何让宝宝睡到天亮、以便父母的睡眠模式恢复正常的建议。为什么大自然母亲会在新生儿中产生这样一种看似不适应的睡眠模式？如果婴儿和父母均未得到任何睡眠，并且经历慢性睡眠剥夺，这对任何人都没有好处。黑格（Haig）（2014）以及布勒顿·琼斯（Blurton Jones）和达·科斯塔（da Costa）（1987）认为，婴儿夜醒能够通过哺乳诱导的排卵抑制来延长生育间隔，即给婴儿哺乳的母亲无法妊娠（哺乳会抑制排卵）。如果婴儿在其生命的头几年里努力存活下来，而在此期间母亲没有再生育，那么这个婴儿将从母亲那里得到更多的资源，从而增加其生存的机会。我们已经看到，具有不安全-焦虑/抵抗取向的婴儿的夜醒次数最多，可以推测这些婴儿的夜醒会通过促使母亲哺乳以抑制其排卵，从而暂时垄断母亲的资源。如果随着时间推移，不安全-抵抗型婴儿的夜醒次数下降速度比回避型婴儿慢，那么婴儿通过避孕性吸吮获得最大益处的点可能因依恋取向不同而不同。

50

根据依恋状态和社会-生态环境的不同，母婴组合的最佳生育间期（Interbirth Interval，IBI）可能不同。在高死亡率的环境中，父母会采取机会主义的繁殖策略，旨在使更多后代在较短的IBI内出现并得到较低水平的投资（如减少哺乳），从而导致较少的夜醒次数和更多的回避型依恋取向数量。

3.3 睡眠、基因冲突和人类寿命

贝尔斯基、斯坦伯格（Steinberg）、德雷珀（Draper）（1991）、斯特恩斯（1992）和奇泽姆（1999）指出，当地死亡率可能作为一种近源环境的心理线索，引导人们采取不同的发育/生育时间表和策略：若某地区的死亡率很高，则最佳繁殖策略应该是尽早开始生育，并最大限度地提高当前的生育率；若当地死亡率较低，则最佳策略是推迟长期繁殖，使较少的后代得到更好和更长期的照顾。上述基因冲突可能不仅发生在胎儿期和婴儿期早期，人类的寿命本身也可能受到发育时间表的影响，包括睡眠-觉醒时间表在生命早期的设定。

端粒是在染色体末端发现的重复DNA序列，负责保护染色体上的DNA链，从而减少有害突变的可能性。发生有害突变的最常见方式之一，即丢失染色体链两端的信息片段，而DNA的每次复制都会使其端粒变短，所以增加了信息通过末端丢失的可能性。位于链末端的端粒帽可以防止这种信息丢失，因此可以防止突变的长期积累。端粒帽越长，个体免受突变积累的时间就越长，理论上的寿命也就越长。总之，短端粒会因为随着时间推移被磨损殆尽而增加突变积累的机会，长端粒则可以防止这种影响（Aviv & Susser, 2013）。

51

然而，这一端粒缩短效应有一个重要的例外：精子。产生精子的干细胞中的端粒不仅能抵御磨损，实际上还能增长，这可能是因为精子沉浸在可以修复端粒的端粒酶中。因此，男性年龄越大，其精子中的端粒就越长，而且这一端粒延长效应可以沿着父系从父亲传给儿子和孙子（Eisenberg et al., 2012）。因此，男性孕育后代的年龄的后推会增加后代长寿的机会，提高其（以及整个家族的）繁殖适合度。

但是，等一下！你可能会有疑问，“那些显示父亲年龄较大对后代产生有害影响的研究是怎么回事？”年长的父亲往往会有各种健康风险更大的孩子，对吗？

也对，也不对。一些研究显示父亲的年龄对后代有负面影响，而其他研究则显示有正面影响（Janecka et al., 2017）。母亲年龄的增长当然与对后代的负面影响有关，但父亲的影响较小——尽管无疑也存在着一些负面影响，并有充分的记录。衰老与新的突变有关，由此可以得出父母年龄和后代缺陷之间的关联。尽管如此，对于年龄较大、端粒较长的父亲来说，父母年龄对后代的这种负面影响会被稀释或减弱；但该问题非常复杂，因为父亲年龄对后代的影响很可能受母亲的年龄、家庭中的出生顺序影响，以及父亲的经济状况等许多因素所介导。然而，最重要的是，父亲年龄对后代的影响（包括正负两面）很可能与后代的性别有关，因为（如前所述）端粒长度是沿着父系遗传的。

而这一切与睡眠有什么关系呢？已有研究证明过多和过少的睡眠都与端粒长度较短有关（Jackowska et al., 2012），个体需要最佳睡眠量以拥有更长的端粒长度。有趣的是，精液质量也是如此，即最佳的精液质量需要最佳的睡眠量（Chen et al., 2016）。睡眠过多或过少均会导致精液的数量和质量以剂量反应的方式减少和降低。限制睡眠时长对精液质量的影响可能与睡眠对端粒长度的影响有关。无论如何，鉴于非最佳睡眠后精液质量和端粒长度都会下降，其对男性的适合度代价（fitness cost）高于女性。

52

因此，我们得知以下几点：（1）端粒长度可能通过保护个体免受有害突变而增加寿命和适合度；（2）精子不受短端粒的影响，并与端粒长度的增长有关；（3）端粒长度可以从年长的父亲处沿父系遗传；（4）个体需要最佳睡眠时长以拥有更长的端粒和更好的精子质量。

艾森伯格（Eisenberg）和久泽（Kuzawa）（Eisenberg, 2011；Eisenberg & Kuzawa, 2013）关于父系年龄效应的进化理论的研究指出，为了优化繁殖适合度，父母需要其后代为所处的环境做好准备，这便是黑格关于最佳生育间隔和不同IBI如何影响婴儿夜醒理论的精髓。在高死亡率的环境中，父母应该采取机会主义的繁殖策略，让更多后代在较短IBI内出现，并接受较低水平的投资（如减少哺乳），从而减少夜醒并增加回避依恋取向。简而言之，如果孩子出生在一个死亡率很高的混乱环境中，其最好的基因策略可能是快速成长和快速繁殖，但快速的时间表会导致较短的寿命；与之相对，若环境比较稳定，则最佳繁殖策略是较慢成长，并在生命后期进行繁殖。后一种情况下的后代往往会活得更长，但要使这一较慢的策略奏效，父母和孩子需要了解未来（孩子出生并生长成熟时）的环境。父母（和孩子）需要利用当前可用的信息对未来进行押注，但潜在的父母（或成长中的孩子）如何能窥视未来？父母和孩子当下可以利用什么信息以计划未来？

艾森伯格等人（2012）提出，父亲的生育年龄是环境稳定性的一个可靠信号。如果有男性生活到较大的年龄段并在此期间繁殖，便很好地证明了环境稳定和足以支持较慢的生长和繁殖计划。然而，孩子/父母又如何知晓这一情况是否确实发生呢？他们会知道，因为他们继承了来自年长父亲的长端粒。有趣的是，只有部分孩子能够使用关于年长父亲的信息，即只有年长父亲所生的男孩（某种程度上还有女孩）能从其基因组中获得相关信息（以长端粒的形式），并借此了解到其出生时的环境可能是什么样的。因此，他们拥有极富价值的适合度相关信息，而该群体中的其他个体都不会拥有。正如艾森伯格和久泽（2013）所说："因此，能够随年龄增长延长精子端粒长度并将经修饰的端粒传给后代的男性的血统可能会提高达尔文适合度，因为其

53

后代能够更好地在人类种群所面临的多变环境与可能的寿命期限内校准其繁殖和维护支出。”

年长父亲的后代在其基因组中会有关于环境长期稳定性的信息，这将使这些孩子能够对未来进行最佳规划，从而提高自身适合度。虽然接受“长端粒遗传”对这些孩子来说是一个乐观的信号，但我们已经看到，限制睡眠量将部分抵消这些有益的影响——尤其是对男性而言。如前所述，非最佳睡眠时长对男性来说有更高的适合度代价，因为非最佳睡眠后的精液质量和端粒长度都会下降。鉴于这一限制睡眠的代价差异的存在，两性（母子）之间或存在着一个战场，特别是在婴儿发育早期。

3.3.1 儿童的睡眠

从蹒跚学步到豆蔻年华，孩子们开始每晚睡 10 个小时左右（当然，这只是一个平均值，上下还有很大变数）。儿童会很快进入N3 期的慢波睡眠，持续约 1 小时后短暂觉醒，在认知上出现模糊，即“意识模糊性觉醒”[①]，翻身并可能发声，然后回到N3，完全跳过第一个REM阶段，其首个REM阶段大约持续 20 分钟，然后通常在REM和NREM之间循环往复，持续整夜。人类的SWS数量和强度在 4 岁左右达到峰值，这很有趣，因为 4 岁是人类传统断奶年龄。如果孩子睡着了，无需注意，母亲当然更容易给孩子断奶。也正是在这个年龄段，孩子可能会发生夜惊。夜惊大概发生在 3 至 12 岁间，但在 4 岁左右达到高峰，涉及来自N3 慢波睡眠的意识模糊性觉醒。孩子也许会坐在床边，发出惊骇的尖叫，虽然可能睁大了双眼，但在发作期间对他人全无反应，需要费很大努力才能将其摇醒。

54

我们已经看到，婴儿的睡眠内嵌于母婴基因冲突和社会依恋模式的社会背景中，而孩子的依恋取向会在童年时期持续影响其睡眠模式；其中依恋安全还可以预测孩子进入青春期的睡眠模式，反之亦然，其表明安全依恋可以促进更稳定的睡眠模式。特罗克塞尔（Troxel）及其同事（2013）报告称，婴儿期被评为高消极情绪性（消极情绪性通常与婴儿期的不安全依恋有关）的儿童，被证明其依恋取向与幼儿期的睡眠模式之间存在更强的关联。凯勒（Keller）（2011）报告称，男女儿童的日间主观睡意均与其母子依恋安全存在着预示关系。例如，通过腕式体动仪所测得的男孩三年级时的夜间身体躁动增加（表明短暂的觉醒/清醒）预示着五年级时母子依恋安全水平下降，以及男孩三年级时对其父母婚姻关系的情绪困扰预示着其五年级时的睡眠问题。

① 又称埃尔普诺尔综合征（Elpenor syndrome），是自慢波睡眠过渡到清醒的移行过程中意识尚未完全清醒状态下出现的轻微行为障碍，表现为时间和地点定向力障碍、语速减慢、反应迟钝等。——译者注

3.3.2 青少年的睡眠

青春期与由SWS组成的总睡眠时间占比下降有关。睡眠科学家普遍认为，青少年每晚需要大约10小时的睡眠，但只实现了8小时或更少。睡眠被剥夺的青少年较睡眠充足的青少年会做出更多冲动的决定、涉及更多的事故，而且往往更容易情绪化。青少年的睡眠减少似乎与学业要求和社会压力有关，而广泛使用智能手机等屏幕明亮的电子设备也对青少年的睡眠时间产生了负面影响。虽然通过调整学校的时间表使青少年得到所需的睡眠已显示出积极的效果，但这并未得到普及。

青春期（adolescence，较晚）当然与青少年期（puberty，较早）的开始有关，这种生物风暴既影响着睡眠，也受睡眠的影响。青少年期的开始由下丘脑启动的促性腺激素释放激素（Gonadotropin-releasing Hormone，GnRH）、黄体生成素（Luteinizing Hormone，LH）和卵泡刺激素（Follicle-stimulating Hormone，FSH）的释放而引发。在这些激素的影响下，第二性征出现了，包括声音变化、身高增加、乳房发育、生殖器发育，以及杏仁核和下丘脑等性别二态性脑区的细胞变化。这些激素的脉冲式释放可能一定程度上受到褪黑素和睡眠周期的影响，这些年里几乎所有的生长激素都在睡眠中释放，许多控制青少年期开始时间的激素也受到睡眠过程的影响。

55

生命早期的REM剥夺与成年后的性功能受损有关（至少大鼠和猴是如此），REM还与男性的阴茎勃起以及女性的阴道润滑、阴蒂充血和骨盆抽动的周期性发生有关。在青少年时期，花在勃起上的总时间（平均190分钟）达到高峰；夜遗也在青少年时期开始出现，可能是在REM阶段。

3.3.3 成人的睡眠：女性

女性的睡眠受到月经周期的影响，虽然并无报告称特定睡眠阶段的时间占比存在差异，但有报告显示主观睡意会发生变化（孕酮的释放会诱发大多数女性的睡意，这可能是主观感觉更思睡的原因）。妊娠与性腺类固醇、雌激素、孕酮，以及垂体激素、催乳素和生长激素对母体脑部和发育中胎儿的作用显著增长有关，胎儿的睡眠与母亲的睡眠也会相互影响：孕酮活性在妊娠直至分娩期间稳步上升，这与母亲的NREM睡眠增加和REM睡眠减少（以及REM潜伏时间增加）有关；胎盘会刺激雌激素和皮质醇活性增加，特别是在分娩时，这往往会抑制REM；催乳素不仅能促进产生乳汁，还会增强慢波睡眠，使其在分娩时达到4至6小时的峰值；催产素在母亲分娩时与褪黑激素相互作用，促进子宫收缩；生长激素（Growth Hormone，GH）可以刺激慢波睡眠，母亲血液中的胎盘GH水平在整个妊娠期间不断增加，并于妊娠第35周左右达到峰值。

从睡眠状态生物学的角度来看，妊娠无疑是一个独特的生理过程，两个不同基因的个体的睡眠状态可能相互影响。黑格（1993）呼吁人们注意，胎盘在基因上是胎儿而非母亲的一部分，因此胎儿和母亲之间可能存在着基因利益的分歧。拥有双套父本基因和单套母本基因的异常三倍体胎儿具有非常大的胎盘，而拥有双套母本基因和单套父本基因的异常胎儿则具有非常小的胎盘，并表现出生长迟缓。父母及其后代的基因策略模型表明，就母胎间的关系而言，胎儿会被选择为尽可能多地从母亲处提取资源，而母亲则被选择为适度地提取她的资源。母亲的基因利益不仅在于目前的孩子，还在于将来可能生育的任何孩子，在对当前孩子的宝贵资源投资方面，她需要有鉴别能力。因此，母亲未来的后代与现在的胎儿直接竞争着资源，而胎儿也因此试图从母亲处获取尽可能多的资源。母体和胎儿睡眠过程的相互作用以及胎儿在妊娠期间的生长可能受到这种基因背景的影响（见表3.3）。 56

在妊娠的前10周，胎儿滋养层细胞所分泌的人绒毛膜促性腺激素（human Chorionic Gonadotropin，hCG）维持着黄体及其雌激素和孕酮的分泌。这些性类固醇与（垂体分泌的）催乳素一起在整个妊娠期显著促进母亲和胎儿的生理变化和生长；此外，孕酮水平的提高还能抑制或防止子宫收缩。随着胎盘增加自身胎盘催乳素（Placental Lactogen，PL）、孕酮（Progesterone，P）和雌激素（Estrogen，E）的分泌，hCG在孕中期下降。PL在结构和功能上与GH非常相似，后者在男性和女性中的释放（女性中的释放程度较低）都密切依赖于睡眠：在发育过程中，GH日分泌量的95%发生在SWS期间，GH释放和SWS之间的关系不仅仅体现在时间上，SWS状态本身也会刺激激素的释放。女性的SWS可能起到类似的作用，但还刺激除GH之外的其他生长因子释放。 57

表3.3 妊娠期间的睡眠

	孕早期	孕中期	孕晚期	待产/分娩
相对于孕前基线的睡眠	总睡眠时间增加；但SWS占比减少	总睡眠时间减少；动物宝宝的生动梦境等，SWS减少	总睡眠时间增加，但睡眠效率降低，SWS和REM减少；梦境生动并偶有焦虑的梦和梦魇	REM减少；δ波在分娩开始时增加

3.3.4 老年人的睡眠

关于健康老年人的睡眠结构，最一致的报告是δ波所指示的慢波睡眠占比下降（Bliwise, 2000）。在某些情况下，SWS可能只占总睡眠的5%至10%。虽然存在很大差异性，但REM的比例往往不会随着年龄的增长而下降。女性比男性晚10年左右经历NREM睡眠指标损失，且老年女性的N2睡眠纺锤波数量是同龄男性的2倍，尽管老年男性和女性的睡眠模式存在这些客观差异，但报告显示女性的睡眠质量劣于男性，尤其是在更年期。

3.3.5 结论

图3.1总结了迄今为止所发现的睡眠在生命周期方面的一些主要趋势：入睡所需的时间（潜伏时间）在中年之前一直下降，然后基本保持不变直至老年；初次入睡后清醒时间（Wake After Sleep Onset，WASO）在整个生命周期内下降，但其在总睡眠时间中的比例增加，即随着年龄的增长，人们往往会有更多的觉醒次数。REM的比例会随年龄增长而下降，但在总睡眠时间中的占比保持不变；N2轻度睡眠和N1过渡性睡眠也是如此，其比例随着年龄增长保持大致相同或略有增加；最后，N3慢波睡眠随着年龄增长而持续下降，老年时几乎完全消失。纵观一生，睡眠证明了发育阶段的孩子和父母之间、成年阶段的性/恋人和亲密友人之间，存在着亲密并可能是双向的因果关联以及社会情绪依恋过程，而睡眠过程和依恋过程之间的这些关系再次突出了睡眠的社会性质。

58

我们已了解了睡眠在人类生命周期中的表现方式，以及进化力量如何塑造该表现方式。接下来，我们将对NREM和REM这两个主要睡眠状态的生物行为和神经学特征进行详细研究。

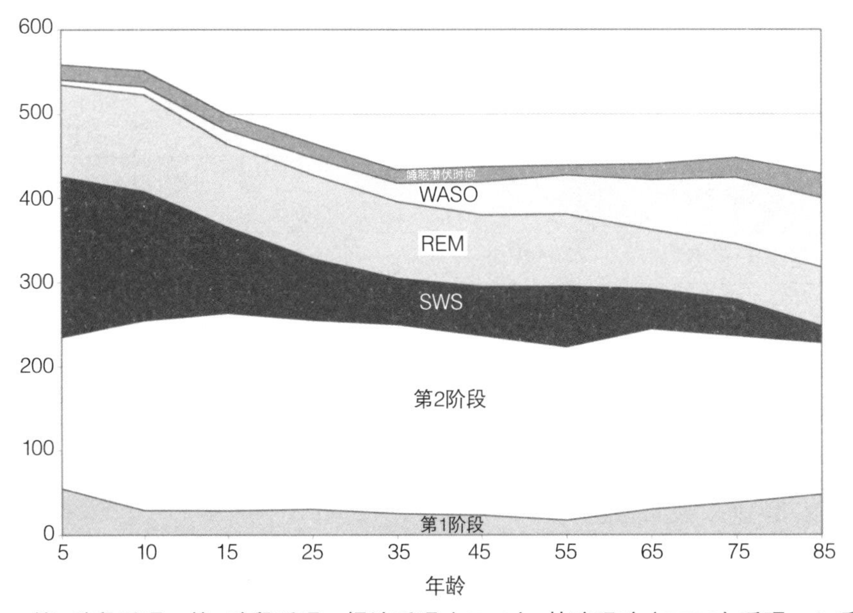

图3.1 第1阶段睡眠、第2阶段睡眠、慢波睡眠（SWS）、快速眼动（REM）睡眠、入睡后清醒时间（WASO）和睡眠潜伏时间（分钟）的年龄相关趋势
（摘自Ohayon et al., Sleep, Vol. 27, No. 7, 2004）

回顾思考

- 与具有安全依恋取向的孩子相比，具有不安全依恋取向的孩子的睡眠模式差异有什么意义?
- 与具有安全依恋取向的成人相比，具有不安全依恋取向的成人的睡眠模式差异有什么意义?
- 为什么慢波睡眠/总睡眠的比例随年龄增长而下降?
- 社会影响人类生命周期各阶段的睡眠的证据有哪些优缺点?

59

拓展阅读

- Beattie, L., Kyle, S. D., Espie, C. A., & Biello, S. M. (2015). Social interactions, emotion and sleep: A systematic review and research agenda. *Sleep Medicine Reviews*, 24, 83–100. doi: 10.1016/j.smrv.2014.12.005.
- Carskadon, M., & Dement, W. C. (2000). *Normal human sleep: An overview*. In M. H. Kryger, T. Roth, & W. C. Dement (eds.), Principles and Practice of Sleep Medicine (3rd edn, pp. 15–25). Philadelphia: Saunders.
- Keller, P. S. (2011). *Sleep and attachment*. In M. El-Sheikh (ed.), Sleep and Development (pp. 49–77). New York: Oxford University Press.
- Troxel, W. M. (2010). It's more than sex: Exploring the dyadic nature of sleep and implications for health. *Psychosomatic Medicine*, 72(6), 578–86. doi:10.1097/PSY.0b013e3181de7ff8. Epub 2010 May 13. Review. PMID: 20467000.

第 4 章

60

REM与NREM睡眠的特征

学习目标

- 描述每个NREM睡眠阶段的电生理特征
- 描述REM睡眠的电生理和生物行为特征
- 理解与NREM睡眠相关的关键脑激活和负激活模式
- 理解与REM睡眠相关的关键脑激活和负激活模式

4.1 引言

NREM睡眠包含三个EEG阶段，即N1、N2、N3。N1 是从清醒到睡眠的昏昏欲睡阶段；N2 是轻度睡眠阶段，由EEG测得的电生理信号特征为“睡眠纺锤波”和“K复合波”；N3 则是深度睡眠状态，特征为慢波形式和丰富的 δ 活动。在轻度睡眠到深度睡眠的过程中，δ 活动（0.5 至 4 Hz）逐渐占据主导地位，其振幅最大，通常在 20 至 200 μV；而在一整夜的睡眠过程中，δ 能量逐渐减少（在REM睡眠期间有所增加）。因此，睡眠会促进任何 δ 能量所指示的脑过程的消散，δ 能量的需求也会随着睡眠的进行越来越少，睡眠中的 δ 能量大小则部分取决于睡眠起始前的清醒量和强度。测量“清醒强度”的方法之一，是在清醒期间测量依赖于额叶的执行控制和社会认知任务的数量，控制认知任务包括工作记忆、密切关注、警觉、数字处理等，社会认知任务则包含试图了解他人想法或判断他人意图等。哈里森（Harrison）（2000）、安德森（Anderson）和霍恩（Horne）（2003）等研究人员认为，睡眠期间的 δ 能量和清醒期间的额叶活动之间的联系表明慢波睡眠能够部分恢复额叶功能。这一假设很有可能是正确的，但睡眠（包含N3 的SWS在内）不仅能恢复额叶功能，还很可能具有更多作用。

61

4.2 NREM的特征

4.2.1 陷入深度睡眠

最终，我们都必须屈服于睡眠——一段奇怪、不体面、无助的行为静止期，由无意识和伴随着梦境而来的超意识所组成的奇怪混合物。NREM睡眠包括的睡眠阶段是最接近无意识但仍保有觉察（alive）的阶段。若遵循个体进入深度睡眠的典型路径，我们将发现每个人都通过一种放松的清醒或假寐的状态进入无意识。在该阶段，EEG从警觉清醒阶段的快速、去同步化波形模式转变为更慢、更规则的波形模式，频率在8至12 Hz之间，即人们熟知的α活动。α波又被低振幅、混合频率的θ波所取代，后者在4至8 Hz范围内活动占优势，这是N1期的特征。N1期持续短短的几分钟，无助的个体继而在N2期进入无意识状态，经历轻度睡眠。此阶段的个体很容易被唤醒，其EEG显示偶尔会爆发更高频率的振荡，即睡眠纺锤波和K复合波，二者均具有非常高的振幅峰值，在丘脑皮质网络中传播，并对新皮质的投射目标产生强烈的去极化作用。睡眠纺锤波是7至14 Hz的低振幅同步化波形，通常先于K复合波，发生在睡眠的所有阶段，但“偏好”N2期睡眠；K复合波则在N2期睡眠中随机出现，但也可能是对听觉刺激做出的反应。

NREM中出现的另一种EEG模式是循环交替模式（Cyclic Alternating Pattern, CAP）（Terzano et al., 1985），该周期性激活模式似乎每20至40秒发生一次，其中被称为A事件的激活及其广义背景B阶段的交替出现与输入相关。A相可以有三种形式：A1、A2和A3。A1为纯慢波成分（如K复合波和慢波群），几乎无自主神经和肌肉变化，但有高稳态压力的迹象；而A3表现出传统的觉醒模式，快速活动失同步化，自主神经信号和肌肉张力增加；A2则兼具A1和A3的特征。关于CAP的脑地形图研究发现，A1型（0.25至2.5 Hz）事件中通常会出现普遍存在于前额的频谱成分，而A3型（7至12 Hz）事件中的频谱成分则不同程度地普遍存在于顶枕区。

62

鉴于慢速振荡和δ活动之间有所不同，以及1至4 Hz波反映了丘脑区类时钟δ活动和皮质δ波活动，而NREM期间慢波活动中小于1 Hz的部分仅来源于皮质并表现出不同生理过程，哈拉斯（Halasz）等人（2014）认为有两种类型的慢波活动，一种是即时反应形式，另一种是较长期的非反应形式，但二者都可能起到保护睡眠和额叶活动及认知功能的作用。快速作用的慢波稳态形式包括K复合波和纺锤波等电生理事件，这些事件通过提供即时“δ注射”来维持夜间δ水平，从而补偿任何潜在的睡眠干扰事件的影响，进而保护受额叶介导的睡眠和认知功能。

然而，N2纺锤波和K复合波可以反映的并不止抑制传入感觉信息对睡眠的保护作用。纺锤波源于丘脑网状神经元对丘脑皮质投射神经元的反复抑制，丘脑皮质神经元的尖峰爆发在纺锤波振荡中诱发皮质神经元，而纺锤波活动的时相同步爆发的去极化效应会促进钙离子（Ca^{2+}）流入锥体神经元，这被公认可以高效地触发增强突触敏感性的可塑性事件（Sejnowski & Destexhe, 2000）。Ca^{2+}的快速内流触发钙调素依赖性蛋白激酶II上调，导致新的突触后可塑性相关蛋白受体的磷酸化，谷氨酸能传输由此得到增强，于是该回路内的兴奋性增加，从而产生长时程增强（Long-term Potentiation，LTP）（Walker, 2005; Walker & Stickgold, 2006）。长时程增强是记忆和学习的电生理神经标记物，因此纺锤波似乎也可以反映与睡眠相关的记忆和学习能力。

与纺锤波活动对新皮质神经网络的可塑性相关效应一致的是，有报告称纺锤波活动与人类和非人类动物的记忆和学习表现之间存在着强烈的关联。基于生理学与行为学的研究发现，福格尔（Fogel）等人（2007）认为纺锤波活动是个体整体记忆或一般学习能力的指标。事实上，睡眠纺锤波活动的减少与多种神经退行性疾病有关，包括阿尔茨海默病、克雅氏病、进行性核上性麻痹和路易体痴呆（Clawson et al., 2016）。

63

对人类N2 电生理事件的地形图EEG分析揭示了两种不同的纺锤波类型：一种缓慢的类型通常出现在中央额区，另一种快速的类型通常出现在顶区（表 4.1）。两种类型的纺锤波不同程度地受年龄、睡眠剥夺和药物的影响，相比之下，额区纺锤波受睡眠剥夺、衰老和多巴胺能药物的影响更大，与陈述学习（declarative learning）和言语学习的关系也更强。鉴于N2 睡眠纺锤波关乎睡眠保护和可塑性相关效应，其必在不久的将来受到睡眠科学家的深入研究。

表4.1 纺锤波的两种类型

	慢波	快波
频率	12 Hz	14 Hz
位置	额区	顶区
神经药理学	多巴胺能	5-羟色胺能
睡眠剥夺	高敏感	低敏感
年龄	高敏感	无影响
认知相关性	意识性加工（effortful processing），社会认知，运动和言语学习，陈述记忆	一般心理能力，作业智商（performance IQ）

在N2浅睡阶段之后的几分钟，“旅行者”接着进入了既定的沉睡中，彼处“那日常的死亡……睡眠把忧虑的乱丝编织起来”（莎士比亚，《麦克白》第二幕第二场）。此时EEG显示慢波睡眠的典型δ波段（0.5至4.5 Hz），个体酣睡如泥，几乎无法被唤醒。 64

如果个体没有按照相反的顺序经历三个睡眠阶段（从N3到N2再到N1等）便开始觉醒，那么将出现最奇怪的睡眠异态。例如，个体可能会在完全无意识的情况下进行复杂的运动和目标导向行为。如果个体不经过N3、N2和N1而部分觉醒或进入REM，就可能出现睡行症（梦游症）、梦呓（梦语症）、夜惊、睡眠麻痹和睡眠性交症。梦游者可以依靠显然正常的视力通过各种障碍，尽管其脑部仍存在慢波活动记录；部分个体会去厨房摄入大量的食物，却在完全醒来后对胃胀感到困惑。梦语症患者会与看不见的对话者进行长时间的交谈。夜惊通常发生在儿童中，表现为坐在床边发出惊骇的尖叫，双眼睁大却视若无睹，因为其脑部仍处于慢波睡眠状态。出现睡眠性交症的个体会在自身与伴侣都睡着的情况下尝试发生性行为。

4.2.2 NREM的脑机制

基底前脑的腺苷水平能够激活投射到皮质部位的GABA能传出，最终抑制这些皮质部位的激活水平，NREM由此引发；再者，丘脑向皮质部位的传出开始节奏性放电，直到诱发皮质神经元激活，最终产生N3慢波睡眠期间遍布皮质的慢波。此时，脑中大部分区域开始放松代谢活动，血流量也较清醒时略有减少。在N3期，慢波活动于额区占主导（Finelli et al., 2001），并向后传播到脑后部；此外，慢波似乎还系统地激活了不同脑区。NREM睡眠期间的δ波能量密度（1至4 Hz）与社会脑网络中（包括腹内侧前额皮质、基底前脑、纹状体、前脑岛和楔前叶）的血流量呈负相关（Dang-Vu et al., 2005）。在皮质下，慢波源自脑岛和扣带回，并通过楔前叶、后扣带、腹内外侧额区向上传播。为什么是这些脑区？有趣的是，所有这些区域都与被称为 65
“社会脑网络”的结构网络相关。虽然并非所有涉及NREM睡眠的脑区都与社会脑网络重合或被包含在内，但其中大多数的确被包含在内。该网络在NREM睡眠阶段优先缓慢“离线”（激活减少）（图4.1），但在REM阶段重连并恢复“在线”。

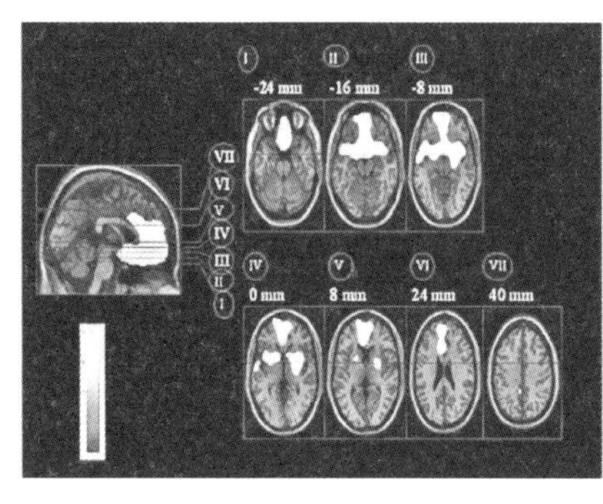

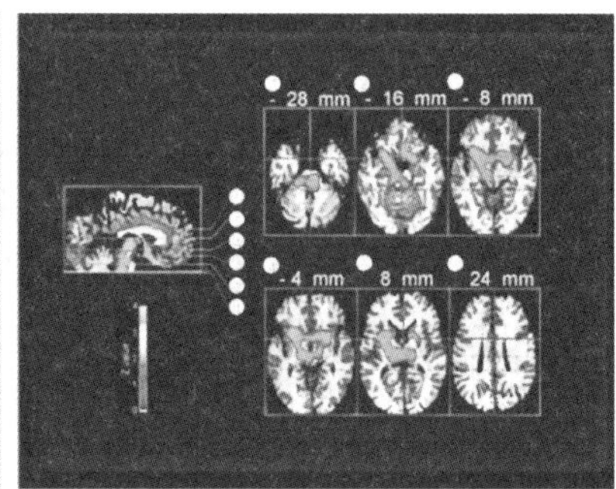

图4.1　如各图片上方所示，z轴为不同层次的影像切面。色阶表示激活体素的Z值范围。左图为H2 150 PET所评估的正常人NREM睡眠的功能性神经解剖，显示了NREM（N2至N3）期间局部脑血流量（regional Cerebral Blood Flow，rCBF）随 δ 能量下降的脑区；右图显示多重比较校正后显示的体素在$P<0.05$处具有显著性，以及（与清醒和REM睡眠相比）NREM睡眠时rCBF减少的脑区。注意左右两图中局部血流量分布的相似性

[经许可转载自Dang-Vu, T. T., Desseilles, M., Petit, D., Mazza, S., Montplaisir, J., Maquet, P. (2007). Neuroimaging in Sleep Medicine. *Sleep Medicine*, 8, 349–372; page 350.]

4.2.3 慢波睡眠与生长激素

NREM慢波睡眠与生长激素释放的大幅增加有关（Steiger, 2003）——至少成人的第一个N3期是如此，儿童则可能持续超过第一个N3期。血液中的生长激素释放激素（Growth Hormone Releasing Hormone，GHRH）水平升高会刺激NREM睡眠起始，生长抑素（Somatostatin，SS）则相反地在抑制NREM的同时增强REM。以正弦模式释放的SS还会与GH相互作用，后者在大鼠和人体内的生理和生长促进作用依赖于GH的脉冲释放，而GH的脉冲释放依赖于SS的水平。SS低谷期的GHRH释放会诱导GH的脉冲释放，而SS释放的增加使GH的释放降低到基线水平，GH和SS相互作用的新周期因此得以开始。因此，GH的脉冲释放需要SS的波动释放维持，而GH的脉冲释放影响着NREM的起始。

4.2.4 慢波活动与记忆

20世纪90年代和21世纪初的一些重要研究（综述见Walker & Stickgold, 2004）表明，SWS对于某些类型的新记忆的获取和巩固为长期记忆存储至关重要。例如，普利霍尔（Plihal）和博恩（Born）（1997）证明，配对联想（如“猫-狗”这样语义相关的词对）和视觉-意象（visual-imaginal）、心理旋转任务的学习依赖于学习任务后获得的NREM（早期睡眠）而非REM（早上晚些时候的睡眠）。

NREM阶段除了整体性在记忆加工中起促进作用外，其中特定的电生理事

件也与记忆和学习有关。例如，休伯（Huber）、吉亚尔迪（Ghilardi）、马西米尼（Massimini）和托诺尼（Tononi）（2004）发现，NREM期慢波活动的局部增加与由额叶介导的任务表现的改善有关。此类发现表明睡眠稳态存在一个局部成分，可以由涉及额叶区域的学习任务触发。有趣的是，学习后额区慢波活动（Slow Wave Activity，SWA）的局部增加与N3睡眠后任务表现的改善相关。贝宁顿（Benington）和弗兰克（Frank）（2003）指出，NREM睡眠中的T型钙离子（$Ca^{2}+$）通道激活可能会引起长时程的减弱或增强，而这两个过程都与海马记忆功能有关。睡眠对于清醒状态时收集的信息的巩固作用似乎取决于NREM慢波睡眠阶段和REM期间发生的海马-皮质相互作用，并涉及REM睡眠对清醒时获得的习得性联想的某种重述。例如，威尔逊（Wilson）和麦克诺顿（McNaughton）（1994）的研究表明，大鼠学习新迷宫时活跃的海马细胞在随后的睡眠中仍然活跃。

4.2.5 N3慢波睡眠在儿童中的特殊作用

67

鉴于越来越多证据表明N3似乎有助于实现学习和记忆功能，推论SWS在儿童发育期间的脑可塑性或学习方面发挥关键作用便顺理成章。N3期的SWS在总睡眠中的占比在儿童发育期非常高，成人期则逐渐下降，直到老年时几近消失。这一发育概述是N3对发育很重要的初步证据，而鉴于人脑发育会消耗不成比例（较高）的代谢能量，N3可能对脑发育尤为重要。安德森和霍恩（2003）已证实N3睡眠剥夺会对额叶功能造成不同程度损害。选择性剥夺N3期SWS非常困难，因为这样做会不可避免地扰乱夜间睡眠周期中N3之后的REM睡眠；可以通过发出足够响的声音来干扰N3期睡眠（但不能响到干扰随后的REM睡眠），从而部分选择性地剥夺N3期睡眠。此类选择性N3剥夺的恢复睡眠包括先补充N3睡眠，然后是一些REM睡眠；N3的恢复数量在最初几分钟和几小时内成比例地高于后期。可以在不显著改变REM的情况下选择性地剥夺部分SWS的事实，增加了安德森和霍恩关于N3剥夺会影响额叶功能这一结果的可信度。额叶功能涉及工作记忆、注意力、语言流利性、计划、执行控制、自我调节以及个人反思和自知力，而在儿童时期获得足够SWS可能是正常获得这些额叶相关技能的关键。

4.2.6 NREM期间的身体变化

为了充分理解NREM现象，我们需要简单了解其对身体的附加作用。在NREM期间，自主神经系统的副交感神经分支比交感神经系统更活跃，心率、血压、体温和基础代谢率均较日间基线水平小幅下降。流感或其他传染性疾病可能会导致N3睡

68 眠时长和 δ 波活动的增加，睡眠剥夺反过来又会增加感染的概率。这些事实指出了NREM的一个关键功能——免疫系统维护，我们将在后文进行更充分的讨论。

4.2.7 致死性家族性失眠症

有关NREM睡眠障碍的知识有助于促成对NREM特征的完整认知，我们将简要讨论NREM睡眠异态和NREM相关睡眠障碍（如睡惊症）。在此，我想先简要讨论一种极其重要的NREM障碍——致死性家族性失眠症（Fatal Familial Insomnia，FFI），其似乎凸显了一个事实，即个体在长时间不睡觉（至少是缺失NREM睡眠）后必然走向死亡。FFI是一种极为罕见的常染色体显性遗传病，由朊粒蛋白基因（Prion Protein Gene）突变（密码子 178 处的错义编码）引起（Lugaresi et al., 1986）。目前的数据表明世界上只有几百个家庭/患者患有该疾病，其特征是NREM睡眠减少，也可能是丧失一些REM睡眠，尽管患者可能存在REM睡眠的梦。患者通常中年发病并在确诊后一年内死亡，发病后出现进行性失眠（progressive insomnia）、嗜睡（多梦思睡）、淡漠型木僵（apathetic stupor）、运动激活（可能为REM梦境行为）以及类似于日常活动的反复性刻板行为，如梳头、问候不存在的人、处理物品等，当被问及为何做出这些行为时，患者回答是在做梦。疾病诊断后，多导睡眠监测研究显示患者的NREM纺锤波和 δ 活动出现碎片化并呈进行性降低，直到完全消失；然后偶尔会出现N1 和短暂的REM爆发，仅持续 30 至 40 秒，这是患者生命最后几周或几个月里唯一的睡眠迹象。脑部尸检分析显示，FFI患者的丘脑和额叶近中眶区（mesio-orbital area）细胞退化和丢失，这一可怕的疾病再次凸显了人类NREM睡眠和额叶之间明显的功能联系。

回顾完NREM睡眠的特征，我们再将目光转移向REM睡眠——不难发现，REM睡眠在很多方面与NREM睡眠相对：NREM中副交感神经系统被激活，REM中则是交感神经系统被激活；近中前额系统（mesio-prefrontal system）在NREM期间“离线”，但69 在REM中逐渐激活；代谢、心血管和性系统在NREM中都是稳定的，但在REM中是不稳定和波动的；NREM梦中的互动日常且友善，REM梦中的互动则奇异且具有攻击性。

4.3 REM的特征

4.3.1 REM的生物行为特征

REM睡眠在人类总睡眠时间中约占 22%，这一睡眠形式与生动的梦境和紧闭眼睑下的快速眼球运动有关（并因此得名），其中边缘系统（情绪脑）内的激活水平可能高于清醒状态。REM睡眠由紧张型事件（tonic event）和时相型事件（phasic event）组成，紧张型事件是指在REM期间或多或少持续发生的过程，而时相型事件则是间歇性的。REM的紧张性特征是脑电图去同步化、性激活（阴茎勃起或阴蒂充血）和抗重力肌张力缺失；时相性特征则包括紧闭眼睑下快速眼球运动的爆发，面部和四肢肌肉群的肌阵挛性抽搐，心率、呼吸、血压和自主神经系统放电的可变性增加。REM的时相性方面往往与一些哺乳类动物的桥膝枕（PGO）波爆发有关，这些PGO波本质上是脑视觉中心的电尖峰；此外，一些哺乳类动物的海马结构（记忆形成的重要结构）在REM期间还表现出 θ 节律。REM还与自主神经系统不稳定性有关，这一不稳定性会随着夜间REM的持续变得更为严重。正如NREM睡眠，REM剥夺也会导致反弹现象，说明个体需要一定数量的REM睡眠，缺失则必须弥补。有趣的是，在完全睡眠剥夺之后，NREM睡眠会先于REM睡眠被补上。

4.3.2 REM开关细胞网络

REM是通过下丘脑腹外侧视前核附近REM开启细胞的作用启动的。VLPO扩展区的神经元可以通过GABA能抑制附近下丘脑和丘脑唤醒系统来促进REM睡眠。此外，源自背外侧被盖（Laterodorsal Tegmental，LDT）和脑桥脚被盖（Pedunculopontine Tegmental，PPT）核的胆碱能神经元一旦解除抑制就会触发REM，其抑制分别来自蓝斑核（Locus Coeruleus，LC）和背侧中缝核（Dorsal Raphe Nucleus，DRN）的去甲肾上腺素能（Noradrenergic，NA）和5-羟色胺能神经元，REM的激活便发生在解除这些胺类传出对LDT/PPT中胆碱能细胞的抑制之后。乙酰胆碱（Acetylcholine，Ach）从LDT/PPT细胞末端的释放触发了REM，而随着REM的进行，胆碱能兴奋性效应会激活一些脑区，这些脑区控制着REM的各个组成部分，包括脑干、下丘脑、边缘系统、杏仁核和基底前脑。当这些脑区的激活水平达到阈值时，其持续放电将导致对LDT/PPT的REM开启细胞的反馈抑制，从而结束REM。综上所述，REM的表现受到拮抗细胞群的调控，其中胺能细胞群抑制REM的表现，胆碱能细胞群则促进REM的表现；胆碱能激活REM开启细胞时，胺能REM关闭细胞群便受到抑制，反之亦然。

70

4.3.3 REM的脑机制

近来，一些睡眠脑的PET和fMRI研究表明，REM（相对于清醒状态）与纹外视觉区（extra-striate visual region）、边缘系统（limbic）、边缘纹状体（limbic striatum）、旁边缘系统（paralimbic）、前脑岛、前额皮质布罗德曼10区、腹内侧前额皮质、颞区的高度激活有关，与额下回、额中回和顶下区的相对激活降低有关（综述见Dang Vu et al., 2010; Maquet et al., 2005）。此外，运动皮质和前运动皮质（premotor cortices）在REM期间也非常活跃（Maquet et al., 2004）。有趣的是，额上回、额内侧区、顶内沟和顶上皮质在REM时的活跃程度并不比清醒时低（Maquet et al., 2005）。此外，海马向皮质的输出在REM期间被阻断，海马反过来接收来自皮质网络的信息。

一些研究者（Domhoff, 2011; Pace-Schott & Picchioni, 2017）已经注意到，REM期间激活和负激活的结构集合在很大程度上与所谓的默认模式网络（Default Mode Network，DMN）重合。DMN包含后扣带、楔前叶、压后皮质、顶下区、颞上区、海马结构和内侧前额皮质，这些脑区在个体休息、简单思考、走神或做白日梦时总是处于活跃状态。佩斯-肖特（Pace-Schott）和皮奇奥尼（Picchioni）认为DMN至少由两个主要的子系统组成：一个集中在内侧颞叶和海马（模拟系统），另一个则集中在内侧前额皮质（自我参照系统）。模拟系统在我们想象未来或过去的事件时运作，自我参照系统则计算或处理包括情绪信息在内的关于自我的信息，两者均在做梦时发挥作用。DMN中的脑节点（brain node）在NREM慢波睡眠时断开，但在REM中短暂地重连到模拟系统，显示出REM期间比自我参照系统更多的稳定性。简而言之，DMN的前部在REM期间重连，而这些结构又是第1章中所讨论的更大的社会脑网络中的一部分。社会脑网络在NREM睡眠阶段被分解或断开，而REM似乎涉及这些构成社会脑网络的相关结构的重连。我们将在后文讨论做梦时社会脑网络的激活问题，目前则仍需要继续了解REM睡眠的现象和特征。

71

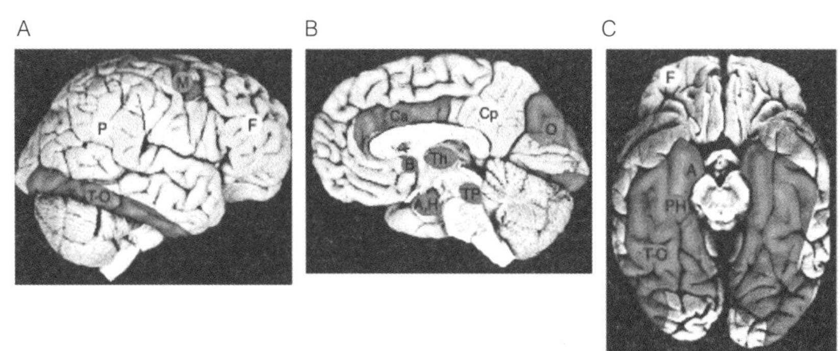

图4.2　整合PET和fMRI数据的正常人类REM睡眠的功能性神经解剖。红色区域是与REM睡眠相关的神经活动相对增加的区域，蓝色区域则是与REM睡眠相关的神经活动相对减少的区域。（A）侧视图；（B）内视图；（C）腹视图。A：杏仁核；B：基底前脑；Ca：前扣带回；Cp：后扣带回和楔前叶；F：前额皮质（中部、下部和眶额皮质）；H：下丘脑；M：运动皮质；P：顶叶皮质（顶下小叶）；PH：海马旁回；O：外侧枕叶皮质；Th：丘脑；T-O：颞枕纹外皮质；TP：脑桥被盖

［经许可转载自Dang Vu, T. T., Desseilles, M., Petit, D., Mazza, S., Montplaisir, J., & Maquet, P. (2007). Neuroimaging in Sleep Medicine. *Sleep Medicine*, 8, 349–372; page 351.］

4.3.4 REM与动机奖赏

72

佩罗加姆夫罗萨（Perogamvrosa）和施瓦茨（Schwartz）（2012）提出了睡眠和梦的奖赏激活模型（Reward Activation Model，RAM）。他们综合了最近的神经生理学、神经成像和临床发现，指出中脑边缘-多巴胺能（Mesolimbic Dopaminergic，ML-DA）奖赏系统在NREM期（人类为N2期，大鼠为SWS期）和REM期显著激活。在REM期，腹侧被盖区的多巴胺爆发活动增多，这一点意义重大，因为这正是清醒脑在加工带有奖励价值的刺激（尤其是社会刺激）时所发生的变化。

4.3.5 REM相关生理现象

REM与不同寻常的生理现象和认知现象有关。REM期间，个体的脑部高度激活而身体麻痹，自主神经系统周期性或风暴式放电，体温调节反射减弱或消失，但性系统被激活，当然还会出现紧张的梦境。无须多言，我们全然不知为什么大自然母亲会在个体的睡眠中每隔90分钟左右强烈地激活其脑部和性系统、麻痹身体，并强迫观看我们称之为梦的东西。接下来，我们将更全面地讨论REM的部分奇怪特征。

4.3.6 REM梦的内容

人们在REM睡眠和NREM睡眠状态下都会做梦，但一些科学家认为与REM觉醒相关的梦境和其他睡眠状态下的梦境有很大的不同。REM梦境往往更强烈、更像故事、更具攻击性、更情绪化，包含生动的视觉细节、不悦情绪，以及偶尔发生的荒诞和不可能的事件。而一些梦境研究人员则认为，大多数这些差异会在控制了每个梦的言语数量和夜间做梦的时间后消失。因为随着清晨临近，身体的唤醒系统开始激活，所以梦在接近清晨时会更加生动。虽然关于REM和NREM之间的差异是否真实的争论尚未结束，但大部分证据似乎表明REM-NREM梦境内容的差异是显著、稳定、夸张和真实的。

4.3.7 REM睡眠与自主神经系统风暴

73

相对于清醒状态，交感神经活动在REM的时相性部分显著增加，这些交感神经的放电风暴在夜间不断加强，直到清晨时达到峰值。而在清晨晚些时候的REM中，当个体氧饱和度下降水平最大并以类潮式呼吸（Cheyne-Stokes-like breathing）模式为主时，其通气严重减少（肺泡通气不足）。因此，REM相关自主神经系统风暴可能导致REM期间心肺危机的发生。例如，在清晨时分REM相关ANS风暴期间，心率、动脉血压（Blood Pressure，BP）、肺部BP和颅内动脉BP都表现出变异性增加；而在清晨晚些时候，心脏骤停的风险伴随着醒来前最后一个REM期的到来而有所增加（Verrier et al., 1996）。

4.3.8 REM相关体温调节失效

REM期间，出汗和喘气等体温调节反应并不稳定，一些研究人员认为REM涉及回归变温状态。

4.3.9 REM相关运动麻痹

在包括下颌、颈部和四肢在内的抗重力肌肉系统麻痹的情况下，个体会发生时相性眼球运动和肌肉抽搐，这是REM阶段最为矛盾的特征之一。进入REM睡眠时，个体基本上处于麻痹状态，使肌肉收缩的运动神经元被抑制和关闭。对这一奇怪现象最常见的功能性解释是，麻痹阻止我们将梦境付诸行动。除此之外，还有什么理由使个体在每晚的REM阶段变得如此容易被捕食呢？支持这一观点的证据来自对猫的实验，在负责REM相关运动麻痹的脑干神经元被破坏后，猫似乎演绎了自己的梦境；此外，REM行为障碍与导致REM麻痹的细胞被破坏有关，患者在失去REM张力缺失时表现出非常清晰的梦境演绎行为。

然而，如果REM张力缺失阻止了梦境演绎行为，那就很难解释为什么NREM期间并未出现张力缺失。毕竟，NREM睡眠期间也存在着非常复杂、生动的梦。如果像一些研究者所认为的那样，NREM时期梦在内容的生动性和情绪性方面与REM时期的梦并无区别，便可以得出NREM的N2期间会出现梦境演绎行为的结论，但事实并非如此。除非REM梦与N2梦存在很大不同，这才能够解释REM张力缺失的必要性，否则便是其并非旨在阻止梦境演绎行为。尽管绝大多数睡眠研究者认为REM张力缺失的存在是为了阻止梦境演绎行为，但遗憾的是目前仍无定论。

4.3.10 REM期间的性激活

每个REM期都伴随着男性的阴茎勃起和女性的阴蒂充血/骨盆抽动（REM相关勃起甚至会发生在婴儿身上），其贯穿生命周期却与梦中的情爱欲望并无必然联系。REM相关性激活在女性身上表现为阴蒂充血、阴道润滑、子宫收缩和骨盆抽动，这些都是性欲的迹象。令人惊讶的是，欲望并不一定反映在心理内容（即梦）中。如果心理内容可以简化为脑过程，性欲便似乎理所应当反映在表象中，但梦境内容却并非如此。当然，偶尔人们会在梦境中体验到强烈的性欲和感觉，但每夜数次发生的REM无一例外地与强烈的性活动相关，可大多数人报告每月只做几次性梦。所有已研究的哺乳类物种中都观察到了REM相关勃起，除了九带犰狳（Affani, Cervino, & Marcos, 2001），其睡眠相关勃起（Sleep-related Erections，SRE）与NREM期而非REM期相关，原因尚不清楚。一种可能性是，九带犰狳在繁殖行为上与大多数其他哺乳类动物不同，表现出多胚这一种罕见的繁殖现象或策略，导致后代是彼此的基因克隆，减少了兄弟姐妹之间的遗传冲突。

75

REM相关勃起的一个潜在进化功能是作为健康信号。在其他物种中，未表现出健康信号的新生儿和青少年可能会被父母杀死。健康信号可以通过哭泣、乞求、微笑、强健的肌肉活动等行为表现，或脸红、激素水平等生理表现，以及其他行为现象来表现，因此阴茎勃起可以作为婴儿的信号装置。虽然这一“健康假说”可以解释男性青少年的夜间勃起，但无法解释该现象为什么会伴随REM发生并持续到成年；针对这两个问题的一种可能性，是个体需要在睡眠时不断地表现出健康迹象。所有动物在睡眠时都容易受到捕食者和同类的攻击，许多雄性动物在与同类的攻击性互动中表现出勃起，以显示优势或保护领地，所以REM睡眠期间的性激活功能也许是向同类发出自身生殖健康的信号。不可否认，这是一个推测性的假设，睡眠科学家还未就REM相关性激活功能提出任何令人信服的理论。

4.3.11 REM睡眠与性信号

REM相关阴茎勃起与阴蒂充血并非REM和性相关的唯一证据。至少在大鼠和猴中，生命早期的REM剥夺与成年后的性功能损伤有关。维拉盖兹-蒙特苏马（Velaquez-Moctezuma）等人（1996）报告称，即使控制了快速眼动剥夺（Rapid Eye Movement Deprivation，REMD）过程相关的压力影响，雄性大鼠的性行为在选择性REMD后也受到了根本性的损伤。与对照组相比，REMD大鼠的爬跨、交配和射精的潜伏时间以及爬跨频率均有所增加，射精频率有所减少。一些性激素的增加可能与REM有关，如催乳素（Prolactin，PRL）的释放便与REM有关，其水平在睡眠起始时迅速上升，并在凌晨3至5点左右REM占据主导时达到峰值。最后，与REM相关的认知内容（即梦）似乎反映了交配策略的性别差异：男性性梦的报告内容会涉及多个不具名的性接触对象，而女性的报告则涉及与熟悉同伴的性行为（Brubaker, 1998）。

4.3.12 REM的特性和功能

76

上述的REM睡眠特性似乎存在矛盾：一方面，REM与奖赏和性功能有关；另一方面，REM又涉及一些有害的生理特性，如REM相关的PGO波、杏仁核激活、

ANS风暴、心血管不稳定、呼吸受损以及体温调节失效，表明其对健康有不利影响。诚然，REM睡眠时长增加（相对于群体常值）和睡眠问题与死亡风险的增加有显著关联，即使调整了年龄、性别、心理疾病、“医疗负担”或身体健康状况也是如此（Kripke, 2011）。迪尤（Dew）等人（2003）分析了与死亡风险相关的睡眠结构指标，认为其中三个指标最能预测死亡率：（1）睡眠潜伏时间超过30分钟；（2）睡眠效率低下；（3）REM睡眠比例异常高或低。

基于REM的这些基本特性，我们可以知晓REM的功能理论需要解释什么。睡觉时大约每90分钟为一个周期，个体对外界信息的感觉加工减少，脑部变得高度活跃（尤其是支持社会情绪功能的网络），而身体基本处于麻痹状态。随着夜晚的推移，REM变得越来越剧烈，引发ANS风暴，心率和呼吸功能出现严重波动。此外，梦者会发现自己是一系列梦幻剧的核心参与者，这些梦幻剧可能无聊乏味，也可能史诗般奇异；有时平淡无奇，有时令人恐惧，梦者的体验都并非自愿——不管喜欢与否，梦者都被迫参与其中。最后，给整个事件增添一点荒谬色彩，不论梦境内容如何，男性会经历勃起，而女性可能经历子宫收缩甚至骨盆抽动。

4.3.13 结论：REM与NREM睡眠

鉴于以上总结的一系列奇怪特性，很难推测REM睡眠的功能究竟是什么。REM睡眠的生物行为特征存在矛盾，因为其似乎在生理层面对个体的健康有害，却又在脑层面联系着个体的社会情绪功能。不同于REM，NREM的生物行为特征无明显矛盾但也令人困惑，其生理功能可能与免疫系统功能有关，而电生理特性显然与睡眠的恢复功能有关。REM和NREM睡眠可能都参与了记忆加工，但清醒状态也参与这一过程。NREM似乎与一组特定脑结构的逐渐负激活有关，而这些结构在REM期间被重新激活，这说明不是两种睡眠状态相互协调以维持最佳的脑功能，就是NREM撤销了REM所具现化的某些事物。为了理解REM和NREM睡眠的特殊功能，以及两者的运作是相互协调的还是对立，我们还需要收集更多有关REM和NREM睡眠障碍的事实，而这些内容将在下一章进行讨论。

77

回顾思考

- 与NREM睡眠N2期相关的两种主要纺锤波类型有什么重要意义？
- 什么是REM睡眠的奖赏激活模型？有什么重要意义？
- 什么是REM相关运动麻痹？有什么重要意义？
- 运动麻痹为什么不发生在NREM期？

- REM期间的性激活有什么重要意义？

拓展阅读

- Clawson, B. C., Durkin, J., & Aton, S. J. (2016). Form and function of sleep spindles across the lifespan. *Neural Plasticity*. doi: 10.1155/2016/6936381. Epub April 14, 2016.
- Halász, P., Bódizs, R., Parrino, L., & Terzano, M. (2014). Two features of sleep slow waves: Homeostatic and reactive aspects – from long term to instant sleep homeostasis. *Sleep Medicine*, 15(10), 1184–1195. doi: 10.1016/j.sleep.2014.06.006. Review. PMID:25192672.
- Jouvet, M. (1999). *The Paradox of Sleep: The Story of Dreaming*. Cambridge, MA: MIT Press.
- Perogamvrosa, L., & Schwartz, S. (2012). The roles of the reward system in sleep and dreaming. *Neuroscience and Biobehavioral Reviews*, 36, 1934–1951.

第5章

睡眠障碍

78

学习目标

- 描述睡眠障碍的两个主要类型
- 描述重度睡眠异常
- 描述重度睡眠异态
- 描述睡眠异态中脑状态转换失败的重要性

5.1 引言

睡眠障碍可分为两大类：睡眠异常（dyssomnias）和睡眠异态（parasomnias）。睡眠异常涉及睡眠时长的变化，即患者睡得过多或过少。睡眠异态则涉及在REM或NREM睡眠状态下的部分觉醒。第三类睡眠相关障碍涉及昼夜节律系统的变化，导致患者每天的睡眠时间在24小时内的正常时段移位（延迟或提前）。由于前文已讨论了昼夜节律相关睡眠障碍，所以此处只讨论睡眠异常和睡眠异态。

睡眠异常涉及睡眠量相对于正常参考值的变化。嗜睡是睡眠过多，失眠则是睡眠过少。事实上，失眠和日间过度思睡是最常见的睡眠障碍。此外，睡眠时长的变化对生理和心理健康均会造成重大影响。例如，REM睡眠时间较长的个体（相对于群体常值），产生各种疾病（如心血管疾病、肥胖症等）和死亡的风险较大，患抑郁症的风险也更大。此外，近年来越来越清楚的是，正如博尔贝利最初的睡眠调节双过程模型（Borbeley, 1982）及其之后的修正（Achermann & Borbeley, 2003）中所正式确定的，睡眠的恢复性或稳态性取决于睡眠数量和睡眠强度参数之间的相互作用。当睡眠被剥夺时，哺乳类动物通常会表现出与缺失量成正比的睡眠反弹，表明睡眠数量或“睡眠数量”中所反映的某些特定的睡眠强度成分是生理上所必需的。因此，

79

"睡眠数量或时长"是有机体必须得到满足的生理需要，任何偏离所需数量的行为都必须被视为一种障碍，睡眠过多或过少都会给机体带来可怕的后果。鉴于睡眠过少比睡眠过多更为常见，我们将首先讨论失眠，即最常见的睡眠异常。

5.2 睡眠异常

5.2.1 失眠

失眠的定义是启动睡眠困难或保持睡眠困难，或两者兼而有之。失眠非常普遍，超过95%的人声称其至少经历过一次，这其中绝大多数人的失眠只持续几个晚上，但对于大约10%的人来说，失眠可能是持续性的，会对健康和福祉造成非常大的影响。与慢性失眠相关的日常疲劳会破坏生活的所有其他方面，使人变得易怒、不快乐，并容易出现各种轻微或重大的健康问题。总之，失眠是当今世界的一大公共卫生危机。

失眠有两种形式：原发性失眠和继发性失眠。原发性失眠是内在的睡眠相关原因所造成的失眠，而继发性失眠则是与睡眠无关的原因所造成的失眠，如焦虑、疾病或压力等。

5.2.2 原发性失眠

原发性失眠的典型案例是致死性家族性失眠症（FFI），这是一种会损害保持脑部清醒的丘脑神经元的朊粒病。朊粒是一种微小的蛋白质，其被错误折叠并与某些维持清醒和睡眠的神经元代谢机制纠缠在一起，如果神经元的错误位置上积累了足够多的朊粒，就会造成严重的脑功能障碍。FFI中的朊粒病主要影响负责抑制丘脑警觉神经元的区域，导致该警觉中心不再被有效地抑制，因此个体无法过渡到非警觉性和睡眠状态。FFI会在确诊后大约18个月内导致死亡，但这是一种罕见的疾病。确诊后，由于失眠持续存在，患者的病情发展迅速：首先是无法集中注意力，然后意识模糊，继而惊恐发作并出现幻觉，最后是体重下降；患者的睡眠水平在N1和REM之间徘徊，处于一种多梦的朦胧状态，直至死亡。

80

关于除FFI之外是否还存在其他内在或原发性的失眠，大多数睡眠科学家的看法并不一致。有趣的是，虽然有些个体认为自己无法入睡或睡得很不好，但当我们将其带入睡眠实验室测试睡眠时，结果发现他们实际上睡得很好。这些"失眠"案例有时被称为"失眠状态错觉"，大约4%报告失眠的人实际上是出现了这一错觉。大多数睡眠临床医生认为，这些人保持着高度的警觉或处于焦虑的基线状态，因此其脑系统从未完全放松地进入睡眠状态，尽管EEG毫无疑义地显示其进入了深度睡眠。

5.2.3 继发性失眠

大多数失眠案例属于继发性失眠，即失眠原因通常不是往常调节开始和结束睡眠的睡眠-觉醒脑系统的内在因素。继发性失眠的患者通常存在医疗问题、情绪问题、日常压力或与工作有关的问题，令其在夜间无法入睡。许多医疗状况会影响睡眠，如慢性疼痛、不宁腿综合征和药物副作用；此外，甲状腺功能亢进（甲状腺激素过多）和肾上腺皮质醇增多（肾上腺皮质激素过多）等可能会导致慢性过度觉醒（chronic hyperarousal），患者因而难以入睡或维持睡眠。到目前为止，失眠最常见的继发性原因是心理或情绪问题，人们的日常忧虑和慢性焦虑是深度恢复性睡眠的敌人。

重度抑郁症、精神分裂症和双相情感障碍等主要的精神病综合征，也与包括严重失眠在内的主要睡眠干扰有关。例如，在躁郁症的狂躁期，个体有时会连续几天保持清醒，然后因疲惫而倒下；而在与精神分裂症相关的活跃精神状态下，个体无法正常睡眠；在重度抑郁症发作期间，个体常常出现失眠和过早觉醒，这两个现象有时被用于诊断抑郁症。

81

5.2.4 重度抑郁症

抑郁症几乎总是与失眠问题相关——特别是清晨过早觉醒。重度抑郁症则与一系列症状群有关，包括持续的悲伤、焦虑和绝望感等标志性症状。患者回忆其睡梦带有强烈的不愉快体验，伴有未知陌生角色对梦者/自身的攻击性场景的增加。抑郁症患者普遍被观察到REM睡眠的潜伏时间减少、REM密度和时间增加，而REM睡眠剥夺可以暂时缓解抑郁症状（Vogel et al., 1975）。大多数抗抑郁药物会减少REM睡眠，而REM的抑制程度与反应者的症状缓解程度相关，因此一些抑郁症患者的REM睡眠压力增强的迹象可能反映了该障碍的主要症状，而非情感障碍的补偿机制。抑郁症患者可能利用其梦境来解决不愉快的情感（Cartwright et al., 1999）。

5.2.5 睡眠呼吸暂停

睡眠呼吸暂停是一种很常见的睡眠障碍，即个体由于气道在睡眠中被阻塞而无法入睡。大约24%的男性和9%的女性会出现睡眠呼吸暂停，随着年龄增长状态每况愈下。睡眠呼吸暂停每年造成5万例因事故、心脏病发作和中风导致的过早死亡，而这些本可以预防。气道堵塞往往是因为颈部存在太多脂肪，所以睡眠时气道的塌陷切断了通往肺部的气流，个体因突然无法呼吸而短暂地醒来喘息。这种短暂的觉醒或呼吸暂停发作会刺激个体恢复清醒，而它们在夜间会发生数百次，个体的睡眠结构因此变得非常零散。患者的睡眠还通常伴随着响亮的鼾声，因为其无法通过口腔正常呼吸。个体在清晨来临时感到自己并未得到充分休息，日间也感到疲惫和困倦。

睡眠呼吸暂停分为两种类型：中枢性睡眠呼吸暂停和阻塞性睡眠呼吸暂停（Obstructive Sleep Apnea，OSA）。如果中枢神经系统内存在问题并导致呼吸肌非正常反应，个体便会出现中枢性睡眠呼吸暂停，然而，气流受阻才是睡眠呼吸暂停最常见的原因。如果下颌和下巴的肌肉组织引起闭塞，口腔、鼻腔和咽喉的软组织便会成为气流的障碍，进而造成气道阻塞。到目前为止，闭塞的最常见原因是脂肪开始在口腔、鼻腔和喉咙的软组织中堆积，致使其更容易闭塞，因此肥胖是OSA最有力的预测因素之一。

82

个体的OSA严重程度可以通过呼吸暂停低通气指数（Apnea Hypopnea Index，AHI）来量化，即夜间导致了觉醒的呼吸暂停和低通气数量除以睡眠小时数。AHI在5至15之间被定义为轻度OSA，15至30为中度，30至45为重度，45以上则为极重度。

OSA最常见的治疗方法是持续气道正压通气（Continuous Positive Airway Pressure，CPAP）。患者在上床睡觉时戴上面罩，将正压气流导入鼻子，正压可以防止通往气管的气流通道塌陷，从而使患者睡眠中保持正常呼吸。然而，大多数人并不喜欢戴着面罩睡觉，而且气流会使鼻腔干燥。

我们已经讨论了涉及睡眠过少或丧失的主要睡眠障碍，嗜睡或睡眠过多的障碍则包括发作性睡病（narcolepsy）和克莱恩-莱文综合征（Kleine-Levin Syndrome，KLS）。

睡眠增多（hypersomnia）即日间过度思睡，但其并不归因于我们每个人经常发生的睡眠不足或短暂的睡眠中断，而是出自更多不寻常的原因。患有嗜睡的人不得不在日间努力工作或奋战以保持清醒，该嗜睡通常可以归因于抑郁症，而当抑郁症是其根本原因时，让患者服用抗抑郁药往往可以同时解决情绪障碍和嗜睡。日间思睡有时可以归因于潜在的睡眠呼吸暂停，如果睡眠呼吸暂停得到适当的诊断和治疗，日间思睡便会减轻。若排除抑郁症、睡眠呼吸暂停、普通和短暂的睡眠中断等所有这些导致日间过度思睡的潜在原因，以及发作性睡病和KLS等其他经过充分研究的睡眠增多，便只剩下“特发性睡眠增多”或原因不明的日间过度思睡；即使不明病因，特发性睡眠增多也可以得到有效治疗，治疗通常涉及刺激性药物。

克莱恩-莱文综合征是一种周期性的睡眠增多，特点是反复发作的睡眠时间过长或睡眠增多，以及其他行为和认知的症状。KLS主要影响男性少年，表现为连续数周的大部分日间和夜间都在睡觉。《国际睡眠障碍分类》对KLS的诊断标准包括：（1）持续2天以上、4周以下的过度思睡，每年至少发生1次；（2）发作期间患者的警觉性、情绪、认知功能和行为正常，通常持续数月至数年；（3）伴有睡眠正常的长时段间歇期，至少每年重复1次；（4）无法更好地解释为睡眠障碍、神经障碍（如特发性复发性木僵、癫痫）、心理障碍（如双相障碍、精神性睡眠增多、抑郁症）或药物（如苯二氮卓类药物、酒精）使用问题。除了这些反复发作的睡眠增多，KLS患者应至少出现以下症状之一：食欲亢进（暴饮暴食）、性欲亢进、行为奇怪或认知障碍（如意识模糊、丧失现实感或出现幻觉）。阿尔努夫（Arnulf）等人（2005）回顾了关乎108个病例的文献，发现其中许多患者报告了明显的冷漠、疲惫、记忆问题、时间定向障碍、丧失现实感、多梦状态和语言障碍，以及其他认知和知觉症状。

5.2.6 发作性睡病

发作性睡病是另一种主要的睡眠障碍，受影响的个体会出现过多的睡意，其特点是：（1）日间过度思睡；（2）睡前幻觉（睡眠起始时出现生动的表象）；（3）“睡眠发作”或在强烈的情绪刺激（如大笑或激烈情绪）后突然麻痹（猝倒）；（4）睡眠麻痹或在从睡眠/觉醒到觉醒/睡眠的过渡期间的麻痹。在从睡眠到觉醒的过渡中，通常与REM睡眠有关的麻痹尚未停止，即使患者是有意识的或清醒的。受影响的个体还可能表现出脑脊液中的下丘脑分泌素减少，以及EEG上的睡眠起始快速眼动（Sleep-onset Rapid Eye Movement，SOREM）。回想一下，正常模式是通过NREM进入睡眠，SOREM则表示个体跳过了NREM睡眠阶段，在入睡时直接进入了REM。下丘脑分泌素（有时也称为促食欲素）是一种在下丘脑中制造的肽类，可作为神经调质。丘脑中的下丘脑分泌素受体似乎对于激活以丘脑为中心的觉醒回路至关重要，但其在发作性睡病中被部分破坏，目前还不清楚是什么制剂或过程破坏了这些促食欲素能细胞。

有证据表明发作性睡病可能是一种自身免疫性疾病，即免疫系统选择性地攻击某些脑部神经元或体内的细胞。对发作性睡病患者脑部的尸检发现，下丘脑中负责产生促食欲素/下丘脑分泌素的神经元受到了损害；而对发作性睡病患者的基因学研究显示，患者往往（尽管并非总是）存在一个被称为DQB1*0602的人类白细胞抗原（Human Leukocyte Antigen，HLA）基因变体。

让我们再仔细研究一下与发作性睡病有关的症状学，因为它告诉我们REM睡眠成分可能影响患者的清醒行为。由于日间过度思睡，发作性睡病患者每天都会睡着几次。睡眠发作通常每次只有几分钟，但偶尔也会持续一两个小时，过度思睡的感觉在这些“小睡”或睡眠发作之后会消退数小时，但随后又会恢复。患者也会经历微睡眠，即短暂地进入睡眠状态，而患者一般并不会意识到。患者一般能感觉到“睡眠发作”即将到来，他们感觉到一种不可抗拒的睡意的积聚，随后突然被睡眠所征服。猝倒症状包括在清醒时突然麻痹，通常由强烈的情绪（如大笑、惊讶或恐惧）所引发，但也可以在其他涉及强烈情绪的体验（如看电影或运动）中发生。并非所有发作性睡病患者都会发生猝倒，但其发生时通常看起来像癫痫发作，因为发作速度很快，且患者变得无法动弹并失去意识。患者在发作时感到膝盖突然变软、面部肌肉松弛、头部向前倾、手臂向两侧下垂，这些都是与REM睡眠相关的正常麻痹的迹象，似乎患者正经历着REM生理反应对清醒生活的干扰。与这一论点相一致的是，患者也报告称在睡眠发作期间有一种强烈的类似梦境的状态，如同做梦一般。当在睡眠实验室进行研究时，大多数发作性睡病患者表现出REM压力的迹象。REM的潜伏时间非常短，患者报告称在入睡后立即沉浸在生动的梦境中。如果生动的梦境和表象发生在从清醒到睡眠的过渡中，这些梦境便被称为睡前幻觉；如果发生在从睡眠到清醒的过渡阶段，则被称为醒后幻觉；而如果肌肉麻痹发生在这些过渡状态之一，便称为睡眠麻痹，因为个体的头脑清醒，但身体仍处于REM麻痹状态。因此，患者是清醒的，并意识到自身无法移动，可能知觉到一些残留的梦境意象——典型的恐惧性意象，感觉房间里有一种威胁或邪恶的存在，但患者不能移动以保护自己。

85

大约四分之一的发作性睡病患者存在典型的四联症状（大多数患者存在至少下述两种症状）：日间过度思睡、猝倒、睡前或醒后幻觉，以及睡眠麻痹。多次睡眠潜伏时间试验（Multiple Sleep Latency Test，MSLT）可以评估个体快速或缓慢进入睡眠的程度，以及患者的第一个睡眠状态是通过NREM睡眠正常进入的还是通过REM睡眠异常进入的。如果患者在8分钟内入睡并优先通过REM进入睡眠，那么MSLT可以帮助（尽管并非决定性的）诊断为发作性睡病，该情况被称为睡眠起始快速眼动期（Sleep-onset Rapid Eye Movement Period，SOREMP），是发作性睡病、抑郁症和其他一些神经精神障碍的特征。

目前对发作性睡病的治疗包括使用利他林和莫达非尼等兴奋剂来对抗日间思睡，以及使用氯丙咪嗪和丙咪嗪（历史上曾用作三环类抗抑郁药）来治疗猝倒。

5.3 睡眠异态

5.3.1 简介

睡眠异态是睡眠期间的行为或意识的中断，通常发生在不同脑状态之间，如进入或脱离睡眠状态的过渡期，或睡眠状态（如NREM和REM）之间的过渡期。睡眠异态被分为为REM睡眠异态和NREM睡眠异态。

5.3.2 NREM睡眠异态梦游症

梦游症是最常见的NREM睡眠异态，在儿童中最普遍，但也见于成人，通常出现在个体从N3期SWS过渡到N2期轻度NREM睡眠时。大约20%的儿童在11或12岁之前至少有一次梦游症发作的经历，大约4%的成人偶尔会梦游。梦游症的家族史是预测个体是否会梦游的最有力因素，因此梦游症很可能具有基因基础，尽管目前尚未发现描述梦游者特征的基因档案。梦游者可以完成非常复杂的行为，包括准备食物或寻找物品，尽管他们处于半清醒状态，并可能在睁开双眼的情况下出现幻觉。试图唤醒他们经常导致他们处于激动、意识模糊的觉醒状态，甚至可能涉及攻击或暴力行为。梦游者常会迷失方向，对自己所处的位置感到模糊，并且没有梦游症发作的记忆。偶尔还有梦游者会下床，跌跌撞撞走到厨房，准备并摄入喜欢的食物，这被称为睡眠相关进食障碍。

86

梦游者的EEG显示其睡眠早期存在不稳定的δ活动和频繁的觉醒，而梦游症发作正是出于这些觉醒。氯硝西泮或阿普唑仑（赞安诺）可以有效治疗梦游症。

5.3.3 睡眠性交症

与梦游症的情况一样，睡眠性交症是一种在睡眠或NREM睡眠的意识模糊性觉醒中进行性活动的情况，会表现出不稳定的δ活动。睡眠性交症可以发生在睡眠者单独入睡或与伴侣在一起的时候，涉及非常广泛的性行为，包括手淫、触摸、爱抚、性谈话和直接性交，值得一提的是通常不存在接吻；有时还可能涉及制服伴侣，然后变得具有危险性，因此睡眠性交症在临床上是一个重要的问题；而当睡眠者过度压制其伴侣时，便有可能成为法律问题。关于该障碍的可靠数据很少，可能是因为大多数存在该障碍的人都羞于谈论。据我们所知，大多数睡眠性交症的患者（80%）是男性，其中许多还表现出梦游症的行为。睡眠性交症的表现通常呆板机械，因为发起人处于睡眠状态。患者在被唤醒后感到意识模糊和迷失方向，有时还会感到羞愧或愤怒，往往遗忘自身行为。该障碍会在很大程度上影响患者的个人生活，有时还会造成法律后果。患者的伴侣往往会对患者的行为感到困惑，有时甚至感到震惊，而强迫的性行为毫无疑问会导致法律后果。如果患者处于新的关系中，伴侣会被其无意识所发起、经常是攻击性的睡眠性交症所惊醒。

5.3.4 夜惊

87

与梦游症和睡眠性交症一样，夜惊出现在患者（通常是儿童）试图从N3期SWS中觉醒时，最初几个睡眠期通常存在不稳定的δ活动和频繁的觉醒，患儿会直挺挺地坐着，发出惊骇的叫声。夜惊是家族性的，但可能不会被回忆起来，其发作可持续几分钟至半小时，期间患儿难以被唤醒，且醒来后并无记忆。

睡眠相关暴食是指个体从NREM中醒来，在梦游状态下进入厨房，疯狂摄入甜食或非常油腻的食物。大多数睡眠相关暴食的病例（75%）为女孩或女性，该NREM障碍的风险因素包括梦游症或其他睡眠障碍的家族史，以及饮食障碍（如厌食或贪食）的家族史。虽然看起来是一种NREM睡眠异态，但睡眠相关暴食患者的觉醒可以在NREM状态下开始，又在暴食时转换到REM状态。患者的意识水平在发作期间可能不同，有些患者既没有意识，也没有发作的记忆，而有些患者部分清醒，但感到无法控制自己的行为。暴食往往会与典型的梦游症同时发生，而两种障碍都具有家族遗传性。无论睡前是否饱餐，抑或感到饥饿，患者都可能发生暴食，然后在清晨总是感到饱胀。患者选择的暴食食物通常是高碳水化合物，但其中掺杂着非常不寻常的物品，反映出其发作期间的意识模糊。例如，曾有患者报告称食用了生肉和熏肉、盐三明治、肥皂或护手霜、狗粮、咖啡渣、番茄酱和蛋黄酱。患者还可能进行精心准备食物的仪式，并试图烹调这些物品，然后忘记关闭炉灶。睡眠相关暴食所造成的其他负面后果可谓意料之中：体重增加、食物中毒的风险增加、日间食欲改变、牙齿问题和其他并发症。

5.3.5 梦语症

尽管现有的数据表明梦语症可以发生在睡眠的任何阶段，但可能和梦游症、睡眠性交症、睡眠相关暴食和夜惊一样，梦语症通常在一些不寻常的δ活动后开始于N3期慢波睡眠中的意识模糊性觉醒，然后在混合形式的REM睡眠中继续展开。大约50%的儿童会梦呓，4%的成人会持续梦呓。和其他NREM睡眠异态一样，梦语症也是家族性的，并且通常与一种或多种其他NREM睡眠异态同时发生。梦呓的内容通常很平凡，最常涉及与幻觉或梦境中的对话者的互动。谈话内容通常语言形式良好、语法严谨，但其语义内容往往并无意义，其中双语者偏好以母语梦呓。有趣的

88

是，如果两个梦呓者同睡一张床，二者往往可以进行基本无意义的对话，而一切都在睡眠中进行！如同其他NREM睡眠异态，梦语症患者在清晨醒来后并无记忆。尽管梦语症本身并无害，但我们有时可以据此约略地预测（中年人中）以后会出现的神经退行性疾病，如多系统萎缩。

头部爆炸感综合征是一种真实存在的障碍！其特点是感觉脑内有闪光的声音或爆炸，通常发生在从清醒到N1期睡眠的过渡期，爆炸声会将患者惊醒。爆炸多发生在脑中心的深处，没有疼痛且仅持续一秒钟，患者醒来后便消失了。这种情况通常在大多数人的一生中只发生几次，但在老年人中可能更为常见。除了惊吓之外，该障碍并无明显的负面临床影响，无人知晓导致该体验的原因。

5.3.6 REM睡眠异态

REM睡眠的主要睡眠异态是梦魇、快速眼动行为障碍（Rapid Eye Movement Behavior Disorder，RBD），以及偶发性睡眠麻痹。

5.3.7 梦魇

《精神障碍诊断与统计手册（第五版）》（*The Diagnostic and Statistical Manual of Mental Disorders Five Revision*，DSM-5）将梦魇障碍[DSM-5 307.47（F51.5）]定义为一种涉及反复从极其可怕的梦（并非发生在其他心理障碍的背景下）中惊醒的睡眠异态，个体在醒后能迅速恢复定向和警觉，可以清晰地回忆起梦的内容，而这又与临床上显著的痛苦和日间功能的损害有关。与之类似，2016/17《国际疾病分类》第十次修订本（*International Classification of Diseases Ninth Revision Clinical Modification*，ICD-10-CM）诊断代码F51.5将梦魇障碍定义为一种睡眠障碍，特点是反复出现可怕的梦境，导致个体从睡眠中惊醒，并在醒来后完全恢复警觉和定向，能够清晰地回忆起梦的内容，梦境通常涉及个体的紧迫危险。

89

梦魇障碍通常涉及令人痛苦的梦魇，每周至少发生一次，持续一个月或更久。流行病学研究表明，2%至6%的美国成人（约1500万至2000万人）每周至少经历一次梦魇，而二分之一至三分之二的儿童经历过反复的梦魇。儿童反复出现梦魇极大地预示着青春期和成年后患精神病的风险，如果可以有效地治疗儿童的梦魇，也许便能预防其中至少一部分人日后发生精神病。诚然，儿童和成人经常出现梦魇的经历均与一系列神经病理和神经精神风险因素和障碍有关，包括焦虑、抑郁、压力和自杀意念（Spoormaker, Schredl & van den Bout, 2006）。严重的痛苦和重复的梦魇是创伤后应激障碍（Post-traumatic Stress Disorder，PTSD）、RBD以及其他一些慢性和致残性神经精神综合征的特征，开发有效的梦魇障碍治疗方法将改善这些其他障碍中梦魇相关问题的治疗效果。

尼尔森（Nielsen）和莱文（Levin）（2007）提出，做梦通常是为了消除恐惧的记忆。做梦使个体通过去除恐惧记忆的背景来有效地处理情绪干扰记忆，从而使其更容易被编码到长期记忆系统中。如果把情绪从引发或导致情绪的背景中分离出来，便可以在新的不相关背景中更好地应对该情绪。梦提供了一个不断变化的背景序列，可以与恐惧记忆中编码的强烈负面情感以及恐惧相关元素（如威胁的危险或创伤）相配对，而这些不相关背景与特定的情感负荷和特定的恐惧记忆的恐惧元素的新颖配对起到了使记忆去背景化的作用，从而使其更容易被巩固。噩梦被认为是成功做梦的例子，因为其中与原始恐惧记忆相关的恐惧水平被降低或消除；而梦魇则被认为是失败的恐惧消除的例子，其中记忆从未被去背景化，因此从未被编码到长期记忆中，它停留于短期记忆回路中，并在做梦时被重新激活，导致个体经历我们称之为梦魇的重复的、可怕的梦。

90

许多事件都会导致做梦时恐惧消除失败，包括与原始记忆相关的恐惧或觉醒水平太高。此外，皮质醇水平在REM睡眠后期因自然昼夜节律而上升，可能会增加生理性觉醒程度，并影响情绪记忆的巩固，这一系统扰动可能会导致做梦时记忆消除失败。鉴于α-1肾上腺素受体拮抗剂哌唑嗪已被证明对改善梦魇非常有效，因此与去甲肾上腺素张力增加有关的高生理性觉醒水平促使在REM期做梦时记忆消除失败。

虽然失败的恐惧消除可能促使梦魇的形成，但并不能解释其随着时间推移而维持于反复性梦魇中的原因，也不能解释其内容特征对临床痛苦至关重要的原因。为了解释后两者，斯普尔梅克（Spoormaker）（2008）提出，关于反复性梦魇故事情节的信息在记忆中被表现为一个固定的期望模式：一个脚本。脚本描述了一个典型的序列，其中的事件或梦境表象一旦被触发就会自动地相互跟随，但也存在变数。例如，反复出现梦魇的个体在不同的梦中可能被不同的攻击者在不同的背景中追逐。梦魇脚本尤其有助于梦魇的维持（反复）和内容巩固，因此也增加了与梦魇相关的痛苦。只要梦中产生的元素或角色与脚本中的元素或角色相匹配或相关，梦魇脚本就可以被激活。例如，一个梦见有人走得很快的正常的梦就可以触发追逐脚本。追逐脚本的重放加强了梦魇脚本，这一过程由梦魇的情绪强度所介导。根据斯普尔梅克的说法，其他影响脚本激活的因素可能是解释偏向和脚本的可及性，如焦虑或在危险环境中工作的个体更容易以威胁性的方式解释中性的梦境元素，从而增强脚本的可及性等。梦魇脚本被认为与激活时的不良情绪密切相关，最常见的是强烈的恐惧。

91 在认知上回避恐惧梦境的策略使梦魇脚本更加难以消除，认知回避使梦魇脚本的记忆融入（自传体）记忆的可能性降低。对治疗梦魇的认知重构方法的研究表明，直接接触和处理脚本中涉及的表象可以中和与脚本相关的恐惧记忆，如意象预演治疗（Imagery Rehearsal Therapy，IRT）。

IRT等认知重构技术很可能通过重构梦魇脚本而发挥作用。在IRT（Krakow & Zadra, 2010）技术中，被试被指示以任何其所希望的方式改变反复出现的梦魇，然后必须在想象中进行训练。在梦魇脚本中引入非恐惧、与梦魇不相容的元素或可减少与脚本相关的情感/压力负荷，从而促进恐惧的消除；此外，在脚本中引入不同的结局或目标可能会打破脚本的期望模式。IRT已经在随机试验中证实能降低梦魇频率并减轻个体痛苦。

5.3.8 REM行为障碍

快速眼动睡眠行为障碍（RBD）的特点是失去通常与REM睡眠相关的张力缺失，因此患者往往会演绎与REM睡眠相关的梦，似乎经历了与暴力主题的梦境叙述相关的视觉和听觉幻觉。RBD可能提前几十年预示着突触核蛋白病的发作，如帕金森病（Parkinson's Disease，PD）、路易体痴呆（Lewy Body Dementia，LBD）或多系统萎缩（Multiple System Atrophy，MSA）。梦境演绎可以持续数分钟，且相当暴力，个体会与想象中的敌人发生肢体冲突。这些患者在REM睡眠期间表现出复杂的探索性和经常是防御性的运动活动，通常与梦境有关。常见的行为包括尖叫、抓握、拳打脚踢，或跳下床去追赶或逃离异于寻常或可怕的敌人。范蒂尼（Fantini）、科罗娜（Corona）、克莱里西（Clerici）和费里尼-斯特兰比（Ferini-Strambi）（2005）研究了49名多导睡眠监测证实的RBD患者和71名健康对照者的REM睡眠梦。与对照组相比，RBD患者报告了惊人的攻击频率，即梦者受到意图伤害梦者或其家人的怪物或陌生角色的威胁或攻击。这一标志性的RBD梦境互动被各种标准化霍尔/范•德•卡斯尔（Hall/
92 Van de Castle）梦境内容指标所记录：存在至少一次攻击的梦境的比例更高（66%对15%），攻击/友善性互动比率增加（86%对44%），攻击/角色（A/C）比率增加（0.81对0.12）。

RBD患者REM梦中的攻击从何而来？我们知道杏仁核在REM期被强烈地激活，而背外侧前额皮质的活动水平则下降。众所周知，杏仁核专门负责介导威胁检测、恐惧调节和情绪功能，并与前脑岛、颞叶（包括初级听觉皮质）、顶下叶和顶上叶以及内侧、眼眶和背外侧前额皮质（Dorsolateral Prefrontal Cortex，DLPFC）保持相互的反馈回路。额叶皮质活动不足与杏仁核的过度活动密切相关，这可能便是RBD所展现的情况。如果没有前额皮质对杏仁核反应性的调制，杏仁核对梦中感知威胁的调控也将不再被有效地调制。

5.3.9 睡眠麻痹

偶发性睡眠麻痹（Isolated Sleep Paralysis，ISP）是一种较为常见的现象，其典型特征是个体在醒来后无法移动或说话，并伴有一种诡异的感觉，感到自己与某个邪恶或恶毒的人或物同处一室并遭其威胁。个体/患者实际上仍处于REM睡眠中，尽管可能自认为已经完全醒来或头脑清醒。偶发性睡眠麻痹被合理地归类为梦，因为个体经常经历视听幻觉，并通常伴随着REM的肌肉张力缺失或麻痹。

该现象是由与REM相关的脑状态的分裂所引起的，即个体从REM过渡到清醒期时并未完全脱离REM。未能完全从REM过渡到清醒意识的潜在原因是多方面的，包括压力、疾病、受伤、化学失衡和失眠等许多原因。滑铁卢大学的切恩（Cheyne）（2002）收集了一些关于这些睡眠麻痹梦境/幻觉的现象学数据。他用调查表记录了这些经历中各种特征出现的频率，发现在2397名受访者中，发病的平均年龄为17岁，但任何年龄都有发生可能；大约四分之一的人报告称其每周或更频繁地经历睡眠麻痹；近80%的人称经历过感觉存在（sensed presence），即在清醒但麻痹时感觉房间内有人或有物且通常意图伤害他们，个体因此试图呼救但无法做到；大约60%的人报告了视听幻觉，但只有41%的人报告了触觉幻觉，即听到可感觉的存在在呼吸或向他们移动，并能实际感觉到其在触摸或压迫他们；三分之一（33.4%）的受访者能够为可感觉的存在指定性别，其中大多数人（82%）认为该存在是男性，女性比男性更有可能将其视为男性；略多于一半的听觉幻觉涉及听到声音；大约三分之二的受访者报告称感受到了压力，几乎同样多的人报告称感觉自己可能会死；40%至30%的受访者报告了出体体验（Out of Body Experience，OBE），即可以从身体上方看到自己，而只有大约20%的人报告了旋转感或自体幻觉（看见替身）；几乎百分之百（96%）的受访者报告了恐惧，但也有相当比例的人报告称有情欲甚至幸福的感觉。

帕克（Parker）和布莱克莫尔（Blackmore）（2002）使用霍尔/范•德•卡斯尔的梦境内容评分系统来量化ISP区别于标准梦境的特征。ISP报告中提及身体的次数是标准梦境报告的4倍，ISP中个体的身体攻击水平也高于普通梦境。与描述各种情绪的梦境不同，恐惧在ISP报告中占据主导地位。帕克和布莱克莫尔发现典型的ISP“发生在一个熟悉的室内背景（卧室）中，通常有一个梦者不认识的人或存在，该存在往往是男性（如果报告了性别），但最常见的是感觉到一个无性别的‘生物’或‘形态’，梦者与该存在的互动主要是攻击性的（尽管男性确实比女性更常试图与之交朋友），

表 5.1 睡眠障碍与法律

有人能在“睡着”的时候执行所有复杂的杀人行为吗？罗莎琳德•卡特赖特（Rosalind Cartwright）是一位睡眠科学家，她曾研究过这一问题，并在有关梦游和凶杀的法庭案件中做过证词。卡特赖特表示，在极少数情况下这是可能的。在她 2010 年出版的《二十四小时思维》（*Twenty-Four Hour Mind*）一书中，她详细介绍了斯科特•法拉特（Scott Falater）谋杀其结婚多年的妻子的悲惨案件。一位邻居听到了妻子的哭声，看到法拉特将满身是血的女子的尸体推入家庭泳池。法拉特刺了妻子几十刀，然后平静地离开了谋杀现场（将带血的刀和衣服放进一个特百惠容器中），之后又回到尸体旁并将其推入泳池，接着回到了屋内。卡特赖特认为法拉特是回去继续睡觉，就和其他大多数梦游者一样，除非被巨大的声音惊醒。尽管辩方声称被告的行为出于梦游症发作，但法拉特仍被判为谋杀罪。卡特赖特声称，真正的梦游者如果在睡觉时进行复杂的犯罪行为，也会在早上对该事件完全失忆，并且不会试图掩盖这一行为。法拉特存在个人和家庭的梦游史，并在悲剧发生后有强烈的悲痛、悔恨，且努力配合调查。西克拉里（Siclari）等人（2010）提出了其他可以用于确定睡眠障碍是导致睡眠相关暴力的致病因素。首先，如卡特赖特所说，应该有潜在睡眠障碍的医学证据（如多导睡眠监测研究），以及家庭或个人的睡眠症状史。其次，暴力行为本身应该符合其他独立确立的睡眠相关暴力行为的特点。例如，大多数此类行为的发生并无明显的动机，而且个体在醒来后会感到非常后悔。此外，还必须存在诱发睡眠异态的因素，如先前的睡眠剥夺会增加稳态驱力（见概述）。

<u>存在潜在睡眠障碍</u>

- 存在支持诊断的确切证据
- 先前发生过类似事件

<u>行为特点</u>

- 在醒来时或入睡后立即发生
- 发病突然且时长较短
- 冲动，无感觉，无明显动机
- 在此期间缺乏对个人的意识
- 受害者：恰好在场，可能在恢复意识时受到觉醒刺激
- 困惑，惊恐，并未试图逃离，对事件并无记忆

<u>存在诱发因素</u>

- 被试图唤醒
- 服用镇静/催眠药
- 先前的睡眠剥夺
- 法医鉴定中排除了觉醒障碍可能性的酒精或药物中毒

并常常觉得自己是这些互动的受害者；梦者还报告称对自己的身体（特别是躯干）有了更多的意识，同时对负面情绪（恐惧）的报告也在增加；梦者经常努力克服该情况（麻痹），并遇到同等程度的成功或失败（有时能够克服麻痹有时不能）”。

如何解释这一奇特的现象？据我所知，科学文献中并无关于ISP现象的令人信服的解释。在与其他睡眠科学家谈论ISP现象时，我发现大多数人认为其代表了一种先天的威胁保护行为的释放，该先天行为/认知的释放源于睡眠异态——不完全的REM过渡。这一想法似乎认为REM的生物学会对行为和认知（以成为ISP幻觉的先天表象的形式）进行编码，从而以入侵者的形式提醒个体危险。然而，这一解释要求REM的生物学不仅编码保护个体免受威胁的基本程序，还要极其详细地编码与嗅觉、触觉和“存在”本身有关的“表象”，但编码到REM中的记忆表象如何可能产生与ISP相关的极其精细的表象和感觉体验？如果先天威胁检测系统可以产生ISP般复杂的现象，我们对REM（甚至先天脑能力）的理解便需要进行一场虚拟革命。先天威胁检测理论也不能解释经历ISP的患者/个体清醒且具有相对清晰意识的事实，即他们能够也确实在反思所经历的一切，既有自知力，也会质疑真实性，因此该体验不能被当作单纯的幻觉现象而受轻视。经历过ISP的患者/个体不仅报告了受害情况，还有些人报告称有幸福感和出体体验，该现象更类似于知觉体验而非幻觉，因此无论对ISP的最终解释是什么，都不可能将其描述或理解为单纯的幻觉。

95

5.3.10 结论

睡眠和梦的神经科学告诉我们有三种基本脑状态：清醒、REM和NREM睡眠。决定或创造和维持这三种状态的，是脑干产生的神经递质（胺能和胆碱能调制）活性水平的不同混合或图谱，以及不同的前脑激活和负激活模式，这在前几章中已进行讨论。三种脑状态与三种活性图谱间的对应关系必须被认为是概率性的，即每种图谱可以完全或仅部分参与不同脑状态。对于理解与睡眠异态有关的体验而言，最重要的便是认识到脑状态之间的转换可能是完全或只是部分的：如果状态之间的转换是完全的，则前一个状态结束时后一个状态便会开始；但由于控制脑状态的机制是概率性的，所以状态之间的转换几乎不可能完全，而如果状态之间的过渡是部分的，便会导致混合的脑状态，如REM和清醒的混合、NREM和清醒的混合或REM和NREM的混合，而当这些混合状态发生时，便会出现典型的睡眠异态。

96

例如，睡眠麻痹代表了REM和清醒的混合，即患者意识清醒，但身体麻痹，不能动弹，因为与REM相关的肌肉张力缺失一直持续到清醒状态；此外，患者会出现入侵者的幻觉，可能是因为许多REM梦是关于潜在威胁等的。与之类似，清醒梦

（将在后文进行讨论）也是REM和清醒状态的混合体，因为个体的背外侧前额皮质（在正常REM中不被激活）在清醒梦中被部分激活，如果其在REM时被激活，个体便会获得一些自我意识，并因而意识到自己在做梦。梦游/语症和其他NREM睡眠异态则代表了NREM和清醒状态的混合，这些情况下的个体仍然处于N2或N3睡眠状态，但能够以无意识的状态进行复杂的行为动作，因为清醒状态（可推测主要由激活的背外侧前额皮质所介导）侵入了并未完全脱离慢波活动的脑。与REM相关的肌肉张力缺失在REM行为障碍中消失，因此睡眠脑并不完全处于REM状态，于是个体出现了梦境演绎行为——仍是复杂的行为，但这次是在睡眠脑的控制之下。REM/觉醒和NREM/觉醒的混合状态表明意识需要背外侧前额皮质及其连接的参与，因为只要该网络被激活，自我意识和批判性自知力就会随之而来。

我们已经讨论了REM加清醒和NREM加清醒的混合状态，REM和NREM的混合状态又如何呢？大多数睡眠科学家认为REM/NREM混合状态只会产生无意识的状态，但也有一些睡眠异态可能涉及了REM/NREM混合。例如，虽然梦魇通常产生于REM，但与创伤有关的梦魇也可以发生在REM之外，睡惊症的现象便表明经历NREM睡眠异态的个体也在经历强烈的梦魇，因为其通常会发出惊骇的尖叫。从理论上讲，我认为一些REM特征（如强烈的杏仁核活动）完全可能暂时与脑中许多其他部位的慢波活动同时发生，而这样的状态会产生地狱般的梦魇。

97

不同脑状态及其混合体产生了不同的体验世界，而清醒状态是我们选择认同的状态。所有其他人类文化都做出了同样的选择，其中部分还将REM视为一种额外的存在状态，认为其虽然不等同于清醒状态，但在本体论上是真实的，有时其相对于清醒状态还享有一些特权；这些文化同样认为一些REM/清醒的混合状态（如清醒的梦/幻觉）应受特殊对待。显然，没有任何一种文化认为NREM状态应有特权，许多文化还通过宗教、魔法和医疗手段预防出现NREM/觉醒的混合状态（如梦游症）和一些REM/觉醒的状态（如睡眠麻痹）。虽然与睡眠异态相关的不寻常意识状态显然与文化相互影响，但睡眠科学尚未就这些混合脑状态发展出明确且基于证据的理论，这被作为一项任务留给未来的睡眠科学家。

回顾思考

- 脑状态过渡的失败可能提供了哪些关于意识的信息？
- 异常的N3期δ波活动对NREM睡眠异态有何意义？
- 未能从REM过渡出来的状态如何解释睡眠麻痹和梦魇？
- 失眠的主要原因和后果是什么？

拓展阅读

- Lugaresi, E., Medori, R., Montagna, P., Baruzzi, A., Cortelli, P., Lugaresi, A., et al. (1986). Fatal familial insomnia and dysautonomia with selective degeneration of thalamic nuclei. *New England Journal of Medicine*, 315, 997–1003.
- Mahowald, M. W., & Schenck, C. H. (2011). “REM sleep parasomnias.” In M. Kryger, T. Roth, & W. C. Dement (eds.), Principles and Practice of Sleep Medicine (5th edn). Philadelphia: W. B. Saunders Co.
- Mahowald, M. W., & Cramer Bornemann, M. A. (2011). “Non-REM arousal parasomnias.” In M. Kryger, T. Roth, & W. C. Dement (eds.), Principles and Practice of Sleep Medicine (5th edn). Philadelphia: W. B. Saunders Co.
- Matheson, E., & Hainer, B. L. (2017). Insomnia: Pharmacologic therapy. *American Family Physician*, 96(1), 29–35. Review. PMID: 28671376.

98

第 6 章

REM和NREM睡眠的理论

学习目标

- 理解和评估NREM会促进免疫系统的最佳应答这一观点的证据
- 评估睡眠恢复理论的优缺点
- 理解和评估睡眠相关记忆巩固过程的证据
- 描述REM-NREM生理相互作用的功能意义

6.1 引言

虽然我们对睡眠已有很多了解，但对其功能尚未达成科学共识。然而，鉴于每次睡眠都会使个体容易受到捕食者的攻击，其功能一定异常重要。睡眠是不由自主的，每个人最终都必须屈服于睡眠或死亡，我们必须拥有它，就像我们必须拥有氧气、食物和水，但我们并不知道为什么。

睡眠有可能，甚至很可能，存在不止一种功能。事实上，NREM睡眠可能与REM睡眠具有不同的功能，这两种睡眠状态可能有互补或相反的功能。在睡眠的进化历史中，睡眠的功能可能是协调出现的，也可能是分开出现的。如果功能在进化史上按顺序出现，那么后来的功能可能会利用为满足早期功能需要而设计的生理系统。例如，虽然肺可能是为了气体交换而进化的，但现在也能实现语言和发声功能；与之类似，虽然哺乳类动物的睡眠最初可能出于体温调节的目的而进化，但现在对脑和认知功能也至关重要。

然而，我们甚至可以在非常简单的生物体中发现简单的静止活动模式，如只有302个神经元的蠕虫（秀丽隐杆线虫）。若睡眠可以发生在这些并无复杂神经系统的简单生物体中，那么睡眠的原始形式一定具有小型神经元集合体涌现的性质 。

6.2 NREM

正如前几章所讨论的，NREM由三个阶段组成，但其中N1或N2期睡眠的潜在功能尚无任何理论依据支撑。因此，我们首先将重点放在N3期的潜在功能上，特别是慢波活动，继而是REM。

在神经生理学中，一个发现特定系统功能的屡试不爽的方法是阻断或删除该系统，然后看看失去了哪些生理功能。20世纪80年代，芝加哥大学的阿伦•雷希特舍费恩（Allan Rechtschaffen）及其同事（Rechtschaffen et al., 1989）研究了完全睡眠剥夺对大鼠的影响。该研究使用了一种不同的平台法进行睡眠剥夺，即实验大鼠待在一个平台上，一旦大鼠睡着平台就会浸入水中，大鼠因此被唤醒，永远无法入睡；对照组的大鼠受到同样的平台刺激，但允许其在某些时候睡觉。这对大鼠来说无疑是一个充满压力的过程，因此研究人员很难从睡眠剥夺本身的影响中排除压力的影响。对照组的大鼠很正常，并未发现任何健康问题；睡眠被剥夺的大鼠则在16至21天没有睡觉后死亡，且即使大量进食，体重也会下降，其皮毛变得油腻缠结，皮肤和爪上出现了溃疡，它们不再能够调节自身新陈代谢和内部热量系统，其中多数死于败血症，表明其免疫系统已经崩溃。

6.2.1 NREM睡眠可以促进免疫系统的最佳应答

这些结果和我们将回顾的其他结果表明，睡眠，特别是SWS，很可能有助于调节免疫系统应答。在人类和其他动物中，睡眠减少会导致促炎细胞因子的产生增加，慢性睡眠减少则会导致慢性炎症，实验动物的睡眠时长和免疫反应在感染后均有所增加或增强。据推测，睡眠时长在进化上的增加使动物能够将更多的代谢资源用于其免疫系统的组成、维护和修复；短期增加则似乎是由免疫反应中白细胞释放的免疫调制细胞因子所引发的（Opp & Krueger, 2015）。例如，白细胞介素I（Interleukin I, IL-1）的应用与慢波睡眠的立即产生有关，IL-1刺激生长激素释放激素、前列腺素D2和腺苷的合成和/或释放，这些物质都与调制NREM睡眠有关，拮抗这些系统可减弱或阻止IL-1诱导的NREM睡眠的增加；而腺苷的产生（如前几章所述）与慢波睡眠的稳态机制直接相关。如果更多的白细胞对抗原挑战产生更大的免疫应答，从而释放更多促进睡眠的细胞因子，有可能驱动睡眠时长不断进化增加。

普雷斯顿（Preston）等人（2009）评估了睡眠和免疫系统的关联进化。为此，他们从已发表的文献中提取了不同哺乳类物种的睡眠时间数据，并尽可能将这些数据与国际物种信息系统（International Species Information System，ISIS）所报告的白细胞计数相匹配。因为白细胞是所有免疫应答的核心，所以白细胞计数被用作免疫系统投资的替代指标，是衡量免疫能力的有效方法。白细胞起源于骨髓，与红细胞和血小板一样产生于造血干细胞，由于后两种细胞并无直接的免疫功能，所以研究人员将其作为自然对照，以测试睡眠和免疫系统之间关系的特异性。如果NREM睡眠的一个关键选择优势是允许对免疫系统进行更多投资，那么睡眠时间较长的物种应该会增加其循环中的免疫细胞数量，但对照细胞应该并无类似现象。在匹配了每个数据库的物种数值后，研究者得以分析了 26 个哺乳类物种的数据，同时控制了混杂因素（如体型和活动期）。正如所预期的，睡眠越多的物种在外周血中循环的白细胞数量也越多；各物种睡眠时间增加 14 小时，每毫升血液中就增加了 3000 万个白细胞（增加 615%）；重要的是，红细胞和血小板都没有明显的类似模式。以上关系还用系统发育独立的对比方法进行了测试，以说明物种数据中缺乏统计独立性的问题。这些分析确定了进化中与其他变量有关的变化（即不同谱系的睡眠时长与免疫变量的变化）。普雷斯顿及其同事发现，如果某谱系进化出较长的睡眠时长，其白细胞数量也会增加，这一关系同样也是免疫细胞特有的，即如果物种进化出更长的睡眠时间，会导致免疫细胞与其他血细胞类型的比例增加；发展出较长睡眠时长的谱系和物种也被证明较少被寄生，即使考虑了体重、体型、生态位和活动时间表等潜在的混杂因素，这些物种的寄生虫数量也远远低于睡眠时长较短的物种。这些数据有力地支持了这一观点：NREM睡眠的进化功能之一是提高免疫能力。

102

6.2.2 睡眠可以恢复能量

对睡眠作用的最常见解释是恢复能量水平，即能量储存在清醒时被耗尽，然后在睡眠时得到补充——理论上是这样的。当然，相对于清醒时的安静休息状态，睡眠期间的整体代谢率会下降。然而，相对于清醒时的休息状态，睡眠相关代谢下降过程所节省的能量并不那么可观。因此，一夜好眠后的恢复感必然不仅仅是因为可以从安静的休息中获得能量节省。

脑虽然只占身体总质量的约 2%，却消耗了身体总能耗的 20%左右。脑中的糖表现为糖原，即多个葡萄糖分子组成的带分支的长链，葡萄糖便是脑唯一的能量来源。脑部有两种主要的神经细胞——神经元和神经胶质细胞。胶质细胞约占脑组织的 90%，负责合成和储存糖原。如果某脑区的活动突然迅速增加，而流经该区域的血液中的葡萄糖不足以为该活动提供“燃料”时，胶质细胞便会迅速分解其糖原并向神经元提供“燃料”。

胶质细胞还为神经元形成了一种淋巴系统，正如体内的淋巴结清除体内代谢机制的有毒副产品，该淋巴系统也帮助清除神经元代谢机制的有毒副产品。在NREM的N3期间，这一淋巴系统的活动相对于日间活动增加了10到20倍，而胶质细胞收缩到NREM期间的一半大小，从而使脑脊液（Cerebrospinal Fluid，CSF）能够充分接触神经元并将有毒的副产品从系统中排走。这些神经元活动的有毒副产品之一是淀粉样蛋白，它会缠绕并杀死神经元，在脑中形成死亡组织团块，进而最终导致阿尔茨海默病等神经退行性疾病。

103

如前所述，胶质细胞还参与了糖原分解，以便为脑生产“燃料”。N3期SWS的一个主要潜在功能是使脑的能量储备以糖原的形式得到恢复。脑和身体产生能量的关键代谢机制是腺苷三磷酸（Adenosine Triphosphate，ATP），细胞外腺苷的积累则是细胞或组织能量耗尽的信号。脑中的腺苷会打开神经元细胞膜上的钾离子通道，从而增加正电荷的钾离子从神经元中流出的概率，而正电荷流出便留下了负电荷，因此膜上电势的负值更大。神经元本是超极化的，但当钙离子通道打开时，钙离子涌入神经元，神经元因而变得去极化并产生动作电位，正是这些动作电位在EEG中被测量为慢波。贝宁顿和赫勒（Heller）（1995）证明了腺苷的活性水平与脑的慢波活动相吻合。当他们将一种模拟腺苷作用的分子注入大鼠的血液或脑部时，大鼠显示出几小时的正常睡眠和非常高的慢波活动。在睡眠期间，所有脑区的腺苷水平逐渐下降，但在醒来时，腺苷水平逐渐且明显上升，主要集中在两个区域——大脑皮质和基底前脑。腺苷在基底前脑中的作用是影响从清醒到睡眠的转换，并在睡眠状态下维持该触发开关的稳定；腺苷在大脑皮质中的作用是产生和维持慢波活动，而慢波活动似乎是睡眠的稳态调节变量。

糖原分解是通过糖原磷酸化酶的作用完成的，而糖原合成则通过糖原合成酶的作用完成。去甲肾上腺素等促进觉醒的神经化学物质会激活糖原分解酶并抑制糖原合成酶，当这些神经化学物质被移除时——促进觉醒的脑干核团的活动减少——糖原分解酶被抑制，而糖原合成酶被激活。此外，ATP也会抑制糖原分解酶，所以如果细胞有充足的能量、ATP水平很高，便不会使用其糖原储备。在清醒期间，如果能量水平开始下降，胶质细胞会随时准备放弃其糖原；而在睡眠期间，胶质细胞会进入更换其糖原储备的模式。

104

腺苷似乎有双重作用：在基底前脑促进向睡眠的过渡，以及在大脑皮质提高睡眠强度。事实证明，大脑皮质不同区域的活动——可能耗尽这些区域糖原的活动——会导致区域睡眠反应，如额叶腹内侧部分等工作强度大的皮质区域，在随后的睡眠中存在更大的慢波活动。

N3睡眠可以恢复能量的最有力证据之一是睡眠剥夺后的睡眠反弹现象。强制唤醒会导致NREM睡眠驱力或睡意的增加，而这一睡眠需求可以通过随后的睡眠得到缓解，因此支持了NREM睡眠的恢复性理论。有趣的是，恢复性睡眠通常首先发生NREM，REM只有在NREM补足后才会跟进。换言之，睡眠剥夺会在恢复性睡眠中产生NREM睡眠时间（特别是NREM的 δ 活动）和REM睡眠时间的补偿性增加，但NREM首先被弥补。NREM的 δ 活动已被证明在正常的巩固觉醒期会增加，但在随后的NREM睡眠中减弱或下降。显然，哺乳类动物需要一定量的慢波睡眠（SWS）才能正常运作。

许多睡眠功能理论家认为NREM的功能是恢复生理功能。当然，一夜好眠后精神振作的主观感觉支持这些恢复性理论，正如睡眠剥夺后的睡眠反弹所发现的那样。N3期SWS恢复性理论的一个潜在问题是，冬眠的动物在冬眠后会出现 δ 睡眠（慢波NREM睡眠）的反弹。当然，冬眠是一种低能量的状态，其间几乎没有消耗任何能量，也几乎没有损坏任何组织，因此不应该需要恢复能量或修复组织的过程。诚然，冬眠的标准解释即一种旨在保存能量的状态！然而，经历冬眠或蛰伏的动物一般都要定期醒来进行慢波活动。

6.2.3 NREM可以恢复额叶的最佳认知性能

睡眠剥夺会导致各种认知任务的表现变差——尤其是依赖于额叶完整性的任务（Achermann et al., 2001; Anderson & Horne, 2003），而其损伤程度则取决于清醒和使用程度。在依赖于额叶的任务中，额叶的使用率越高，额叶补偿性 δ 活动的程度就越大。睡眠可以以依赖于睡眠剂量的方式恢复正常表现—— δ 活动越强，随后的认知任务表现就越好。显然，睡眠可以恢复认知能力，特别是依赖于额叶的任务。

105

6.2.4 NREM可以促进最佳神经元连接

神经科学家最常提出的睡眠功能也许是促进神经元的连接（Benington & Frank, 2003; Huber et al., 2004）。神经元之间的突触和通过细胞外信号调节分子形成的功能网络是脑/心智的生理基础。突触是在使用的基础上形成的，依赖于活动，活动越剧烈，突触连接就越强。突触的使用和重复使用可以使活跃突触的突触效能增强，从而更好地得以重复使用，但该连接加强会给脑部动态带来问题。突触回路的使用和重复使用最终将形成一组过度连接的刚性网络，最后形成一个完全连接的脑部，无任何残留的可塑性，而如果没有可塑性，学习自然成了不可能，因此刚性连接网络需要负反馈机制进行干扰并不断引入可塑性。在这些连接理论中，睡眠自相矛盾地做了两件事：干扰刚性连接网络，同时加强与使用相关的突触，既加强了一些突触，又削弱了另一些突触。睡眠如何在以依赖于使用的方式加强突触的同时，又引入避免产生刚性网络的机制呢？我们还不知道这一问题的答案。

6.3 REM

REM的功能作用比NREM更为复杂。我们已经看到，NREM剥夺会产生明显的恢复NREM睡眠的补偿性反弹效应，这显然弥补了一些损失的NREM睡眠。经过几十年的实验工作——涉及数百个快速眼动睡眠剥夺（RSD）实验（主要是在大鼠、猫和人类中），关于补偿性REM反弹是否代表一种必须弥补的睡眠形式（即强制性睡眠，见Horne, 2000），目前仍未达成共识。除了部分REM反弹效应外，REMD并无明显的心理或生物效应——至少人类的短期REMD是如此；长期（16至24天）REM剥夺则似乎要付出沉重的代价，大鼠的长期REM剥夺会导致死亡（Rechtschaffen et al., 1989），但由于SWS剥夺也会致死（在23至66天内），所以死亡是否由选择性REM剥夺所引起仍值得怀疑，而区分REM剥夺的厌恶/压力效应与REM剥夺本身的效应也很困难。长时间内选择性剥夺动物的特定睡眠类型同样非常困难。在长期的SWS/REMD研究中，死亡被认为是身体中心温度大幅下降（高达2℃）并试图通过增加能量消耗以补偿性升温所导致的。REMD后大鼠死亡的另一个潜在原因可能是全身性细菌感染，而给REM剥夺的大鼠使用抗生素并不能防止其死亡。 106

REM的功能可能不是恢复能量，其似乎并不会补充代谢掉的能量，反而耗散了大量能量。REM的神经成像研究表明，其达到的脑激活水平和脑葡萄糖利用水平超过了清醒状态的水平，但如果恢复性理论正确，那么从睡眠中获得的能量收益必定大于日间简单休息所能达到的水平。能量补充或能量保存理论的另一个问题是，体温和代谢活动在REM期并不会降低，代谢率也与REM时间无关。如果我们回顾一下，REM与NREM在整夜交替进行，那么能量必定选择性地在NREM期累积，又以某种方式维持在REM期，从而导致整夜代谢率的明显的净降低；否则在给定NREM期储存的任何能量都将在随后的REM期立即消散，导致动物没有净收益。

6.3.1 记忆巩固

一些睡眠研究者提出，REM的功能是巩固各种类型的记忆（Stickgold, 2005; Smith, 1995）。例如，在紧张的学习事件，特别是程序性的学习任务后，REM时间会增加。在关键时间窗内剥夺REM可以阻断大鼠对莫里斯水迷宫任务的学习巩固，这一时间窗通常发生在学习实验后的一段时间内（大约数小时）。相比之下，克里克 107

（Crick）和米奇森（Mitchison）（1983）假设REM有一种反向学习功能，可以去除相关神经网络中不必要的信息位，然而，他们并未考虑NREM的作用。

尽管注意力集中在REM，但在清醒状态下收集的睡眠相关的信息巩固似乎取决于在SWS和REM期均会发生的海马和皮质的相互作用，并涉及某种在REM睡眠中对清醒时获得的习得性联想的重放（Buzsaki, 1996; Plihal & Born, 1997; Smith, 1995; Wilson & McNaughton, 1994）。例如，威尔逊（Wilson）和麦克诺顿（McNaughton）（1994）发现，在大鼠学习新迷宫时活跃的海马细胞在随后的睡眠中也很活跃。PET扫描技术揭示了人类中也存在类似的效应（学习过程中所激活的脑区的重新激活）。斯蒂克戈德（Stickgold）发现选择性剥夺REM和NREM会干扰视觉识别任务的学习；与之类似，普利霍尔（Plihal）和博恩（Born）（1997）报告称配对联想和心理旋转任务（但不包括程序记忆任务）的学习依赖于随后的NREM（早期睡眠）而非REM（早上晚些时候的睡眠）时期来巩固。因此，虽然这两种睡眠状态似乎都参与了学习和记忆，但二者在巩固记忆方面的作用被认为相当不同。

虽然两种睡眠状态可能都参与了记忆的形成和巩固，但批评者指出脑干病变和随后失去REM的个体仍然可以学习；此外，由于睡眠呼吸暂停或抗抑郁药物而导致REM减少的个体也能学习。REM和NREM的特性对于学习来说似乎都不是最佳的。

人们普遍认为，NREM睡眠，尤其SWS，对依赖于海马的情景记忆和空间记忆的巩固至关重要，而REM睡眠对程序记忆和情绪记忆的巩固更为重要（Walker & Stickgold, 2004）。卡里尔•史密斯（Carlyle Smith）是研究睡眠相关记忆巩固效果的早期先驱，而普利霍尔和博恩（1997）则利用NREM（包括SWS）和REM睡眠在夜间不同时段的不均匀分布，在该领域进行了一项里程碑式的研究。他们分别评估了以早期睡眠（睡眠周期的前3至4小时）和晚期睡眠（睡眠周期的后3至4小时）作为间隔重复，个体在对词对的回忆（情景记忆任务）以及对镜描任务（利用程序记忆）方面的不同表现。

108

普利霍尔和博恩发现，词对回忆（即情景记忆任务）在富含SWS的三小时睡眠后比富含REM的三小时睡眠或三小时清醒后有明显的改善；程序记忆任务则在富含REM的三小时睡眠后比在SWS或清醒的三小时后有明显的改善。简而言之，情景记忆的保持似乎更依赖于SWS而非REM，而程序记忆则更依赖于REM而非SWS。虽然该实验和其他许多类似的实验表明每种睡眠状态（NREM与REM）会影响不同类型的记忆，但REM睡眠期间边缘系统、杏仁核和腹内侧前额皮质的强烈激活（Maquet et al., 1996）表明REM对情绪记忆的巩固也是至关重要的。

情绪记忆的巩固主要依靠杏仁核，似乎确实从REM睡眠中获益最多。在一项关于睡眠在情绪记忆巩固中的作用的典型研究中，瓦格纳（Wagner）等人（2001）发现，3小时的深夜富REM睡眠（而不是3小时的深夜富慢波睡眠或3小时的清醒状态）促进了对具有强烈负面情绪内容的事件的记忆。

REM梦在记忆加工中的作用又如何呢？也许梦根本不影响记忆的巩固过程，所以二者之间没有什么关系。另一种可能性是，梦与记忆巩固过程并无因果关系，但确实反映了这一过程，即梦是记忆巩固过程的副产品（如Foulkes, 1985），所以我们可以通过研究梦境内容在一夜睡眠中的变化方式以及在一个人一生中的变化方式来了解记忆巩固的情况。第三种观点认为，梦不仅反映了记忆巩固过程，而且与之有因果关系，甚至可能是巩固某些类型的记忆（特别是情绪记忆）所需要的，其中尼尔森（Nielsen）等人（2004）关于梦境滞后效应（dream lag effect）的工作很有启发性。梦境滞后效应源自一项实证发现，即编码到长期记忆中的项目有时会出现在个体的梦中，通常是在事件发生的第二天晚上，然后在五到七天之后。如果梦仅仅是正在进行的记忆巩固过程的反映，那么认为梦反映了每晚正在进行的记忆经历便理所当然，但我们却发现了这一有趣的滞后效应，其表明梦的作用比之前所预期的更为重要。另一个表明梦在记忆巩固过程中具有重要作用的证据来自哈特曼（Hartmann）（1998）对梦魇中主要表象的研究，这些表象显然有助于将强烈的情绪编码进长期记忆。

109

6.3.2 REM期间海马和大脑皮质之间的交互作用

海马受损（由于中风、头部受伤或手术等）会损害新记忆的获取早已不是秘密。神经可塑性研究的最新进展表明，脑中能够产生新神经元（神经发生）的区域之一是海马，而睡眠剥夺会阻碍海马的神经发生。

大多数关于睡眠如何促进记忆处理的模型均涉及海马、杏仁核和大脑皮质之间的交流，长期记忆在这些区域被储存和格式化，以便之后在认知过程中使用。这些模型认为海马是从记忆中提取背景的临时储存器，杏仁核则负责将背景从情绪中分离出来，而大脑皮质是长期储存无背景记忆的场所。海马和杏仁核（以及关键的皮质下部位，如腹侧纹状体中的多巴胺能“显著性系统”〔salience system〕）作为选择器、守门员或筛子，决定哪些信息最终被编码进长期存储系统，哪些信息被剔除。在睡眠期间的外部输入减少，因此记忆巩固过程可以“离线”进行，不受外部环境中持续输入信息的潜在干扰。两种主要睡眠状态均被认为在长期记忆的准备（如编码和格式化）和储存方面起着特殊作用，其中NREM在剥离情景和程序记忆的背景方面发挥核心作用，而REM则在剥离情绪记忆的背景方面发挥核心作用。

110 当脑在夜间的NREM期SWS和REM期之间循环时，皮质下杏仁核/海马与皮质的活动模式之间存在着复杂的相互作用，海马和皮质之间的交流涉及不同脑波的有趣编排。NREM睡眠的慢波，源自丘脑和皮质回路的睡眠纺锤体活动，以及源自海马的短暂尖波波纹（sharp-wave ripple）事件，似乎都是记忆巩固过程中的关键步骤。睡眠纺锤体指示了丘脑和皮质的激活，慢波振荡则指示了海马的同步化活动，后者使海马的活动发生在与丘脑/皮质的纺锤体活动同步的框架内，于是睡眠纺锤体活动和海马的尖波波纹事件一起发生。这些纺锤体-波纹事件被认为反映了海马和皮质之间的信息交流。简而言之，在NREM睡眠期间，海马和皮质之间存在着一种交互，该交互由慢波、睡眠纺锤体和尖波波纹协调。

虽然信息似乎在SWS期间从海马流向皮质，并有睡眠纺锤体和尖波波纹活动指示，但θ节律被认为在REM睡眠期间支持信息的反方向转移。θ波增强了海马的长时程增强（LTP），这是记忆形成的一个候选机制。有趣的是，如果4至7天每天暴露在一个新环境中，这种REM睡眠期间与θ波活动的同步化似乎从同相（即与θ波峰的活动相关）转变为异相（与不活动的波谷相关），而这种转变可能产生从LTP和记忆巩固到长时程减弱（Long-term Depression，LTD）和记忆清除的转换，其时间过程类似于前面所提到的梦境滞后效应，表明依赖于海马的记忆转移到新皮质进行长期储存所需的时间。

谢诺夫斯基（Sejnowski）和戴克思（Destexhe）（2000）提供了一个睡眠相关巩固过程的模型，其取决于SWS早期的纺锤体振荡，以及随着SWS的加深，慢波复合体和短暂快速振荡之间的交替模式。总之，这些考量表明该模型是一个依赖于睡眠的顺序记忆加工的模型，其中不同类型或方面的记忆（包括情绪记忆）会在夜间被逐步处理。在该模型中，近期的特定记忆可以在睡眠起始时被识别，以便后续再加工，然后可能在NREM睡眠期间（通过背景剥离）被稳定和/或加强，并在REM期间整合

111 到皮质网络，所以交替进行的REM和NREM可以实现几个周期的稳定和整合。

综上所述，虽然REM显然在记忆巩固中发挥着重要作用，但它是与NREM睡眠状态一起进行的。那么REM是否具有NREM睡眠状态所不具备的功能？答案似乎是肯定的。

表6.1 睡眠中的目标记忆重激活

目标记忆重激活（Targeted Memory Reactivation，TMR）是一种在睡眠中获取记忆的新技术。研究人员首先提供线索或刺激，如与被试睡前学习的事件、信息或材料有关的气味，然后使被试在睡着时再次接触相关线索（如气味），继而测试其（在醒来后）对原始材料的记忆。研究发现，在睡眠期间向被试呈现线索能够使其更好地记忆原始材料。例如，假设个体在有玫瑰香味的情况下学习外语并随后入睡，那么如果个体在睡梦中闻到玫瑰花的味道，其在醒来后的外语测试中便会表现得更好，这是气味促进了睡眠时的记忆巩固。

与自然睡眠相比，TMR可以带来约20%的性能提升，而这一提升可能会给正在经历记忆力下降的人带来巨大变化。然而，TMR本质上是一种使用特定感觉线索启动或激活记忆系统的过程，而社会心理学中的启动效应一般都是小效应，并被证明很难复制；TMR研究中的实验数据在不同研究中也并不一致，所以在TMR被认为是确定、有效和安全之前，有必要进行广泛的研究来解决许多悬而未决的问题。

源自斯考滕（Schouten）、佩雷拉（Pereira）、托普斯（Tops）和洛扎达（Louzada）2017年发表于《睡眠医学评论》的"关于目标记忆重激活的技术现状：通过睡眠提高认知能力"doi: 10.1016/j.smrv.2016.04.002. Epub 2016 Apr 21. Review. PMID: 27296303.

6.3.3 REM可以促进脑发育

前面的章节已谈到了REM在脑发育中的作用，此处我们将讨论REM与脑发育之间关系的一些潜在功能影响。早期（新生儿）抑制REM会导致后来（成年）行为或神经递质活动改变，或导致大脑皮质某些区域的细胞和组织体积减小。青少年时期出现的大量REM也表明其在脑发育中的特殊作用。

112

然而，目前还不清楚像REM这样的生理过程会如何促进脑发育。REM仅选择性地激活青少年和成人脑部的某些部分，但如果全脑发育才是所期望的（当然也应该是），且脑激活的作用是保留功能性突触回路，那么为什么不创造一个激活全脑而只是激活其中选定区域的系统？此外，REM相关的自主神经系统风暴、REM期间的体温调节反射崩溃和肌肉张力缺失现象均反驳了REM对脑发育的简单影响。况且，如果REM纯粹是为了促进脑发育，又为什么会持续到成年，或在个体幼年和成年时具有相同特性？一些幼年水生哺乳类动物可能根本没有REM，但它们的脑发育却很正常。

也许快速眼动仅对脑的部分发育至关重要，即专门用于视觉加工的脑中心（如额叶眼区和视觉中心），现有的数据也支持这一观点。

朱维特（Jouvet）（1999）提出了另一个版本的REM脑发育假说，即REM对于维护介导遗传行为的突触回路很重要。如果猫体内介导与REM相关的肌肉张力缺失的细胞被破坏，它们便会在进入REM睡眠时表现出本能的捕食行为；另一个在REM睡眠中表现出本能行为的例子是与REM相关的阴茎勃起。

6.3.4 REM可以调节情绪表达和/或情绪平衡

许多涉及REM剥夺的研究都导致了动机状态的增强和情绪状态的改变，所以一些研究者认为REM的功能是抑制或调制情绪觉醒和动机努力（motivational striving）。卡特赖特（2010）认为日间情绪与夜间睡眠数量和质量有关，沃格尔则证明了REM剥夺可以改善抑郁症患者的抑郁情绪状态（Vogel, 1999），REMD可能通过增强驱力和其他动机行为来缓解抑郁（即REMD消除了REM对驱力和情绪的紧张性抑制作用）。哈特曼（1998）认为REM值和REM梦境内容会随个体压力水平和情绪历程而变化，而REM梦的功能是重新平衡情绪反应。神经成像研究所得结果与REM调节情绪的观点一致，因为REM与边缘系统和杏仁核的高激活水平有关。范•德•赫尔姆（Van der Helm）和沃克（Walker）（2011）发现了支持REM在情绪记忆巩固和情绪调节中发挥作用的实验证据。相对于NREM而言，富含REM的睡眠期与更多的情绪记忆巩固和回忆有关。REM睡眠中含有丰富的乙酰胆碱活动（众所周知，乙酰胆碱对记忆编码过程至关重要），可能会对消极或恐惧的记忆进行去背景化，从而使其更容易巩固到长期记忆储存中。

113

6.3.5 NREM-REM的相互作用和基因冲突

我们已经看到，REM和NREM有时会以一种拮抗的方式相互作用，如REM会抵消NREM所完成的过程，反之亦然。REM和NREM似乎在一系列功能状态中表现出拮抗性的特征和过程（见表6.2）；实际上，二者处于相互抑制的平衡状态——NREM值增加，REM值便减少，反之亦然。REM睡眠由起源于LDT/PPT的胆碱能神经元促进，并分别由位于蓝斑核（LC）和背侧中缝（Dorsal Raphe，DR）的去甲肾上腺素能和5-羟色胺能神经元抑制；NREM睡眠则通过关闭促进REM或觉醒的细胞得到促进。例如，（通过GABA能介导的过程）抑制网状激活系统、LC、DR和丘脑中的细胞放电会导致丘脑和皮质神经元的同步爆发、觉醒相关 α 波丢失，以及前脑EEG频率逐渐降低，而消除胺类传出对LDT/PPT中胆碱能细胞的抑制作用会导致重新进入REM。

表6.2　REM-NREM功能状态对立的特征

	REM	NREM
	C57BL和C57BR与REM增加和SWS缩短有关	BALB/c与REM缩短和NREM延长有关
普拉德-威利综合征（15号染色体存在父源缺失/母源增加）	减少	增加
过度思睡		
快乐木偶综合征（15号染色体存在父源增加/母源缺失）	增加	减少
失眠		
哺乳（大鼠）	新生儿在哺乳期间通常处于REM，且REM占比在摄入乳汁达到体重的4%期间增加	母亲必须处于NREM期SWS状态才会有乳汁流出
在成年个体总睡眠时间中的占比	20%至25%	75%至80%
在睡眠阶段的分布	在夜间的后1/3占主导	在夜间的前1/3占主导
对感染的应答	减少	增加
睡眠剥夺相关的反弹（包括REM和NREM）	在弥补NREM之后进行弥补	在REM之前弥补
脑血流量	增加；社会脑网络结构重连激活	减少；社会脑网络结构离线
觉醒阈值	+	++
眼球运动	快速眼球运动，偶尔有阵发性或集群性REM	缓慢的眼球运动
EEG	“去同步化”	同步化
	时相型事件：REM爆发，肌肉抽搐，中耳肌肉活动，海马θ波 紧张型事件：肌肉张力低下或缺失（抗重力肌尤其），阴茎勃起	
		N1期：存在生动的梦境般意象的轻度入睡 N2期：存在K复合波和纺锤体的轻度睡眠 N3期：存在δ波的慢波睡眠

续表

表6.2 REM-NREM功能状态对立的特征

	REM	NREM
肌肉张力	减少	不变
热中性条件下的代谢率	增加	减少
体温调节反射	减少至不存在	存在
自主神经系统	变异性增加/ANS风暴/心率和血压增高	无明显变化
神经化学	胆碱能REM开启细胞 5-羟色胺和去甲肾上腺素REM关闭细胞	GABA对NREM启动很重要
睡眠异态/睡眠障碍	梦魇，发作性睡病；抑郁	睡惊症，梦游症等 意识模糊性觉醒
心理状态	具有叙事结构的生动梦境	N3期默想；N2期故事梦境较少；N1期意象生动
激素	生长抑素 催乳素	生长激素 生长激素释放激素

为什么只有两种主要的睡眠状态？为什么二者会以这种拮抗的方式互动？对该状态最简单的解释是，REM和NREM是由具有相反基因或进化利益的不同基因组所调控的（McNamara, 2004）。小鼠近交系C57BL和C57BR与REM增加和SWS缩短有关，而BALB/c品系与REM缩短和NREM延长有关，表明REM和NREM睡眠量存在独立的基因影响。

116

一些神经发育性睡眠综合征在睡眠和相关临床方面表现出明显相反的特征，数据表明产生这些综合征的根本原因在于一组控制这些截然不同的临床表型表达的基因。例如，克莱恩-莱文综合征主要影响年轻男性，其与普拉德-威利综合征（Prader-Willi Syndrome，PWS）相同的特点包括阵发性睡眠增多、强迫性饮食、认知改变（“梦幻”状态和丧失现实感）、自主神经失调的迹象，而与普拉德-威利综合征不同的特点为性欲亢进；另一方面，神经性厌食主要影响年轻女性，其特点是阵发性失眠、自我饥饿、认知变化和性欲减退。

与厌食和克莱恩-莱文综合征一样，快乐木偶综合征和普拉德-威利综合征均为神经发育综合征，涉及相反和对照的睡眠状态发生变化。普拉德-威利综合征与染色体 15q11-13 上等位基因的母源增加/父源缺失有关，其特点是吸吮反应较差、温度控制异常以及过度思睡，患有PWS的儿童和年轻人还会出现睡眠结构变化，最典型的是REM睡眠异常，如睡眠以REM期起始、REM碎片化、REM入侵NREM第二阶段睡眠，以及REM的潜伏时间缩短；与之相反，快乐木偶综合征与染色体 15q11-13 上的父源增加/母源缺失有关，其特点是吸吮时间较长、严重的精神发育迟缓、失眠或睡眠减少，患童每晚可能只睡 1 至 5 小时，并有频繁和长时间的夜醒。

这些综合征可以理解为与基因组印记现象有关的疾病（Haig, 2002; Isles et al., 2006; Ubeda & Gardner, 2010）。印记涉及某基因一个等位基因的负激活或沉默，这取决于其亲本来源，相关等位基因的表达也同样取决于其是遗传自父系还是母系。黑格（Haig）（2002）关于基因组印记运行方式的进化冲突模型表明，父源等位基因的作用是促进发育中胎儿或孩子的生长，而不考虑其对母亲或孩子的兄弟姐妹的影响；母源等位基因则会限制孩子生长或向任何已有的后代转移资源。母亲希望抑制生长，因为其在照顾某个孩子的同时还要照顾其他孩子（兄弟姐妹），鉴于抚养尽可能多的后代符合其基因利益，母亲必须将投资分给所有后代，而如果孩子睡着了，她便可以把注意力转移到其他兄弟姐妹身上，或自己睡一会儿；父亲的基因利益则是让当前的孩子无限制地获得所有可用的资源，因此父亲希望孩子醒着，并一直要求母亲提供更多的资源。父亲之所以想无限制地投资于当前的孩子，是因为其对与当前孩子的父子关系（他是真正的生物学父亲）比对未来可能的孩子更有把握。独立研究表明，大多数哺乳类动物和许多鸟类物种中雄性戴绿帽子的“婚外交配（extra-pair coupling）”发生率相当高，雄性不得不假设配偶的下一个孩子可能不是自己的，因此雄性希望配偶对现在的孩子倾其所有，从而相应地提高自身的适合度。

117

图齐（Tucci）及其同事（2016）发现父源Snord116 基因的表达缺失会导致REM睡眠增强，这意味着该基因的正常功能是减少REM睡眠；母源Gnas基因（由于丧失印记）的双重表达则会导致REM睡眠减少，这可能意味着印记单量Gnas的正常作用也是减少REM（假设Gnas基因表达量对REM具有累加效应）。

在脑中表达的印记基因可以塑造脑功能和行为。加菲尔德（Garfield）等人（2011）研究了胚胎发生过程中由母源等位基因表达的Grb10 基因，其编码一种细胞内衔接体蛋白质，该蛋白可与几种受体酪氨酸激酶和下游信号分子相互作用，其中酪氨酸激酶是一种限速酶，对包括多巴胺在内的几种神经调质的代谢很重要，而多巴胺是参与奖赏和动机行为的中枢神经调质。加菲尔德等人证明，外周表达母源等位基因的缺失会导致胎儿和胎盘的显著过度生长，而父源Grb10 缺失的动物在成年后会增加社会支配行为。因此，Grb10 对胎儿生长和成年行为均存在影响，这是两个亲本等位基因在生命周期的不同时期在不同组织中作用的体现。

我们在前一章中已经看到，REM睡眠可能涉及“社会脑网络”的相对选择性激活。社会脑网络包括皮质下丘脑、杏仁核、边缘部位，以及腹内侧前额部位，所有这些部位都可能受到父系基因的不同影响，母系基因则可能影响以背侧纹状体和尾状核为中心并投射到背外侧前额叶的顶叶-前额叶网络。凯弗恩（Keverne）及其同事（Keverne & Curley, 2008）表明，脑中不同的功能区域可能反映了母系和父系基因组的不同影响，父系基因影响着以下丘脑和边缘区域为中心的回路，而母系基因在新皮质中的表达更多。

118

如果NREM涉及社会脑网络关键结构的逐渐负激活或离线，而REM又逐渐重激活这些结构，且印记基因在每个睡眠周期中控制这些负激活和重激活的序列，那么睡眠可以解释为进化基因冲突的剧场，即母系基因与父系基因就社会脑网络中生物体脑结构以及日间社会行为（归根结底是繁殖）的控制进行争夺。

6.4 结论

在上述所有关于REM和NREM功能的理论中，我们一直假设睡眠状态在为清醒状态服务，即NREM期SWS会为清醒意识恢复能量，或REM支持清醒意识的情绪记忆巩固。然而，也有可能REM和NREM的功能更多地与睡眠状态本身有关，而不是与清醒意识有关。REM可能会撤销NREM所进行的工作，因为REM通常在睡眠周期中紧随NREM之后；或者相反，NREM期SWS可能进行一些对机体重要的事情（如免疫系统修复），但这一功能代价不菲，所以需要REM来完成、补充、修复或撤销NREM为完成其主要功能所必须做的事情。在这种情况下，SWS睡眠每晚都会修复免疫系统，但这是一项非常繁重的工作，导致NREM需要REM以恢复自身功能，使NREM能在次日夜间再次进行免疫系统修复。

这些情况引发了关于REM和NREM的基本问题：这两种形式的睡眠如何相互关联？二者相互抑制吗？它们促进还是抵消彼此的影响？它们对立还是互补？让我们以刚才提到的情况为例，即REM撤销或与NREM修复NREM完成其主要功能（免疫系统修复）所需的一些物质，在这种情况下，清醒状态创造了对NREM睡眠的需求，而NREM睡眠的表达（而非清醒状态的影响）创造了对REM睡眠的需求。换言之，个体醒着的时间越长，NREM的强度和时长就越强和越长；同样，NREM越长或越强，随后的REM就越强。δ 波指示SWS的强度维度，而眼动密度指示REM的强度维度；

119

如果REM指数是对SWS指数的反应或与之相反，那么REM睡眠的需要可能是由于

NREM期间SWS中出现的δ波或与之有关。贝宁顿和赫勒（1994）指出，REM（在24小时总时间内）的占比与NREM的占比有明显的关系，而与清醒时间的占比无关。

如果NREM睡眠是稳态调节的，而REM需求取决于NREM需求，那么这两个睡眠阶段之间的关系应该是部分相关但不完全对立的。REM需求应该在NREM睡眠中积累，而NREM需求应该在清醒时积累。随着NREM期间REM需求的积累，REM更有可能侵入清醒状态或中断NREM。进入REM睡眠的驱力，即REM睡眠需求的大小，将是稳态调节过程在两个睡眠状态之间起作用的另一个指标。在这一理论分析中，NREM睡眠撤销了清醒期间发生的事情，而REM则撤销了NREM期间发生的事情，在该情况下，REM为NREM服务，而NREM为清醒意识服务。

然而，还有一种理论上的可能性是，虽然NREM可能服务于清醒状态（如免疫系统修复），但REM并不服务于NREM，而是与NREM在生理学方面相对抗。如果睡眠状态受到如前所述的进化基因冲突的影响，这种情况就会发生（另见McNamara, 2004），即一组基因将塑造NREM的特征和功能，而另一组具有相反利益的基因将塑造REM的特征和功能（见表6.2），图齐等人（2016）关于印记基因与REM之间关联的工作部分支持了这一假设。

REM睡眠于1953年被发现，其与梦的联系不久后也被发现。我们很快就会看到，REM产生梦境的作用尚未被认为是其主要功能之一。

回顾思考

- REM-NREM相互作用的理论意义是什么？
- 关于REM撤销NREM期间所发生事情的证据有哪些优缺点？
- 为什么只有两种主要的睡眠状态？
- 比较普拉德–威利综合征和快乐木偶综合征的睡眠和生物行为特征。

拓展阅读

120

- Benington, J. H., & Heller, H. C. (1994). Does the function of REM sleep concern non-REM sleep or waking? *Progress in Neurobiology*, 44, 433–449.
- Haig, D. (2014). Troubled sleep: Night waking, breastfeeding and parentoffspring conflict. *Evolution, Medicine, and Public Health*, (1), 32–39. doi: 10.1093/emph/eou005. Epub 2014 Mar 7. PMID: 24610432.
- Halász, P., Bódizs, R., Parrino, L., Terzano, M. (2014). Two features of sleep slow waves: Homeostatic and reactive aspects – from long term to instant sleep

homeostasis. *Sleep Medicine*, 15(10), 1184–1195. doi: 10.1016/j. sleep.2014.06.006. Epub 2014 Jul 8. Review. PMID:25192672.

- McNamara, P. (2004). *An Evolutionary Psychology of Sleep and Dreams*. Westport, CT: Praeger/Greenwood Press.

第二部分

梦

第 **7** 章

何为梦？

123

学习目标

- 评估将梦定义为依赖于睡眠的认知的优缺点
- 识别梦现象学的形式属性并区分其与梦在内容上的异同
- 评估情绪在塑造梦境叙事形式和内容中的作用
- 评估创造梦的属性和现象学的故事或叙事结构

7.1 引言

科学家们似乎最常将梦定义为依赖于睡眠的认知（见表 7.1）。梦是睡眠过程中出现的思想和表象，但如果梦是依赖于睡眠的认知，那么梦的发生就需要睡眠。如果REM睡眠可以爆发或侵入日间的意识，并伴有REM相关心理状态，那么我们就可以在清醒时感知梦境或梦中的思想和表象，这便是通常所说的白日梦。尽管不能严格地宣称梦总是依赖于睡眠，但包含白日梦在内的梦通常与在睡眠中被激活的脑状态（REM）相关联。

梦通常发生在睡眠中，我们在第一章论述了睡眠是一个脑状态调节的恢复性过程，其可逆且稳态，内嵌于昼夜节律和社会生理组织，涉及物种特异性静止姿势、一定程度的知觉脱离和觉醒阈值的升高；而梦就是在这一生理框架内发生的认知，即在脑状态调节的恢复性过程中发生的认知，这个过程可逆且稳态，内嵌于昼夜节律和社会生理组织，涉及物种特异性静止姿势、一定程度的知觉脱离和觉醒阈值的升高。这个睡眠的定义告知了我们一些关于发生在睡眠中的认知的信息：其发生在一种稳态且可逆的脑状态中，该状态受昼夜节律和社会生理变量的限制，并以某种程度的知觉脱离为特征。简而言之，梦是脑睡眠时的产物，其对社会因素敏感，不会受

124
125

表7.1　梦是依赖于睡眠的认知

- 梦中表象生动，情绪增强
- 记忆访问增加，导致记忆增强，并在醒来后对梦的记忆减少（遗忘症）
- 读心
- 视觉感受占据主导
  ——味觉减弱
  ——嗅觉减弱
  ——疼痛减轻，尽管存在痛苦的场景
- 梦境叙事特点
  ——主题不连续
  ——情节变化快速
  ——偶有不可能性（违背物理规律）
  ——不协调（情节元素不一致）
  ——角色可能真实也可能荒诞
  ——缺乏自我反思
  ——高创造性（心理模拟）
  ——场景超现实
  ——创造和结合十分轻易
  ——解决一些问题
- 自发性
- 知觉脱离
- 隐喻
- 梦的工作［弗洛伊德（Freud）］/文学修辞［海登•怀特（Hayden White）］
  ——凝缩：合多为少（隐喻）
  ——移置：适合于某角色的情感被引导到更多中性角色上（借代）
  ——符号化（以隐喻表达含义）
  ——次级修正（反语）
  ——表征（对代）

这些现象在REM梦及发生在清晨时的N2梦中实现得最为完整，而在发生于睡眠周期前半段的N2中部分实现。N3梦境仅实现其中的少数特点，如思想和表象的呈现。

到某些形式的外部知觉刺激的制约。

我们不知道梦本身是否受稳态调节，虽然看起来是这样。梦的反弹是否与NREM的反弹同时发生尚不清楚，但其似乎与REM的反弹同时发生。长时间服用REM睡眠抑制剂的个体会报告其REM睡眠阶段的梦境减少了，但停药后又丰富起来；与之类似，如果我们经历了为期几天的睡眠剥夺而被允许再次睡觉，通常会经历非常生动和丰富的梦境。

因此，梦是依赖于睡眠并在睡眠中发生的认知，如果没有睡眠，梦大概不会发生。那么认知又是什么意思呢？首先，认知一词的定义包括了精神生活的一切：思想、心理状态、情感、表象、情绪、视觉模拟、记忆等。然而，我们需要立即对这一说法进行限定，因为并非所有形式的心理活动都会有规律地发生在梦中。例如，研究人员已经指出，阅读、写作、算术和反思思维在梦中出现的频率低于清醒状态，而某些形式的精神体验在梦中出现的频率高于清醒状态。例如，弗洛伊德指出，有些梦使我们得以实现生动的幻觉愿望，就像孩童饿了会梦见美味的食物。此外，一系列实验研究表明梦境使我们更容易在原本不相关的概念之间建立不同的联系，这种在头脑清醒时看不到关联的地方建立联系的能力是梦境促进创造力的基础。与之类似，梦境允许（或许更好的表述是“迫使”）我们与超自然生命（从怪物、恶魔到天使和神）互动，表明梦境涉及认知的一种独特形式，可能与精神和宗教观念有关。以上是说明梦境与清醒状态在认知方面有所不同的几个例子。

哲学家詹妮弗•温特（Jennifer Windt）（2015）认为她的沉浸式时空幻觉（Immersive Spatiotemporal Hallucination，ISTH）梦境模型可以解释梦境的现象核心和独特的体验属性。在温特看来，梦实质上是沉浸式的时空幻觉，涉及自我的时空位置从真实和基于知觉的参考框架转移到非真实的幻觉参考框架。温特所说的“沉浸式”是指自我体验总是以指示性的方式进行：相对于同一参照系中的其他自我或对象，自我存在于特定的地点和时间。梦是沉浸式的，因为其涉及自我的时空情境体验，而与清醒体验一样，梦中既有自我，也有世界，两者之间的界限能被感受到或被认为是理所当然的。温特认为，情境自我（situated self）在清醒体验中与真实世界有关，而在梦中则与幻觉世界有关。对于ISTH来说，沉浸式的自我不需要由历史、情绪或记忆组成，它只是时空中相对于其他点的一个点。温特甚至认为梦中的自我可能只涉及一个无空间维度的意识点或一个无形的点或实体，她列举了清醒梦者声称自己经历过没有表象或情绪的梦、佛教冥想者所报告的无我，以及梦者“只知道”自己做了梦而不能叙述梦的细节等。在她看来，这个最小的自我（minimal self），这个在想象时空中的点，与一个完全的幻觉世界有关，但这个自我可能不会对其所处

126

的幻觉世界形成任何信念。根据温特的观点，梦中自我的信念形成是一个问题，究竟是自我本身还是梦中其他结构形成了幻觉世界也不清楚。温特倾向于认为是梦或处于梦境的脑形成了幻觉世界，是梦（而非自我）将远端记忆源和内部产生的意象整合成一个幻觉世界，使自我与之发生联系。然而，根据温特的说法，梦中的自我并没有形成一个完全成熟的第一人称视角，因此很难对其所在的梦境形成信念或意见，事实上，梦会阻止自我进行沉思。温特声称，我们既需要那些罕见的对没有表象、情绪或事件的梦的描述，也需要那些对最小的自我在不进行建构或评价的幻觉世界中的体验的描述，从而抓住梦的核心现象，其涉及一个不稳定、非反思和迷失方向的自我。

尼尔（Nir）和托诺尼（2010）同样对梦境中自我感觉的不稳定性印象深刻，对这些研究者来说，自我在梦中发生的变化多为负面。在他们看来，梦的特点包括感觉自控力减少（推测应无法在梦中追求目标）、自我意识减少（不加批判地接受梦中的奇异事件）、反思思维减少（通常不知道自己是在做梦）、情绪高涨，以及对记忆的访问改变（大多是增加），尽管醒后基本遗忘梦境。然而，正如尼尔、托诺尼（2010）和温特（2015）所指出的，梦中自我受损的规则存在很多例外。我们可以有努力追求和实现目标的梦境体验，在梦中有自我意识和自我反思（斟酌选择并琢磨奇异的遭遇），且梦醒后情绪适当，对梦境并没有特别地遗忘。

127

其实，梦并不仅仅是在最小和受损自我（a minimal and impaired self）存在的情况下出现的奇异表象的混乱集合。相反，梦大多以叙述的形式、以知觉和主题的方式组织材料，其包含适当的表象、主题和对梦者生活世界的模拟。尽管如此，梦在各方面都不像清醒状态时的认知，以下是其主要现象特征（见表 7.1）。

7.2 梦中的情绪得以增强

情绪几乎出现在所有的梦中（Merritt et al., 1994）。使用霍尔/范•德•卡斯尔评分规则可以发现，大约 80% 的男性和女性的梦境中都会出现负面情绪。施特劳赫（Strauch）和迈耶（Meier）（1996）指出，梦中的情绪与梦中发生的动作是一致的，如果情绪悲伤，梦境便会包含悲伤的事件，如果情绪恐惧，梦境便会包含可怕的事件，诸如此类。一个显著的事实是，几乎所有的梦都包含情绪，但并非所有的清醒状态都包含情绪，也并非所有的情绪状态都像它们在梦里那样强烈。

7.3 梦中的记忆增强和梦的遗忘

霍布森（Hobson）（1988）指出，我们有时会在梦中获得清醒时无法获得的记忆，但醒来后往往会遗忘梦的内容。福克斯（Foulkes）（1962）则报告称非同期表象（更早期的表象）更有可能出现在REM梦而非NREM梦中。奥芬克兰茨（Offenkrantz）、雷希特舍费恩（1963）和威尔多（Verdone）（1965）报告了梦中记忆表象的日期和睡眠时间之间的关系，随着夜晚的推移，梦者更有可能报告更早期的个人记忆。虽然梦脑会挖掘旧的记忆，但醒来后的清醒脑往往会忘记梦中所进行的记忆翻找。

128

7.4 视觉在梦中占主导地位

梦境多由生动的视觉表象组成。在梦中，梦者会感觉自己仿佛正在经历一个场景或一个生活世界，其中触觉、嗅觉和味觉并不像清醒时那样经常出现，听觉体验虽然频繁出现，但占据主导地位的是视觉。清醒时的知觉包括对相对稳定的世界的全色和三维视图的知觉，视觉清晰度会随个体的注意力而变化，梦境中亦是如此。梦在梦者注意力集中的地方表现得更为清晰，而背景细节则相对模糊。不同于清醒时全色世界的是，高达20%至30%的梦是无色的。梦所包含的视觉扭曲和变换也比清醒时更多，如关注梦中角色的面部特征时，我们可能会看到其面部特征发生多次变化。

7.5 自发性

无论愿意与否，梦都会来到我们身边或发生在我们身上，它无法阻止，也不能随叫随到，其发生独立于我们的意志。虽然我们可以通过某些形式的练习来增加做梦的机会，比如梦境孵化（下一节将讨论），但总体而言梦境的发生并不受我们意愿的影响。正如福克斯所说，梦可以被解释为睡眠过程中发生的不自主认知和象征事件，其利用知觉和记忆碎片来构建新的叙事，这些叙事或多或少成功模拟了梦者生活世界的特征。

7.6 知觉脱离

129

几乎所有研究梦的科学家和学者都认为梦的关键特征在于缺乏对外部世界知觉

信息的获取，这就是哲学家詹妮弗•温特以及神经学家尼尔和托诺尼认为梦基本上是幻觉原因，梦中的自我是不反思、最小和受损的，无法通过输入的感觉信息来检查或纠正知觉，因此会天真地接受所看到的现实。总之，眼下普遍认同处于梦境的脑与环境完全隔绝。

然而，REM期间的脑可能并非简单地处于休眠状态并与环境脱节（Hennevin et al., 2007）。在REM期间，丘脑皮质对输入感觉信息的控制并不完全，但丘脑神经元的诱发反应仅比清醒时轻微减弱，皮质神经元仍然会对传入的听觉刺激做出反应。事件相关电位（Event-related Potential，ERP）研究表明，听觉辨别、对具有内在意义的刺激（如梦者自己的名字）的识别以及对刺激的分类在REM期间是完整的。此外，来自行为和神经成像研究的趋同证据表明丘脑皮质系统中普遍存在着一种神经元模式，即SWS期间的爆发-沉默模式。与清醒和REM期间的持续单峰活动相对，该模式不仅受到脑干、下丘脑和基底前脑皮质下部位的有力调制，还受广泛的皮质网络（如默认模式网络，包括处理感觉刺激的语义和抽象属性的第二感觉区）的调节。

虽然现在已经明了REM期间会处理听觉信息，但梦脑处理这些信息的方式与清醒时不同。与清醒状态相比，REM期间的脑对听觉信息的加工速度较慢、时间较长，并且对异常音调的反应明显更大。

听觉信息并非REM期间仍可以进入脑部的唯一外部感觉信息，化学感觉、嗅觉、躯体感觉和运动感觉都会继续被处理。事实上，REM期间唯一显著减弱的是视觉模态，但视觉信息也并非完全消失，如个体尽管闭着眼睛，依然能够处理周围环境的光能信息。

130

7.7 高创造性

梦并非只利用已有的记忆碎片来构建模拟和叙事，清点梦中的表象和事件就会发现梦大多由梦者从未遇到过的表象组成。梦是创造性且多产的，它们不仅是清醒意识的反映或浮动记忆碎片的分类，而且会接受专门的输入（如包括与REM相关的选择性脑激活、记忆片段、日间残留、短暂的内脏感觉以及其他尚未定性的内容来源），并使用选择性神经过程的专门算法加工该输入，然后把转化后的意象带入梦境机制系统，输出一种独特的认知产品——梦。

7.8 梦中的自我反思

大多数梦境研究者都认为梦中的自我反思能力会受损，即梦者常常不加批判地接受离奇或不协调的梦境事件，仿佛这些事件不足为怪。神经成像研究结果支持这一观点，其证明了REM睡眠期间背侧前额皮质活动水平的下调；另一方面，一些研究人员指出，这些研究同样表明了参与高级评估和反思加工的其他结构（如腹内侧前额皮质，尤其是10区）被明显激活了。此外，在清醒状态下，当高级注意和评估过程被激活以回应环境中的意外事件时，P300就会被激发，而REM期间P300诱发的电位波是完整的。这可能反映了梦境中自我反思的水平会像在清醒意识中一样有很大的波动，但做梦本身并不需要削弱自我反思能力。

7.9 梦中的读心

梦中的自我能够读懂梦者自己臆造出来的其他角色的“思维”吗？你或许会认为，既然其他角色是梦者从自己的脑海中幻化出来的，那么这些角色的心理状态对梦者而言应该不言自明。然而，虽然梦者频繁地对其他梦中角色进行心理归因，但并不清楚角色全部的心理状态。麦克纳马拉等人（2007）统计了梦者对其他梦中角色的心理状态进行归因的全部参考资料，发现心理归因在梦中无处不在，尤其是在REM梦中，但在很多梦境中，梦者好像并不知道其他梦中角色对自身有什么意图。

131

7.10 梦的基本本体

梦境内容研究的科学金标准分类/本体（几十年来）一直是霍尔/范•德•卡斯尔的编码系统类别（Domhoff, 1996），几十年的研究已证实其基本类别涵盖了不同文化和人口群体的梦境内容的本质，编码规则和系统也已在几十项研究中得到了验证。霍尔/范•德•卡斯尔编码系统的基本类别如下（括号内为典型实例和定义）：

角色（人物、动物、神话人物）
↓参与
社会交往（攻击、友善、性）
↓并参与
活动（走、说、看、想等）

以及这些活动、互动中的体验：

↓

成功与失败（梦者参与并坚持一个目标，追求过程中或成功或失败）

其他梦中角色也可以体验/经历

↓

凶或吉（梦者遭遇不幸或幸事）

↓

与这些体验相关的情绪（愤怒、忧虑、悲伤、困惑、快乐）

所有这些事件和互动发生在：

↓

背景（位置、熟悉程度）

也包含角色注意到的或处理的或与之互动的物体

↓

物体（建筑、家居、器具等）

基于以上基本分类，霍尔/范•德•卡斯尔得出了以下社会交往内容的比例：

表7.2 霍尔/范•德•卡斯尔社会交往内容比例

攻击/友善比例	梦者参与攻击/（梦者参与攻击+梦者参与友善）
友善比例	在所有梦者参与的友善互动中，梦者与其他角色交好的比例 梦者友善待人/（梦者友善待人+梦者被友善相待）
攻击比例	在所有梦者参与的攻击行为中，梦者是攻击者的比例 梦者为攻击者/（梦者为攻击者+梦者为受害者）
身体攻击比例	报告中出现的身体攻击（包括目击和涉及其中的）占所有攻击的比例 身体攻击/所有攻击
攻击指数（A/C）	每个角色的攻击频率 所有攻击行为（Aggression）/角色总数（Character）
友善指数（F/C）	每个角色的友善频率 所有友善行为（Friendliness）/角色总数（Character）
性指数（S/C）	每个角色的性接触频率 所有性接触行为（Sexual encounter）/角色总数（Character）

132

霍尔/范•德•卡斯尔系统的一个主要局限性是工作量大，需要对大量梦境报告进行数百小时的人工编码。为了规避这一局限性，巴尔克利（Bulkeley）（2014）采用词搜索技术开发了一种词频统计方法，该方法的以下类别产生了与霍尔/范•德•卡斯尔人工编码系统类似的结果：

知觉
情绪
角色
社交
运动
认知
文化
自然元素

除了霍尔/范•德•卡斯尔和巴尔克利对梦境的分类外，一些睡眠和梦的研究者认为完整的梦境本体包括两个类别：认知加工和故事结构。

在认知加工方面，麦克纳马拉等人（2016）使用文本词频统计程序“语言查询与词频统计（Language Inquiry and Word Count）”来记录表示认知加工的词的实例，这一认知过程类别提取了表示自知力、因果性、差异性、试探性、确定性、抑制、包含、排除等含义的词。为了补充主要的认知加工变量，我们还增加了虚词类别，其由语法标记（和、或等）组成，我们认为认知加工会随着叙事所包含的句法标记增加而增加。与之类似，动词分析能够解释语法加工的补充证据，因此有助于准确解释认知处理过程，该类别指“常见的”动词，如行走、前往、看见，并包括所有时态的动词，如过去（went、ran、had）、现在（is、does、hear）和将来（will、gonna），但助动词（am、will、have）并不属于动词类别。利用这些词频统计分类来解释梦中发生认知加工的迹象，研究者发现几乎所有的梦都包含大量认知加工。由此可见，梦似乎在进行着重要的认知工作。

133

最后一个描述典型梦境的主要类别是故事或叙事结构。

7.11 叙事结构

梦的展开如同叙事，有开始、中间和结束，梦者通常是故事的中心，试图做某事却面临障碍或冲突。故事，包括梦境故事，告诉人们“谁对谁以什么顺序做了什么”。值得注意的是，梦脑毫不费力地创造了故事，因此认为梦的自然认知产物可能是故事并不为过。

REM梦比NREM梦更擅长创造故事。奎肯（Kuiken）等人（1983）使用非常详细的故事语法来给报告中的梦的故事结构评分，发现REM梦比NREM梦表现出更多的故事结构。尼尔森等人（2001）报告称，相比N2期，有更多REM阶段的报告至少包含一个故事元素，且带有情节进展的比例更大，但仅限于高频梦境回忆者的深夜报告。因此，REM和NREM都以叙事形式产生梦境，但前者更为流畅。然而，此类叙事往往涉及主题不连贯或故事情节中断，以及不协调的转折和并列，有些人可能觉得这会产生更好的故事，而另一些人可能会认为这些怪异产生了梦中的怪诞元素。

处于梦境的脑/心智会产生故事，醒来后，故事不会强加于梦中的表象。为了构建这些故事，梦脑很可能进行了认知操作，这些认知操作可以通过弗洛伊德的"梦的工作"或4种标准文学修辞（文学家所声称的构建故事的引擎）来描述。例如，海登•怀特（1999）认为人们在认知自己的世界（包括自己的历史）时会使用4种主要的文学风格作修辞——隐喻、借代、对代和反语，若将这一丰富的修辞叙事哲学体系进行简化，即隐喻涉及材料与熟悉事物的比较、借代涉及将这些材料分解成若干部分、对代涉及将这些材料重新组织成一个新的整体、反语涉及对该新整体的反思。怀特指出，这4种修辞实际上相当于弗洛伊德的梦的工作内容，如移置（借代）、凝缩（隐喻）、表征（对代）和次级修正（反语），"弗洛伊德所确定的4种操作和寓言中的修辞一样，在文本的字面意义和修辞意义之间进行介导"（White, 1999, 第103页）。仔细阅读任何关于梦的文献都会发现大量实例，即利用4种修辞执行梦的工作，从而产生梦的叙事情节和结构。

许多梦具现化了文学理论家认为在各种文本中普遍存在的共同故事主线或情节。例如，克里斯托弗•布克（Christopher Booker）的《七种基本情节：我们为什么讲故事》（Booker, 2006）确定了以下7种基本故事类型：

"斩妖除魔"（如《贝奥武夫》）
"由贫至富"（如《灰姑娘》）
"探索旅程"（如《所罗门王的宝藏》）
"远行与回归"（如《时间机器》）
"喜剧"（如《仲夏夜之梦》）
"悲剧"（如《安娜•卡列尼娜》）
"重生"（如《美女与野兽》）

大多数梦者和研究梦的学者都赞同人们在梦中会经历这些故事情节，其中“斩妖除魔”是指主人公面对敌对势力，逃离或消灭它，该情节常见于可怕的梦中；“探索旅程”则常见于所谓的史诗梦境，主人公长途跋涉，遇到奇妙的场景和障碍，面对并克服这些障碍；“远行与回归”梦境主题同样常见，主人公离家出走，迷路了一段时间，然后试图回家；灰姑娘“由贫至富”的主题也很常见，主人公最终被授予自认为应得但曾被拒绝的荣誉。所有常见的故事修辞都可以在梦中找到，但相反的主题亦是如此：与灰姑娘主题相反的是装腔作势之人被揭穿是骗子，与“困境中人”主题相反的是主人公在跌倒后未能站起来，等等。

135

所有这些常见的故事类型及其反面内容经常出现在梦中，这与将叙事性梦视为受损梦脑的虚构或即兴创作的观点相矛盾。目前尚不清楚做梦期间构建的叙事本质上是否是梦本身为了“解释”梦中发生的强烈情绪而“匆忙”创造的虚构故事，这一观点认为梦的叙事无内在目的或逻辑，其在匆忙中被建构，是由受损的认知系统在没有反思思维的帮助下松散地串起随机表象的混乱集合，用莎士比亚的话来说就是“痴人说梦，毫无意义”。然而，如果梦仅仅是对一系列去背景化记忆表象或情绪的虚构或合理化，那么就没有理由认为梦中的内容是一致的，而几十年来精心进行的梦内容研究已无可置疑地证实了梦的内容具有跨群体和个体的一致性，并且对一系列梦的纵向分析清楚地表明梦是错综复杂、主题相连、情节一致的，包含了角色、事件、情绪，以及跨时间的叙事。

7.12 结论

梦是通常依赖于睡眠的认知，但并非所有形式的认知都会发生在睡眠中。在自发回忆的梦境中，视觉占据主导地位，梦中出现的气味或味道则很难被记住，阅读和计算（算术）也不常出现在梦中。许多梦包含了不寻常的情绪，可能会让人更容易回忆起旧的记忆——特别是在早上晚些时候的REM梦中。虽然梦中自我反思能力可能会严重受损，但我们不清楚是否所有的梦都有此特点。梦脑会自发、自动地以叙事形式产生梦，并可能以类似弗洛伊德梦的工作的认知操作的方式来实现这一点。

136

梦的理论模型必须与其形式认知属性相一致，包括叙事结构、创造性、“读心”、梦中的记忆增强、醒后对梦的部分遗忘、梦的情绪水平提高、视觉（和一定程度上的听觉）印象增强而其他感觉印象减弱，以及梦的非自愿性质（愿意与否，我们都会做梦）。

这些梦的形式属性也清楚地表明梦是不同于清醒状态下的认知。虽然离线模拟

（off-line simulation）确实会在清醒状态下发生，但它们不是强制性的，通常不涉及强烈的情绪，也不具有叙事结构。与之相反的是，白日梦聚焦于愿望、目标和计划，往往偶发且转瞬即逝，而不是有组织的叙事。我们应该考虑到梦可能是被睡眠脑设计出来的特殊产物之一：生动，基于视觉，叙事性地模拟我们的社会世界，其中梦自身与其他角色沿着涉及冲突与解决的故事线互动。

回顾思考

- 梦中梦者的自我感觉通常如何？
- 在只有梦者的情况下，为什么可以梦中读心（梦中某角色识别另一个角色的想法和意图）？
- 温特的沉浸式时空幻觉（ISTH）梦境模型有哪些优缺点？
- “知觉脱离”的属性对梦现象学的意义是什么？

拓展阅读

- Hobson, J. A. (1988). *The Dreaming Mind*. New York: Basic Books.
- Hobson, J. A., Pace-Schott, E. F., & Stickgold, R. (2000). Dreaming and the brain: Toward a cognitive neuroscience of conscious states. *Behavioral Brain Sciences*, 23, 793–842.

137

- McNamara, P., McLaren, D., Kowalczyk, S., & Pace-Schott, E. (2007). “Theory of mind” in REM and NREM dreams. In D. Barrett & P. McNamara (eds.), The New Science of Dreaming: Volume I: Biological Aspects (pp. 201–220).
- Westport, CT: Praeger Perspectives. Windt, J. M. (2015). *Dreaming: A Conceptual Framework for Philosophy of Mind and Empirical Research*. Cambridge, MA: MIT Press.

第 8 章

人类一生中的梦

学习目标

138

- 描述儿童与成人的梦有何不同
- 评估梦境中社会内容的意义
- 评估REM的神经解剖学与“社会脑网络”的神经解剖学重合的意义
- 描述从标准化霍尔/范•德•卡斯尔评分系统中得出的基本梦境内容的主题

8.1 引言

梦既反映了我们所处的人生阶段，也影响了该人生阶段的特征，就像如果没有围绕“我是谁？”和“我为什么在这里？”这些存在主义问题的狂野、戏剧性、激情和纷乱的史诗般的梦，青春期就不会是青春期。我们将在本章中看到，做梦似乎反映并可能促进了梦者清醒时的社会交往，这在梦者的整个生命周期中都是如此，从蹒跚学步直到步入死亡；当然，这并非故事的全貌，在整个生命周期中，梦的内容远不止社会交往，但一个惊人且一致的事实是，对社会交往的模拟是整个生命周期中梦生活的一个恒定特征。想要了解梦及其内容在人类平均生命周期中的发展情况，需要首先总结人类生命周期中从摇篮到坟墓的关键时期。表 8.1 显示了人类生命周期中各主要阶段的关键特征，并总结了相应的梦境发现。

8.2 做梦和社会脑

为什么儿童时期的梦中就充满了社会内容？人类婴儿出生时的神经系统还不成熟，因此至少在生命的最初几年里完全依赖于照顾者，这就是为什么确保与照顾者

140

表8.1　人类生命周期的阶段特征

阶段	时期	主要特点	梦境
胎儿/妊娠	妊娠9个月	神经发生；胎儿生长；胎儿/胎盘冲突	活跃睡眠的迹象开始于孕中期，并随着胎盘变化/母体活动而变化，在余下的妊娠期占主导地位
新生儿和婴儿	出生至哺乳期结束（通常为2至3岁）	身体、脑和行为的成长速度最快；语言习得；依恋取向建立	初次报告的幼儿梦境是家庭成员或动物角色的静态场景；孩子相信梦境来自自我之外
儿童	3至7岁	成长速度中等；二阶“心智理论”和其他社会认知技能	频繁做梦；在与熟悉之人的互动中清晰地表征自我；偶尔会出现梦魇
少年	7至12岁	成长速度中等；社会认知能力进一步发展；同龄群体的社会交往变得很重要	梦境变得更加复杂；除家庭成员之外，还涉及朋友和陌生角色；偶尔会出现梦魇
青少年	12至16岁	生长速度快；性激素和第二性征激活；社会认知能力持续发展	梦境复杂且生动；梦中动物出现频率下降；梦交（在梦中达到高潮）；梦到依恋或浪漫的对象
青年	14至19岁	生长速度快；身高和体重激增；社会性成熟；社会认知技能指向自我（“我是谁？”）	梦境复杂；角色齐全（自己、家人、朋友、陌生人、恋爱对象等）；男性梦中的身体攻击水平提高，女性梦中的语言攻击水平提高
成年	女性从青春期末到更年期末；男性从青春期末到衰老	生长速度稳定；性和生殖活动；养育子女	围绕当前关注的问题以及日常社会交往的反事实模拟所进行的复杂梦境；男女梦境内容差异
衰老	生殖后期和育儿期	身心逐渐衰退；生成性（generative）社会活动；隔代教养	生成性和反思性梦境；出现所爱之人活着和死去的场景
死亡	衰老末期	身心消解	精神上的、史诗般的和反思性的梦境；与已故亲人的互动

的“依恋”是人类儿童的重要目标的原因之一，而REM睡眠在依恋中的作用已在前几章中进行了讨论。身体和脑的生长在婴儿期非常迅速，随后在儿童期稳定增长，到了青春期又急剧加快。成长过程中的大部分精力都花在了脑功能的发育和维持上，如婴儿静止代谢率的85%以上支持大脑运行和发育，这一比例在5岁儿童中超过50%，成人中则超过20%。为什么所有这些努力都花在了脑发育上？一方面，人类的文化和技术无疑促使其将更多资源投入脑发育；另一方面，人类似乎也需要有较大的脑和长期的发育才能在复杂的社会中取得成功。 141

邓巴（Dunbar）（1998, 2012）阐述了“社会脑假说”，指出灵长类动物的新皮质体积大于预期（鉴于其体型），因为它们需要处理复杂的群体或社会生活。考虑到人类的新皮质体积，邓巴推断人类的社会网络平均能容纳150人，这一预测得到了人种学和社会证据的支持。例如，150人是一个狩猎采集者群体、军事组织连队、个人网络（个人直接认识的个体数量）、教会会众、小型企业公司等社会组织的典型规模。在这个庞大的个人网络中，有分层组织的子群体、同盟、联盟和小团体等，反映了对处于网络中心的个体的不同熟悉程度。这些联盟等需要由成员在半持续的基础上维持、更新和重新谈判，而所有这些都需要大量的认知资源。

细想这样一个涉及不断变化的社会联盟的分层组织网络对个体的认知要求。人类社会之所以成功，是因为可以通过合作来解决问题。合作的基础是信任，而信任只能随着时间的推移，在有关各方之间发生了许多社会交往之后才能获取、形成。这些社会交往必须被记住、存档，并在评估事业中潜在合作伙伴当前的可信度时被反复回忆。随着时间的推移，保持关系的稳定性还需要不断重新谈判合作协议的条款。人具有欺骗的能力，因此在权衡可信度的证据时也需要考虑到这种可能，这要求个体学会解读群体中其他人的意图或想法，以便处理冲突、预测对方的战略行动、修复紧张的关系等。

能够自如地了解某个个体的思想并进行合作或欺骗的能力被称为“心智理论”能力或ToM能力，邓巴指出这种能力涉及几个层面的复杂认知。一阶ToM涉及了解自己的心理状态（“我相信……”），二阶意向性或ToM涉及了解另一个人的心理状态（“我相信你理解……”），三阶意向性涉及个体A对个体B对A的想法的思考（“我打算让你认为我认为我们将要……”）等。大多数致力于社会认知领域的学者认为，人类也许能够实现五阶意向性，但仅此而已，而这种社会认知对脑的计算要求相当之高。 142

8.3 社会脑与REM梦脑的重合

正如前几章所讨论的，处理这些围绕社会认知的计算需求的脑区已被确定为“社会脑网络”（见表8.2）：杏仁核对于评估自我和他人的情绪非常重要，并且有助于调制社会交往中重要的激素水平，如催产素和血管升压素，其中催产素被称为信任分子，因为其能提高人与人之间的信任水平和情绪亲密度，血管升压素则似乎对社会记忆至关重要（特别是在男性中），其活性水平会随着睾酮活性而发生变化；梭状回支持面部的快速识别和加工，而面部对于社会交往而言无疑是至关重要的，因为其发出了有关个人意图和情绪的各种信号；腹内侧和背内侧前额区支持对自我相关信息的加工，以及理解他人的心理状态（即ToM任务）；额极区（BA 10区）在人类中表现出独特的复杂结构，是灵长类动物中进化最晚的脑区之一，参与了多任务处理、工作记忆和认知，因此可能支持三阶和四阶等层次的意向性加工；颞上沟包含镜像神经元，后者支持社会模仿行为，可能还有情绪移情；颞顶联合区支持ToM任务和语言加工；脑岛支持移情反应和道德情绪，楔前叶参与了从心理模拟到自我意识的一系列活动；最后，海马在保持记忆功能方面举足轻重。

143

表8.2 社会脑与默认模式网络的重合

两者中均出现的关键节点	已知的清醒状态下的功能
杏仁核	情绪；显著性评估
梭状回	面部加工
腹内侧和背内侧前额皮质	自我和他人信息的加工；心智理论
额极布罗德曼10区	多任务处理
颞上沟	镜像神经元
颞顶联合区	心智理论
脑岛	移情；道德评估
后扣带和楔前叶	自我意识；心理模拟；时间旅行
海马	记忆加工

许多神经科学家（如Mars et al., 2012）已经注意到，这个被称为社会脑的结构网络在很大程度上与之前讨论的所谓默认模式网络（DMN）重合，其在REM睡眠期间被激活和重连；梦境研究者（综述见Pace-Schott & Picchioni, 2017）也注意到，REM睡眠期间的梦脑基本上由DMN中所有关键节点的重激活组成，所以梦脑似乎也是社会脑。在静止状态下，当思想自由游荡时，DMN会被激活。大多数人的白日梦似乎都关乎社会交往，而夜梦（包括整个生命周期中的梦）主要涉及社会交往也就不足为奇了。

梦中出现的社会问题的主题开始于幼儿时期的梦境。如前文所述，人类的发育时间长于其他猿类，其目的是促进脑的生长，而延长发育时间和脑生长的需要是由人类社会生活的日益复杂化所推动的。孩子需要与照顾者形成稳定的依恋关系，以便在漫长的孩童发展阶段生存和成长，而他们的梦以多种方式促进着这种依恋的形成。目前关于依恋形成过程的认知模型认为，自我（儿童）和依恋目标（如母亲）的“内部工作模型”是依恋形成和维持的关键调节因素，而内部工作模型是在无意识中和梦中构建的。此外，儿童经常梦到对自身而言最重要的人（如家庭成员和亲密伙伴），并在梦中尝试与这些人互动的各种备选方案。

144

桑铎（Sandor）等人（2014）在对儿童梦境研究中所使用的方法进行综述时指出，与在睡眠实验室中使用EEG设备和测量的儿童梦境相比，在儿童熟悉的家庭环境或校园背景中进行的研究在表征儿童和对其自身而言重要的对象之间的社会交往方面获得了更为丰富的结果。这并不奇怪，因为儿童在离家和在实验室里时会感到不适，所以在评述儿童的梦时，我们将侧重于在熟悉的家庭或学校环境中收集的梦境。我们有理由相信儿童会诚实地分享其梦境，而不是为了取悦父母等而进行编造。年仅3岁的孩童就知道什么是梦，并能将其与清醒的幻想、事件和故事区分开来。在与儿童一起进行梦的研究时，有一些既定的标准有助于增加儿童所作叙述的可信度（见表8.3），我们由此可以像从成人身上获得报告一样从儿童身上获得可靠的梦境报告。

表8.3　确立儿童梦境的可信度

我们如何得知孩子是在分享一个真实的梦还是一些当场编造的清醒幻想？科莱斯（Colace）（2010）和桑铎等人（2014）提出了以下准则：

（1）开始报告时毫不犹豫

（2）一次性快速报告梦境（尽管在回忆零散或奇异的内容时存在困难，但成人同样如此）

（3）对故事自我定义为梦

（4）睡眠期间体验本身的安置

（5）梦境报告与日间某些相关经历之间的一致性

（6）对梦境体验有较好的理解

（7）具体梦境报告与一般梦境概念之间的一致性

（8）通过绘画讲故事的新途径在经过一定时间间隔后也与言语表达的途径保持一致

145

8.4 儿童的梦和梦魇

关于儿童梦境的良好对照研究非常少。从零星发表的儿童梦境的报告来看，似乎儿童在开始说话时就可以报告梦境。在实验室里进行研究时，据说大多数孩子的梦都是相对静态的，只有简单的情节线，以及与家庭成员的一些互动，到童年中期以前还有很多动物；然而，如果父母在家里收集孩子的梦境，我们得到的结果便完全不同：儿童的梦似乎和成人的梦一样充满活力和丰富多彩（但儿童的梦中确实有更多的动物角色）。

虽然福克斯（1982）在20世纪70年代发起了对儿童梦境的纵向研究，但他是在睡眠实验室中收集的大部分的梦，因此他对这些梦境内容的分析多受实验室的背景所影响。福克斯发现年幼的孩童很少回忆起梦，即便回忆起来也是静态的，可能不包含自我表征，其中发生的事情也不多。然而，在家中收集到的梦却并非如此。雷斯尼克（Resnick）及其同事（1994）发现，4至5岁年龄组和8至10岁年龄组之间的梦境回忆频率并无区别（分别为56%和57%），活跃自我表征（active self-representation）方面也无明显差异（89%）；孩子在高达85%的梦中是活跃的，而且自我角色几乎总是在梦中与他人的互动中被描绘出来。奥贝斯特（Oberst）（2005）发现男孩更倾向于梦见男性角色（其他同龄男孩），女孩则相等地梦见男孩和女孩；男孩的梦涉及更多身体攻击和与其他角色的攻击性互动（攻击/角色指数：男孩为61%，女孩为24%），年幼的孩子比年长的孩子表现出更高的受害程度（梦者在梦中成为被攻击的目标）。

施特劳赫（2005）发现儿童晚期的梦中逐渐出现了活跃自我（active self），社会交往也急剧增加，男孩的总体攻击/友善比例开始下降（9至11岁时为70%），女孩的比例开始上升（9至11岁时为36%），直到两者在青少年时期稳定在50%左右。科莱斯（2010）则发现，在家庭和学校获得的总体样本中，68%的幼儿（3至7岁）的梦境包含活跃自我。雷斯尼克等人还发现幼儿梦中最常见的角色是家庭成员（占所有角色的29%）和其他认识的儿童（28%）。

146

在实验室或家中收集的儿童梦境均含有大量负面情绪，而且大多据说对孩子们而言非常可怕。儿童比成人更容易经历梦魇，高达50%的3至6岁儿童和20%的6至12岁儿童会“频繁”出现梦魇。学前和在校期间（2.5至9岁）持续的梦魇可能与此后12岁时的精神病经历有关，而这种关联与家庭困境、情绪或行为问题、智商和潜在的神经问题无关；基于问卷的梦魇和噩梦研究则通常显示梦魇频率在5至10岁之间最高，并且与其他睡眠障碍、特质焦虑、情绪问题和行为问题有关。

8.5 成年期：男性与女性的梦

成人的梦境内容也具有强烈的社会性。成年男女会梦见自己的家庭成员和亲密朋友，并与这些亲密的人进行各种各样的社会交往，而出现在儿童或成人梦中的陌生人（未知角色）通常表示对梦者或其某个亲密家庭成员的威胁。威胁和攻击水平因性别而异，男性在梦中表现出更高的攻击水平，女性则表现出更多的受威胁感（来自陌生人）。横向研究记录了成人梦境内容的性别差异，如 20 世纪 60 年代，霍尔（Hall）和范•德•卡斯尔（Van de Castle）研究了 1948 年至 1952 年期间所收集的 100 名男性和 100 名女性大学生（*N*=1000）的 5 个梦的内容（综述见Domhoff, 1996），发现男性梦中的陌生室外背景出现频率高于女性，且男性梦中的角色、未知角色、身体攻击、武器和性行为的比例也更高。这些男女梦境之间的基本横向差异在最近的研究中很大程度上得到了证实。

表8.4　霍尔/范•德•卡斯尔的男女梦境常模

	男性常模（%）	女性常模（%）	效应大小	*p*
角色				
男/女比例	67	48	+.39	.000**
熟悉程度比例	45	58	-.26	.000**
朋友比例	31	37	-.12	.004**
家人比例	12	19	-.21	.000**
动物比例	6	4	+.08	.037*
社会交往比例				
攻击/友善比例	59	51	+.15	.014*
友善比例	40	47	+.06	.517
攻击比例	40	33	+.14	.129
受害比例	60	67	-.14	.129
身体攻击比例	50	34	+.33	.000**
社会交往比例				
攻击/角色指数	.34	.24	+.24	.000**
友善/角色指数	.21	.22	-.01	.852

续表

表8.4 霍尔/范•德•卡斯尔的男女梦境常模

	男性常模（%）	女性常模（%）	效应大小	*p*
性/角色指数	.06	.01	+.11	.000**
自我概念比例				
自我否定比例	65	66	-.02	.617
身体不幸比例	29	35	-.12	.217
负面情绪比例	80	80	+.00	.995
梦者参与的成功比例	51	42	+.18	.213
躯干/解剖学比例	31	20	+.26	.002**
其他指标				
体育活动比例	60	52	-.38	.000**
室内背景比例	48	26	-.26	.000**
熟悉背景比例	62	79	-.38	.000**
以下内容至少存在一个的梦境比例				
攻击	47	44	+.05	.409
友善	38	42	-.08	.197
性	12	4	+.31	.000**
不幸	36	33	+.06	.353
幸运	6	6	+.02	.787
成功	15	8	+.24	.000**
失败	15	10	+.17	.007**
努力	27	15	+.31	.000**

注：*p*值是根据两个比例之间差异的计算得出的公式；效应大小源自Cohen'h，h统计量由以下公式确定：h=cos-1(1-2P1)-cos-1(1-2P2)，其中P1和P2是0和1之间的比例，cos-1运算返回一个弧度值；*在.05水平显著，**在.01水平显著。表8.4最初发表于多姆霍夫（Domhoff）《梦境科学研究》（*The Scientific Study of Dreams*）（华盛顿特区：美国心理学会，2003）第73页的表3.2。经美国心理学会许可转载。

148

关于成人梦境内容变化的纵向研究很少。在（从37名男性和46名女性处收集的梦境系列中）研究认知加工变量对其他梦境内容变量的纵向影响时，麦克纳马拉等人（2016）发现认知加工与语法复杂性（动词和虚词）、人称代词我（I）、社会过程、知觉过程、健康和情绪（包括消极和积极）的标志呈现明显的月度关联，所有这些都表明梦境正被成人用于与社会交往有关信息的认知处理。男女认知过程中的月度变化速度存在着明显不同，男性表现出明显的正向变化率，女性则没有表现出明显的随时间变化率；此外，男女在表示认知加工的词汇方面的变化率也有显著差异。这些结果表明人们确实利用梦来"解决"或在认知上处理特定类型的社会情绪信息，而且该速度似乎在加快，至少在男性中如此。梦中受制于认知加工或与其相关的主题似乎主要涉及社会过程而不是健康或知觉过程。为什么男性对社会信息的认知加工速度会随时间推移而增加，但女性的认知加工速度却相对稳定？这不可能是基线内容变量的频率不同所造成的，因为我们在分析中调整了表示认知加工的词语的基线频率；也不可能是男女之间的年龄差异所造成的，因为我们在分析中也调整了年龄。 149

关于梦境内容的连续性假说认为梦的内容在很大程度上反映了清醒时的生活，该假说得到了经验证据的广泛支持。所以男女认知加工速度的差异很可能是因为女性在清醒时更擅长处理情绪内容，而男性偏好"离线"处理社会情绪内容。

我们的分析结果为连续性假说提供了部分支持，但也提出了关于男性和女性使用梦境来处理情绪问题的方式的新的重大问题，因为与女性相比，男性似乎会随时间推移围绕社会情感信息进行越来越多的认知加工。

8.6 依恋梦境

儿童和成人的梦境回忆及内容都因依恋状态或依恋安全/不安全而有很大的不同（例如，见麦克纳马拉等人 2014 年的综述）。自我报告依恋取向不安全的人倾向于以补偿性（焦虑取向的人会回忆更多关注浪漫目标的梦）或反应性（回避取向的人倾向于不回忆梦境或报告没有情感或浪漫内容的梦）的方式回忆反映其依恋取向的梦。塞尔特曼（Selterman）及其同事（Selterman, Apetroaia, & Waters, 2012）研究了梦中包含重要他人的伴侣特异性依恋表征/认知工作模型，其中依恋取向以"安全基础脚本叙事评估"技术进行测定，该评估将被试对字词线索和自由叙述的反应编码为浪漫目标或安全基础人物支持被试的探索、帮助被试或安慰被试等的元素/场景。塞尔特曼及其同事对 61 名大学生（均处于持续 6 个月或更长时间的恋爱关系中）进行了安全基础脚本评估，并对其梦境进行了安全基础脚本元素的编码，然后从所有这些被试处收集了两周的梦境，并对其所有包含恋人的梦境进行了安全基础脚本元素编码。 150

结果显示，关系特异性依恋安全感和有关恋人的梦境遵循安全基础脚本的程度之间存在显著关联，包含当前恋人的梦境中有很大部分被确定为安全基础内容。此外，通过客观的安全基础脚本叙述任务测量的日间依恋安全感与"脚本性（scriptedness）"或梦境反映安全基础脚本的程度之间也被判断有明显关联。

这些对梦境和依恋取向的研究表明，梦境支持构建、维持和调整依恋的认知工作模型。正如前文所述，这些工作模型包括自我与依恋对象之间的表征，如果自我和他人（依恋对象）都得到了认知上的评价并以积极的方式表征，便是安全依恋；如果对方的评价高于自我，而自我被视为过于依赖和需要对方，就会形成不安全和焦虑的依恋取向；如果自我的评价高于对方，便是不安全的回避取向，以此类推。麦克纳马拉等人（2001）表明梦境回忆率随着这些依恋取向的不同而显著不同，并且依恋取向、梦境回忆率和梦境中的表象强度之间存在关联。麦克纳马拉、佩斯-肖特、约翰逊（Johnson）、哈里斯（Harris）和奥尔巴克（Auerbach）（2011）发现，相比其他依恋类型的人，被归类为焦虑型依恋的人的REM潜伏时间缩短，更有可能梦见含有攻击性和自我贬低内容的主题。米库林瑟（Mikulincer）、谢弗（Shaver）和阿维侯-坎扎（Avihou-Kanza）（2011）报告了关于不安全依恋和梦中消极自我概念之间的类似发现。米库林瑟、谢弗、萨皮尔-拉维德（Sapir-Lavid）和阿维侯-坎扎（2009）则发现依恋相关回避和焦虑均与表示安全依恋的梦境内容较少相关，如梦中较少寻求支持、较少获得支持，以及较少缓解痛苦。如前所述，塞尔特曼和德里戈塔斯（Drigotas）（2009）发现依恋不安全感（回避和焦虑）与包含恋人的梦境中的冲突存在关联。塞尔特曼等人（2012）后来报告称，在当前关系中被归类为安全的被试倾向于报告含有更多安全基础内容的梦。塞尔特曼、阿佩特罗亚（Apetroaia）、莱拉（Riela）和阿伦（Aron）（2014）之后证明了依恋相关梦境内容会影响日间依恋行为，具体而言，他们发现被试报告梦到其恋人的频率与其和恋人互动的程度呈正相关，并在梦到恋人之后的日子里感受到更多的爱/亲密；如果依恋回避程度高的人在梦到其伴侣时有更大的消极影响，他们会报告称在随后的日子里与伴侣互动减少；而对于相互依赖度高的人来说，梦见与伴侣的性行为与随后几天的爱/亲密程度增加有关。在一项罕见的关于夜间梦境内容的EEG研究中，麦克纳马拉等人（2014）发现反映舒适度和实际"情绪亲密"内容的变量随着REM增加而增加，虽然所有三种依恋取向的REM依赖性亲密内容都有增加的趋势，但回避组（0.31）的增加率（斜率）小于安全组（0.52）或焦虑组（0.44）。

151

8.7 梦境内容随年龄增长而变化

老年人的梦不像儿童或年轻人的梦那样受到关注，但对于梦的科学来说，其与儿童或年轻人的梦一样重要。随着年龄增长，慢波睡眠开始从睡眠周期中消失，我们只剩下N2轻度睡眠和一些REM睡眠，所以REM梦不再需要对慢波睡眠的需要做出反应或受其制约，梦境模拟也应该因此更长、更自由、范围更广。老年人的梦似乎确实比年轻人的梦包括更广泛的主题，尽管中心主题仍然是社会交往——即使在老年人的梦中。

戴尔（Dale）等人（2017）报告称，在一组231名12至85岁的男性中，梦者与梦中其他角色之间的攻击性社会交往随着梦者年龄增长而下降，而友善性互动、角色总数以及角色中的性别表征则在整个生命周期中保持稳定。然而，这些总体趋势中值得注意的一点是，最后两个年龄组（40至64岁和65至85岁）的梦中完全没有性内容，同一研究小组也报告了关于女性的类似结论（Dale et al., 2015）。在女性的整个生命周期中，梦中的角色总数和男性角色均无明显的变化趋势，但女性和熟悉的角色会有所下降。随着年龄增长，女性梦中的攻击性互动和作为受害者的互动都略有减少（线性趋势），友善性互动和F/C指数也从青春期到老年有所下降。

152

多姆霍夫（2003）有机会接触到了“芭布•桑德斯（Barb Sanders）”的梦境日记。桑德斯是一位年近五旬的妇女，她记录了自己从20世纪70年代到90年代末的梦境。除了能够采访到芭布•桑德斯本人，多姆霍夫还采访了四位认识她多年的亲密女性朋友，所以他能够对桑德斯的梦境内容进行评分，研究这些内容如何随时间变化，以及在多大程度上反映了桑德斯自己生活中的主题。结果显示，桑德斯的梦相当忠实地模拟了她现在和过去的社会交往以及所期望的社会交往，包括与前夫的交往、对母亲的暧昧感情、对最喜欢的兄弟以及朋友和孩子的强烈爱意、对一个年轻男子的短暂迷恋等。在桑德斯几十年的梦中，社会交往中的攻击性和友善性水平都非常稳定，而与她生活中重要人物的社交质量则随着时间的推移发生了改变，其中一些关系变得更加友善，另一些则更加疏远。我们将看到，即使到了老年，关于亲人的梦仍然是梦境生活的一个不变特征。

8.8 死亡与梦

研究人员收集了即将步入死亡的个体的梦。早期研究发现，临终者的梦境主题包含更多超自然因素和背景，以及似乎“宣告”死亡来临的表象，如神秘的隧道、枯萎的植物和自然灾害，而有些梦似乎可以缓解人们对死后想象世界的焦虑。意识到自己即将死亡的人经常梦到妊娠、婴儿和儿童，还有报道称临终者的梦中存在树木结出果实、门开后出现充满光亮的道路，以及信教者遇见天使和仁慈的存在的场景，而与死去亲人团聚的梦在世界各地都很常见。

153

8.9 结论

大多数梦充满了梦者及其与生活中熟悉之人的社会交往。梦的内容会随梦者所处的生活阶段而发生重大变化，但社会交往在梦者整个生命周期的梦境内容中是一个常量。梦中发生的大部分社会交往都可以被描述为依恋互动，即这些互动反映并帮助形成梦者日间的依恋取向（如浪漫或对家庭的依恋等）。在老去和濒死之时，梦境继续模拟社会交往，但会有新的陌生角色进入老年人和濒死者的梦中，这些角色既有超自然的存在，也有之前去世的亲人的表象。因此，梦境在梦者的生命早期将其引入照顾者的社会世界，又在梦者离开这个世界的时候温柔地护送梦者到亲人的怀抱。梦伴随着我们和我们所爱的人，从出生的摇篮到死亡的坟墓。

回顾思考

- 儿童和成人的依恋取向与睡眠/梦境测量之间关联的实验发现有什么意义？
- 能让我们更加确信儿童的确在分享其梦境而非简单编造故事的证据有哪些？
- 为什么女性相等地梦到两性，男性却更常梦到其他男性？
- 什么样的实验证据可以证明梦的内容会影响日间行为，而不是相反（即日间事件会影响梦的内容）？

拓展阅读

- Colace, C. (2010). *Children's Dreams: From Freud's Observations to Modern Dream Research* (1st edn). London: Karnac Books Ltd.
- Domhoff, G. W. (2003). *The Scientific Study of Dreams: Neural Networks, Cognitive Development, and Content Analysis*. Washington, DC: American Psychological Association.
- Pace-Schott, E. F., & Picchioni, D. (2017). *Neurobiology of dreaming*. In M. Kryger, T. Roth, & W. C. Dement (eds.), Principles and Practice of Sleep Medicine (6th edn, pp. 529–538). Philadelphia: Elsevier.

154

- Sándor, P., Szakadát, S., & Bódizs, R. (2014). Ontogeny of dreaming: A review of empirical studies. *Sleep Medicine Review*, 18(5), 435–449. doi: 10.1016/j.smrv.2014.02.001. Epub 2014 Feb 12. Review. PMID: 24629827.

- Selterman, D. F., Apetroaia, A. I., Riela, S., & Aron, A. (2014). Dreaming of you: Behavior and emotion in dreams of significant others predict subsequent relational behavior. *Social Psychological and Personality Science*, 5(1), 111–118. doi: 10.1177/1948550613486678.
- Simard, V., Chevalier, V., & Bédard, M. M. (2017). Sleep and attachment in early childhood: A series of meta-analyses. *Attachment and Human Development*, 19(3), 298–321. doi: 10.1080/14616734.2017.1293703. Epub 2017 Feb 20. PMID: 28277095.

第 9 章

NREM梦与REM梦的特点

学习目标

- 描述从NREM觉醒的相关梦境的典型内容
- 描述从REM觉醒的相关梦境的典型内容
- 描述整晚睡眠中REM梦和NREM梦的相互作用
- 描述梦境内容在情绪调节中的作用

9.1 引言

虽然从REM睡眠阶段引出的梦境报告最为可靠，但梦境报告也可以从其他睡眠阶段引出，包括睡眠起始和N3慢波睡眠。然而，相比REM阶段，从NREM阶段醒来后的梦境报告更短、更不情绪化、视觉上也更不生动，但我们确实从NREM睡眠状态中得到了“梦”的报告。事实上，如果用抗抑郁药物抑制REM睡眠，也能够在无REM睡眠的情况下得到梦境报告。正如梦境可以在无REM睡眠的情况下发生，REM睡眠也可能无梦境报告，后者比例大约为20%（即从REM睡眠阶段醒来后无梦境报告），所以REM的激活并不一定导致梦（至少是梦境报告）的发生。此外，儿童虽然拥有大量的REM睡眠，但其在视觉空间和认知技能成熟到足以支持视觉叙事之前并不会持续报告梦（Foulkes, 1982）。与之类似，眶额皮质、基底前脑和枕顶联合区附近存在病变的患者有时报告称其完全停止了做梦（Solms, 1997）。索尔姆斯还强调，上行中脑边缘皮质的多巴胺能神经束与其腹内侧额叶终止部位的连接中断也可能导致梦的丧失，鉴于这一区域与本能的欲望驱力和动机状态有关，似乎可以合理地推断多巴胺能系统可能参与了某些梦的产生。这些患者失去梦不是简单地因为无法回忆起梦，因为其基本记忆和回忆能力基本完好无损，睡眠EEG结果也显示这些患者的REM是正常且仍在运行的。

REM睡眠出现而不做梦，或做梦但并未出现REM睡眠（就像NREM梦），二者都有可能发生。尽管如此，REM是产生“梦”的最可靠脑状态，且REM梦与NREM睡眠醒来后的“梦”还有所不同。

如果在夜间睡眠周期的任何时候叫醒某人，并问他们“你刚才睡觉的时候有什么体验吗？”他们通常（尽管并非总是）会报告某种心理状态。在觉醒和进入N1期睡眠的过渡阶段，个体可能（60%至90%觉醒）会报告生动、奇异的表象，某些情绪，以及生动的角色，但不太可能报告涉及这些角色的戏剧性场景或故事情节；在夜晚的N2期，人们通常会报告（约40%觉醒）一些情绪和情节、与其他角色和梦者互动的生动角色，情绪强度和故事情节不像从REM睡眠中醒来报告的那样强烈或清晰；在早晨晚些时候REM睡眠占主导地位时，从N2期醒来的心理状态报告更长，伴有更强烈的情绪和更清晰的故事情节；从N3期或慢波睡眠中醒来时，被试通常报告无心理状态，但偶尔（20%至50%觉醒）会报告静态场景或类似思维的心理状态、断开的记忆片段等；然而，如果人们从REM睡眠中醒来，至少80%会报告做了生动的“梦”，其中有强烈的情绪、生动的表象、清晰的长故事情节、戏剧性社会交往，偶尔还会出现奇异的意象。简而言之，与发生在睡眠周期后期的睡眠状态（主要来自REM，但也有部分来自N2）相比，大部分来自NREM阶段的早期夜间心理状态报告更短、更不生动、更不奇异，也不像故事那样包含不同的社会交往。

是什么导致了整个睡眠周期中心理状态的质量差异？一些学者认为这两种心理状态是由两个不同的脑区产生的，这被称为双发生模型（two-generator model）（Hobson et al., 2000）。另一些学者（如Antrobus, 1991）则主张单发生模型（one-generator model），即一个脑网络在整夜持续产生心理状态，生理和大脑激活水平决定了睡眠周期的每个节点上可以回忆起多少心理状态。第三种是“隐性REM睡眠（covert REM sleep）”模型，认为虽然睡眠心理状态与REM睡眠过程紧密关联，但NREM睡眠周期也可以产生“梦”或与此相关的心理状态，因为其借用了REM睡眠的脑网络。尼尔森认为，发生在睡眠起始（N1）及清晨REM时段附近的NREM睡眠期间的隐性REM睡眠过程产生了与这些睡眠阶段相关的心理状态，他在有关REM与NREM觉醒研究的综述（2000）中指出，如果NREM觉醒发生在早晨（REM睡眠占主导地位时），那么NREM心理状态报告将更难与REM报告区分开来。第四种梦境发生模型是索尔姆斯的动机奖赏理论，即梦的发生与中脑边缘前额的多巴胺能活动有关，鉴于这是一个奖赏回路，索尔姆斯假设该活动支持梦境中对愿望实现的幻觉的模拟（由后皮质部位介导）。

157

在单发生模型和隐性REM睡眠模型中，REM的激活水平对梦的发生至关重要。根据单发生模型，做梦取决于REM，那么REM被消除又会对梦境有什么影响呢？正如服用抗抑郁药物的人报告称做梦减少但并未完全消除，乌迪埃特（Oudiette）等人（2012）发现，即使药物部分或完全抑制了REM睡眠，长时间、复杂和奇异的梦依然存在。诚然，尽管NREM“梦”的确不如REM梦那么奇异、复杂和故事化，但也包含了丰富的社会交往、戏剧性场景和强烈的情绪。

“睡帽（nightcap）”睡眠/觉醒心理状态监测系统能够确切地识别REM和N2期，而通过研究从在家中使用该系统的8名男性和7名女性那里收集到的REM、NREM和清醒报告各100份，麦克纳马拉等人（2005）调查了REM和NREM的潜在内容差异。根据社会交往的数量和种类对这些报告进行评分，结果发现：（1）梦境报告比清醒报告更有可能描述社会交往（表9.1）；（2）相比NREM或清醒，REM报告更具攻击性社交的特征（表9.2）；（3）相比REM，梦者发起的友善性互动更像是NREM的特点（表9.1、表9.2和图9.1）。值得注意的是，梦者发起的攻击性互动在NREM梦中减少至零，友善性互动则是REM中的两倍。因此，NREM中的攻击性缺乏显然并不仅仅是由于该阶段发生的社会交往较少，因为NREM中的友善性互动更有可能是被梦者发起的（90%对54%，$p < 0.05$）。这一事实，加上NREM中完全没有梦者发起的攻击行为，表明NREM中存在着一个积极的过程，可以抑制不愉快和攻击性的社会冲动，同时促进愉快和合作性社会冲动的出现；与之相反，REM似乎会促进不愉快的攻击性冲动的出现。笔者在一项2010年的研究（McNamara, 2010）中使用EEG而非睡帽的方法验证REM与NREM觉醒，重复了这些结果。

158

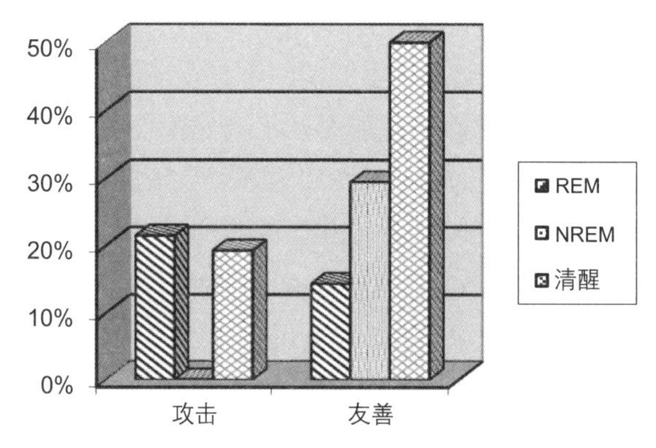

图9.1　REM、NREM和清醒报告中梦者所发起的攻击/友善占社会交往总数的比例。攻击：REM vs. NREM，$p<.0001$；REM vs. 清醒，$p<.1$；NREM vs. 清醒，$p<.0001$；友善：REM vs. NREM，$p<.09$；REM vs. 清醒，$p<.001$；NREM vs. 清醒，$p<.15$。六列中每列（NREM攻击列除外）结果的被试人数大致相等（6或7名）

表9.1　不同状态下的社会交往频率

	REM	NREM	清醒	REM vs. NREM	REM vs.清醒	NREM vs.清醒
社会交往总数	56	34	26	.002**	.0001**	.21
社会交往/社会报告	1.4	1.55	1.13	.18	.015*	.001**
含至少一次任何形式社交的报告	40	22	23	.005**	.009**	.86
含至少一次攻击性互动的报告	24	12	8	.025*	.001**	.34
含至少一次友善性互动的报告	17	15	17	.70	1.00	.70
含至少一次性互动的报告	2%	0%	0	.045*	.045*	1.00

注：*=<.05；**=<.01。

表9.2　霍尔/范•德•卡斯尔的社会交往比例

	REM	NREM	清醒	REM vs.NREM	REM vs.清醒	NREM vs.清醒
攻击/友善%	65%	33%	23%	.026*	.001**	.456
友善%	54%	90%	76%	.043*	.192	.354
攻击%	52%	0%	100%	.0001**	.014*	.0001**
身体攻击%	25%	18%	0%	.540	.007**	.043*

注：攻击/友善%=梦者参与攻击/（梦者参与攻击+梦者参与友善）；友善%=梦者友善待人/（梦者友善待人+梦者被友善相待）；攻击%=梦者为攻击者/（梦者为攻击者+梦者为受害者）；身体攻击%=身体攻击/所有攻击；*p=<.05；**p=<.01。

9.1.1 NREM梦和REM梦的内容差异：梦境演绎研究证据

160

乌古其奥尼（Uguccioni）等人（2013）报告了一些不易获得的关于梦境演绎的独特数据。在这些梦境中，患者可能会在睡觉时发出声音，好像在和别人说话；然后来回摇晃，如同在和对手搏斗；甚至可能会从床上起来，在房间里跑来跑去，仿佛在试图逃离威胁；诸如此类。这些类型的梦通常作为与REM行为障碍、梦游症或睡惊症有关的症状综合体的一部分而发生。被演绎的梦境对于梦的科学来说非常重要，因为它们让我们对梦的内容有了非同寻常的洞见：当患者在睡觉和做梦时，梦就像在舞台上一样被演绎。我们不必只依赖患者醒来后对梦所做的言语报告。

在这项研究中，REM梦境内容是否不同于NREM梦境是研究人员感兴趣的问题之一。研究者可以通过分析REM行为障碍（REM Behavior Disorder，RBD）患者所报告的演绎梦境来获取REM梦，通过分析梦游症或睡惊症患者所报告的演绎梦境来获取NREM梦（后者通常在NREM睡眠阶段演绎其梦境）。32名梦游症（Sleepwalking，SW）或睡惊症（Sleep Terrors，ST）患者和24名RBD患者被连续招募并就其演绎梦境接受精神检查，其中患者的梦境包括在夜间视频睡眠监测（videosomnography）中经历的梦，以及近期和一生中涉及睡眠异态和演绎的梦。研究人员共分析了两组121个梦（SW/ST组74个，RBD组47个），然后主要使用霍尔/范•德•卡斯尔标准和瑞文索威胁量表（Revonsuo's threats scale）对梦的内容进行评分。结果发现，RBD患者的攻击水平明显高于SW/ST患者，但这些攻击水平与日间清醒行为并无关联；与RBD患者相比，梦游症患者在梦中更为频繁地遭遇不幸（28%对8%，p=0.01），更少表现出攻击行为（17%对33%，p=0.06）；在包含攻击性的梦中，RBD和SW/ST患者更常扮演受害者的角色，而在包含不幸的梦中，梦游症患者大多会逃离威胁或灾难，RBD患者则在受到攻击时进行反击；SW/ST患者的梦境背景往往是熟悉的，RBD患者则不太熟悉。总之，攻击性（如反击）在SW/ST患者的演绎梦境中很少见（8%），但在RBD患者中很常见（至少33%）。鉴于SW/ST睡眠异态与N3睡眠和觉醒之间的分离状态有关，而RBD与REM睡眠有关，我们有理由认为梦境反映了这两种睡眠状态中的脑状态差异。正如研究者在讨论中指出的，对健康被试数千个梦的内容分析表明，REM与N2/N3梦的内容差异惊人地相似。REM梦似乎专门模拟攻击性互动，而N2/N3梦专门模拟非攻击性和友善性互动，这是一个值得注意并得到共识的事实。

161

研究者指出，他们的数据至少部分与梦境内容的瑞文索威胁模拟理论（Revonsuo, 2000）一致，该理论认为梦境通过模拟日间的威胁使个体能够更好地处理日间威胁，因为SW/ST和RBD患者的梦似乎都模拟了梦者受到的威胁，其中RBD患者的反应是反击，而SW/ST患者则是逃跑或醒来。然而，威胁模拟假说无法解释为什么REM梦者以反击回应而SW/ST患者以逃跑回应的关键问题。前额叶对边缘脑部位的抑制在REM睡眠时有所减弱的生理事实虽然可以解释REM梦中攻击性反击的机制，却并不能解释为什么在睡觉时会发生这种反应这一更为根本的问题。为什么REM期间边缘回路会解除抑制？梦的内容数据表明，大自然母亲希望生物体在睡眠时模拟与攻击相关的行为。然而，话又说回来，为什么这只针对REM梦？如果在睡眠时激活攻击回路是因为适应性，那为什么不在NREM阶段也这样做呢？

9.1.2 REM梦和NREM梦的相互作用

NREM梦很可能与REM梦在夜间相互作用。在发现REM睡眠之后，一些研究者（例如，Trosman, Rechtschaffen, Offenkrantz, & Wolpert, 1960; French & Fromme, 1964）认为，夜晚开始时的梦会表明一种情绪上的愿望或冲突，而夜间晚些时候的梦会接收并试图控制或解决这些冲突。奥芬克兰茨和雷希特舍费恩（1963）研究了接受心理治疗的患者连续 15 个晚上的梦和连续睡眠模式，结果发现患者童年记忆中的场景从未出现在夜晚早些时候，但有 8 个夜晚出现在凌晨 4:30 之后的梦中；他们还指出，一个晚上的所有梦都倾向于与一个相同或少量相似的情绪冲突有关，并声称发现了表明梦境的组织取决于前一个梦的工作结果，所以梦中的愿望随着夜晚推进需要的伪装越来越少的证据。雷希特舍费恩等人（1963）研究了 3 名被试（均在之前的NREM睡眠中表现出良好的梦境回忆）一个晚上的连续NREM-REM梦境，结果发现梦境元素在整个梦境序列中反复出现。例如，街角的表象出现在当晚的第一个NREM梦中，而梦者之后似乎在这里遇见了一个女孩。卡特赖特（1999, 2010）后来讨论了类似的结论，即情绪性梦境内容在一整晚的睡眠中具有连续性。 162

9.2 REM梦的特征

9.2.1 简介

从REM状态觉醒后的梦境回忆与觉醒前的 θ 振荡有关，而NREM梦境回忆与 α 振荡有关。由于海马中的 θ 活动更广泛地与记忆编码有关，所以从REM醒来比从NREM醒来后能更好、更详细地回忆梦境。大多数REM梦是在梦者熟悉的背景中发生的普通社会交往，梦者与其他角色谈论梦者关心的事情。虽然如此，与从任何其他睡眠状态获得的梦相比，被试从REM睡眠中醒来所报告的字数更多、梦中角色更多、社会交往更多、攻击水平更高、情绪更多也更强、情绪记忆巩固更多、叙事结构更宏大和更连贯（尽管伴有显著的主题不连续性和偶发的奇异元素）、自我反思水平更低。在先前的章节中，我们讨论了REM梦如何涉及激活和重连默认模式网络（即在日间走神时活跃的一组社会脑结构集合）中的关键节点，DMN结构和所谓的“社会脑网络”在相当大程度上是重合的，这些重合的脑区本质上是REM梦中被最稳定激活的一组结构。 163

9.2.2 REM梦与自我反思减少有关

几乎所有REM梦都涉及梦者自我与其他角色的互动，而这个自我通常处于互动的中心。虽然梦中自我是否该被描述为一个成熟的代理人仍有争议，但显然的是，梦者不仅意图在梦中采取某些行动，而且这种意图实际上在许多梦中是朝着一个目标而努力的，这种努力有助于创造梦通常采用的叙事结构。尽管梦者应该被视为拥有意向状态和部署计划以成为实现这些目标的完全意义上的代理人，但其仍然无法批判性地反思在梦中所经历的行动和互动，这方面最大的阻碍是梦者无法知道自己在做梦，并且将梦中相关的奇异事件非批判性地接受为“正常”。这种自我反思的减少与REM期间背外侧前额皮质活动水平的降低有关。

9.2.3 REM梦存在大量熟悉与不熟悉的角色

在REM梦中，女性梦见男性和女性的频率相同，而男性梦见其他男性的频率高于女性，并且通常与其他男性有身体上的攻击性互动。这一差异与人类的性选择和交配策略理论一致：男性相互竞争以接近女性。

卡恩（Kahn）等人（2000）通过对33个成人的320份梦境报告的分析，发现梦中48%的角色是梦者所知道的。报告平均长度为237个单词，平均包含3.7个角色。根据霍尔/范•德•卡斯尔标准，梦中大约一半的角色是梦者所熟悉的。大多数REM梦的背景中都潜伏着一些梦者无法识别的身份不明的角色，但梦者经常能分辨出这些角色为男性。在一些梦境系列中，高达80%的角色是不知名的男性，隐约威胁着梦者。在一项针对1000多个梦境的早期研究中，霍尔（1963）得出结论：（1）梦中出现的陌生角色大多是男性；（2）相比与不认识的女性、熟悉的男性或女性互动，梦者与不认识的男性互动时更有可能发生攻击性接触；（3）男性梦中出现不知名男性的频率高于女性。多姆霍夫（2003）已经证明，当男性陌生角色出现在梦中时，梦者发生身体攻击的可能性远超基于偶然性的预期。施特劳赫和迈耶（1996）则报告称，在大约三分之一的梦中，梦者只会遭遇陌生角色！

164

9.2.4 REM梦存在更多社会交往和更高水平的攻击性

如前所述，REM梦中的陌生角色更多被证明为男性，并且男性陌生角色的出现与对梦者的身体攻击之间存在统计关联，这些结果预示着REM梦中的攻击水平更高。虽然REM梦和NREM梦的总体攻击水平可能并无区别，但当梦者是攻击发起者时，攻击性互动更常见于REM梦境，即使梦境报告的长度保持不变。麦克纳马拉等人（2010）通过研究64名健康被试（28名男性，36名女性，平均年龄20.89岁，标准差2.56岁），重复了REM梦攻击水平高于NREM梦的结论。他们在睡眠实验室研究了被试的睡眠EEG，并进行了REM和NREM睡眠觉醒的比较，主要结果如图9.2所示。

图9.2展示了梦者在所有涉及的社会交往中所扮演的角色。其中，梦者在38个REM梦和37个NREM梦中涉及社会交往，在NREM梦中71%的社会交往中扮演着友善者的角色。

图9.2显示，如果只观察梦者直接参与（如发起）社会交往的梦，就会发现明显的REM-NREM差异。正如之前使用睡帽技术所进行的研究那样，我们通过标准EEG的方法发现，在涉及友善性互动的梦中，梦者只在42%的REM梦（N=24）中是友善者，而这一比例在NREM梦中是71%（N=14，p=0.070）；在梦者参与的攻击性互动中，梦者在58%的REM梦（N=12）和29%的NREM梦（N=17）中是攻击者。

165

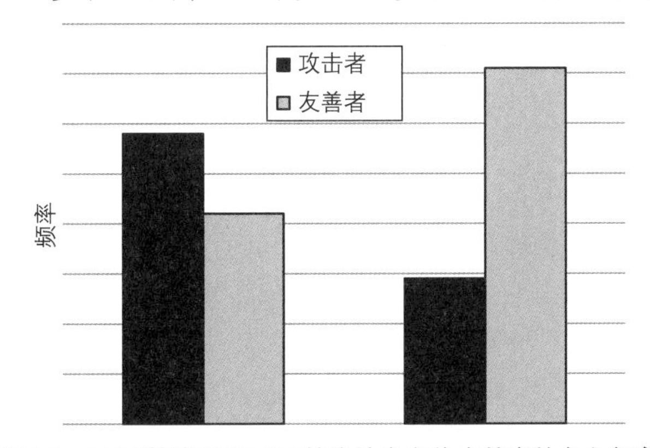

图9.2　REM梦境和NREM梦境社会交往中梦者的角色频率

值得注意的是，这些REM-NREM差异只有在观察梦者所涉及的社会交往时才会出现。我们必须从梦中自我的角度去理解梦中正在发生的事，如果通过霍尔/范•德•卡斯尔类别来分析整个REM/NREM梦集，便会发现在社会交往量表中，REM梦较NREM梦攻击性更少、友善性更多：在REM梦境的攻击性和友善性的社会交往中，只有37%（N=38）是攻击性的，而在NREM梦中，这一比例为57%（N=37，p=0.082）；在REM梦中，50%的攻击性互动（N=24）是身体攻击（而非言语或其他类型攻击），而在NREM梦中，这一比例为43%（N=23，p=.654）。我们认为大多数N2梦的攻击本质上是言语攻击，主要来自女性被试。然而，如图9.2所示，仅从梦者参与的社会交往来看，梦者往往在REM梦中是攻击者，在NREM梦中是友善者。

166

9.2.5 REM梦涉及更多情绪加工

施特劳赫和迈耶（1996，第138页）在他们的梦系列中评论道："几乎每两个NREM梦就有一个表现出与梦中情景在情绪上相关的自我，而每五个REM梦中就有四个涉及梦者在其事件中的情绪。"史密斯等人（2004）对25名梦者的REM和NREM梦中情绪内容进行评定，共识别出8种情绪，发现其中大多数在REM梦中表现得更为强烈。他们将这8种情绪分为积极和消极两类，积极情绪包括喜悦/情感高涨和爱，而消极情绪包括愤怒、焦虑/恐惧、悲伤和羞愧。他们发现，REM梦中的消极情绪明显强于NREM梦，积极情绪则并非如此。

范•德•赫尔姆等人（2011b）提出的证据支持REM梦在一定程度上促进情绪调节的观点。研究指出，REM与包括杏仁核（与情绪加工有关，尤其是恐惧等负面情绪）在内的前脑中枢去甲肾上腺素能张力的大幅降低有关；此外，通过杏仁核–海马相互作用加工情绪记忆的过程也发生在REM期间。因此，REM期间发生了两个对日间情绪调节至关重要的事件：（1）杏仁核的反应性由于中枢去甲肾上腺素张力的抑制而降低；（2）杏仁核–海马网络中的情绪记忆被重激活。后一个过程涉及在缺乏去甲肾上腺素的情况下对记忆的加工，记忆在被长期储存之前就被剥夺了与压力相关的唤醒能力。简而言之，REM被认为在去甲肾上腺素能活性被抑制的状态下降低杏仁核反应性并重新处理情绪记忆，从而降低消极情绪记忆的总体强度。

在这项研究中，范•德•赫尔姆等人对34名志愿者进行了两次重复的fMRI测试（测试1和测试2），测试每隔12小时进行一次，间隔期是EEG记录睡眠的一晚或是清醒的一天。在每次测试中，被试观看并评定150张标准化情绪图片带给自己的主观情绪强度，重要的是被试在两个测试阶段看的是相同的刺激物，研究者据此可以观察被试在清醒或睡眠后对先前经历的情感刺激（测试2–测试1）的情绪反应变化程度。

167

结果显示，间隔期睡觉的被试对情绪图片的强度评分显著降低，同时杏仁核反应性也降低，而间隔期清醒的被试的评分和杏仁核反应性均增加。有趣的是，夜间杏仁核反应性和评分的下降程度与REM期间前额叶EEG的 γ 活动（觉醒的生物标志，可能也是中枢去甲肾上腺素能活性的生物标志）的下降程度显著相关，所以REM期间 γ 水平最低的个体在夜间情绪反应性下降幅度最大。因此，该研究证明杏仁核活动在REM期间减少，并且这与情绪图片强度的行为评分降低和前额皮质（Prefrontal Cortex，PFC）EEG的 γ 能量降低都有关联；此外，与睡眠相关的情绪反应性降低可能是REM中其他过程的副产品。例如，研究者还通过测试（测试1和测试2）杏仁核连接与腹内侧前额皮质（ventral medial Prefrontal Cortex，vmPFC）的相互作用报告了较为显著的一组差别（清醒和睡眠），其中睡眠组的功能连接在夜间增加，而清醒组的功能连接在日间相应减少。这些数据表明，夜间杏仁核活动的减少与vmPFC连接的增加有关。如果PFC对包括做梦在内的很多高级认知功能至关重要，那么REM期间巩固情绪记忆可能也需要REM的认知产物，其中当然也包括REM梦。在REM睡眠期间，记忆被重新激活、脱离背景，然后被整合到长期记忆中。这些发现与尼尔森和莱文（2007）的观点一致，即梦的正常功能是消除恐惧记忆。

9.2.6 REM梦可能比NREM梦更具故事性

尼尔森等人（2001）报告称REM梦比NREM梦更具故事的复杂性，并且有更多的情节进展。然而，蒙坦杰罗（Montangero）和卡瓦莱罗（Cavallero）（2015）的研究显示，从N2或REM中引出的14个梦境报告没有一个是典型的故事，REM和NREM报告在叙述事件的顺序规则上也没有区别。

哪种说法才是正确的呢？REM梦比NREM梦更具有故事性吗？从表面上看，确实如此。相比NREM，将个体从REM睡眠中唤醒后更有可能得到一个关于谁对谁做了什么以及为什么的故事。然而，到目前为止，所有试图解释REM梦故事结构的研究都是不充分的。尼尔森及其同事（2001）试图研究聚焦情节发展概念的故事内容，其中情节发展定义为事件的三步因果链，即某事件会导致角色做出反应，而该反应又会引发另一个事件。然而，故事不仅仅是由因果序列组成的，它们会发展到高潮，并通常涉及戏剧性的张力及其消除；情节发展也是有目的的，而不是无限期地漫游下去。正如蒙坦杰罗和卡瓦莱罗（2015）所指出的，尼尔森及其同事的样本中大约有一半的梦没有包含一个单独且明确的情节。与之类似，蒙坦杰罗和卡瓦莱罗（2015）试图通过对连续时间单元之间语言连接的微观分析来解释梦境报告的故事质量，但故事远不只是话语中元素的顺序排列，而且他们仅研究了每种睡眠状态下的7个梦。最后，西波利（Cipolli）和波利（Poli）（1992）虽然使用了更为复杂的故事结构衡量标准，但仍然将分析局限于情节和事件结构分级，故事不仅仅是情节，将一个情节嵌入另一个情节也并不一定能解释真实故事中的戏剧性张力及其进展。

168

总之，虽然可以认为REM梦的现象学外观明显地表明其是结构良好的故事，但研究人员还不能充分衡量究竟是什么使REM梦像故事一样。

佩斯-肖特（2013）指出，REM梦的故事性在某些方面与额叶损伤后出现的虚构症相似。前额叶损伤后，虚构症患者会用现有的任何线索或迹象进行编造，以解释某些令人费解的行为，并在发现自己需要向自己或他人解释一些事情时轻易且自动地这么做，而且不会意识到刚刚的解释很大程度上是编造和错误的。这和REM睡眠

169

的情况一样，梦者毫不费力地产生一个虚构的故事，而没有察觉它不是现实。佩斯-肖特还指出，与REM睡眠相关的脑区和与虚构相关的脑区有一些相同之处。例如，自发性虚构是由包括后内侧眶额皮质（posterior medial orbitofrontal cortex，pmOPFC，vmPFC的一部分）及其皮质下连接在内的前边缘系统的病变引起的。佩斯-肖特总结说，REM梦“可能代表着一种强有力的、自然发生的虚构形式，想象的事件不仅在其中被创造和相信，还被生动地体验为有组织的、多模态的幻觉”（Pace-Schott, 2013,第 2 页）。

然而，REM梦与虚构的比较在某些方面可能存在问题。REM梦比虚构更像故事——至少这些年我在波士顿退伍军人医院的神经病学和失语症检查中看到和听到的均是如此。大多数虚构都没有达到故事的层次，而是事后的临时解释，更像是一种合理化，而不是带有主角、情节、高潮和结局的戏剧。此外，正如佩斯-肖特指出的，vmPFC/pmOPFC损伤会导致虚构症，激活则伴随着做梦。然而，REM睡眠时确实会出现背外侧前额皮质的激活水平下降，这可能会导致梦者无法监控和纠正对自己行为的自我理解。

9.2.7 结论

虽然REM梦和NREM梦在内容和现象学方面显然有所不同，但二者并没有穷尽梦的现象学内容。与REM梦相比，NREM梦的故事性、奇异性、攻击性社交均较少，而友善性互动较多（至少在梦者发起的互动中是这样）。下一章中，我们将介绍一些不寻常的梦的类型，以展示人们每晚经历的各种各样的梦境体验。

回顾思考

- 一些抗抑郁药会抑制REM睡眠，而当REM睡眠受到化学抑制时，梦及其在情绪调节中的作用会发生什么变化？

170

- 评估REM梦比NREM梦具有更高攻击水平的相关证据的优缺点，并讨论这一发现的意义。
- 梦在巩固记忆方面发挥什么作用？
- 梦境滞后效应是什么？对梦境功能理论有什么意义？

拓展阅读

- Nielsen, T. A. (2000). A review of mentation in REM and NREM sleep: “Covert” REM sleep as a possible reconciliation of two opposing models. *Behavioral and*

Brain Sciences, 23(6), 851–866; discussion 904–1121.

- Nielsen, T. A., Kuiken, D., Alain, G., Stenstrom, P., & Powell, R. A. (2004). Immediate and delayed incorporations of events into dreams: Further replication and implications for dream function. *Journal of Sleep Research*, 13(4), 327–336.
- Stickgold, R. (2013). Parsing the role of sleep in memory processing. *Current Opinion in Neurobiology*, 23(5), 847–853.
- Van der Helm, E., & Walker, M. P. (2011). Sleep and emotional memory processing. *Sleep Medicine Clinics*, 6(1), 31–43. PMID:25285060.
- Wichniak, A., Wierzbicka, A., Walęcka, M., & Jernajczyk, W. (2017). Effects of antidepressants on sleep. *Current Psychiatry Reports*, 19(9), 63. doi: 10.1007/s11920–017–0816–4. Review. PMID: 28791566.

第10章

171

梦的种类

学习目标

- 评估大量不同梦境体验的意义
- 评估梦现象学中梦境回忆的机制和意义
- 区分异常梦境类型（如清醒梦、睡眠麻痹梦和梦魇）的属性和内容
- 理解大数据对记录梦境种类和体验的影响

10.1 引言

想要理解梦，就必须熟悉梦的全貌。我们已经讨论了与REM和NREM睡眠状态有关的普通梦境，但人们报告的梦境类型非常多。为了建立对梦的充分理解和可检验的梦境理论，我们需要收集所有关于梦的突出事实，这些事实必须包括各种梦境类型的特征。梦境科学家一致认为梦在内容和形式上的现象学特征存在很大差异，就像儿童的梦与成人的梦有很大不同、男性的梦与女性的梦也有很大不同。梦境类型包括梦魇、"大"或情绪浓重的梦、清醒梦、共同或相互的梦、双胞胎的梦（双胞胎报告的梦）、"精神"梦、预知或预言梦、探视梦（梦中出现死去的亲人）等。梦会因历史时期而不同，比如古希腊人和古罗马人的梦与欧洲历史上复兴时期的人的梦不同；梦也因文化而异，就像生活在传统社会中的人的梦与现代人的梦有很大不同，172 生活在某一宗教文化中的人的梦也不同于生活在其他宗教占主导地位的文化中的人的梦。尽管所有这些本应显而易见，但梦的变化在睡眠和梦的研究领域是一个研究较少的话题；虽然梦境内容和类型的变化已被记录在案，但对这种变化的重要性的理论讨论却很少。我认为，关于梦境变化的基本理论的重要性在于其表明梦的功能可能是多重的。梦并非仅有一种功能，但没有一种理论可以解释梦境内容的巨大变化。

梦有多种类型，这一明显的事实也符合以下观点：梦是社会脑的产物，其功能至少有一部分是为了塑造、改变、影响或操纵社会关系。然而，这还不是梦的全部作用，其很可能在很多方面超越了世俗的社会功能，但我们对这些超理性功能了解得还不够，无法对其进行明智的评论。虽然我希望研究者们对所谓的反常现象和梦境进行进一步研究，但此处我只关注目前现有的经验数据。

本章将对一些梦境类型进行探索，从而使读者体会到任何梦境理论都必须解释大量梦境现象。前文讨论了男性、女性和儿童的典型梦境，现在我将讨论各种梦境类型以及非典型的梦境现象，因为往往只有在对非典型案例的研究中，我们才可以洞察研究现象的基本功能设计特征。不过，我们首先需要考虑回忆梦境的基本行为，因为回忆梦境是制约梦境变化的主要生物因素。

10.2 梦境回忆

为什么有些人能够频繁地回忆起梦境，而有些人却声称根本就没有做过梦？尽管从REM睡眠中自发或实验性诱导的唤醒结果显示被试有80%至90%的梦境回忆率，而且每个人都有REM睡眠，但仍有人声称其根本不做梦。调查研究显示，大多数人在家中每周会回忆起1至2个梦（Stepansky, Holzinger, Schmeiser-Rieder, Saletu, Kunze, & Zeitlnofer, 1998）。大约31%的人每月回忆起10次或以上的梦，37%的人报告每月做梦1至9次，32%的人报告每月做梦不到1次。这表明普通人群的梦境回忆呈现正态分布，其中大约有三分之一的人对梦境的记忆力很强，三分之一则相对较弱。在梦境回忆的分布中，有一小部分低回忆率的人声称自己从不做梦，这些人到底是怎么回事？他们是否只是不记得做过的梦，还是真的不做梦？

赫林（Herlin）及其同事（2015）做了一项巧妙的研究，证明了那些声称从未做梦的人其实会做梦，因为研究者目睹了无梦者实际上演绎了梦境！研究者利用了这些人患有帕金森病的事实，因为帕金森病经常（但并非总是）伴随着RBD，与运动麻痹有关的细胞通常会在REM期间抑制外显行为，但其在RBD患者中被PD相关的疾病过程所破坏，所以RBD患者每每进入REM睡眠时就会演绎梦境。研究者研究了报告称至少十年没有梦境回忆的患者和声称从未做过梦的“从未”回忆者，并将这些无梦者与普通的梦境回忆者进行了比较。这些与众不同的梦境回忆群体中的所有个体都有RBD，289名RBD患者中有8名（2.8%）患者没有梦境回忆，其中4名患者（1.4%）从未回忆过梦境，还有4名患者报告称在10至56年内没有梦境回忆。

因此，赫林等人确实发现了一些在其他研究中被归类为无梦者的个体，这些人声称自己几乎从未做过梦。研究者对这些人进行了一夜的观察，用视频睡眠监测或其他技术来验证其是否处于REM睡眠状态。“所有无回忆者每天或几乎每晚都表现出一些复杂场景和梦境般的行为和言语，这些行为和言语（争论、打斗和讲话）在快速眼动睡眠期间的视频多导睡眠监测（video-polysomnography）中也能观察到。”简而言之，这些人和其他RBD患者一样表现出RBD的典型梦境演绎行为。在典型的RBD病例中，如果我们询问患者能否回忆起他们在夜间做的任何梦，后者往往会描述梦境，这些梦境在不同程度上与患者在睡眠中的梦境演绎行为相吻合。然而，在赫林等人的不良梦境回忆者的案例中，患者会表现出典型的梦境演绎行为，却在早晨被问及梦境时否认回忆起任何梦境，也无法在从快速眼动睡眠中突然醒来后回忆起梦。为什么这些个体，这些不良梦境回忆者，无法回忆起表明自己做过梦的梦境演绎行为呢？鉴于 8 名患有快速眼动睡眠行为障碍的无回忆者在认知、临床或睡眠测量方面与 17 名对照梦者并无区别，所以不可能仅仅是因为其记忆力差或患有特别严重的疾病等而无法回忆起梦境。

174

那么是什么阻碍了不良梦境回忆者记起他们的梦呢？正如这项研究和其他研究所表明的，有一小部分人（最多 3%）发誓称其从不做梦，但这项研究表明他们只是无法回忆起梦境。为什么呢？

10.3 梦境回忆的神经相关因素

可能的答案是，不良梦境回忆者的脑与普通回忆者的脑略有不同。使用定量头皮EEG措施研究梦境回忆的神经相关因素可以发现，N2 期的梦境回忆与右颞区的 α 振荡活动水平较低有关，从REM期醒来时的梦境回忆则与额叶区较高水平的 θ 活动有关。θ 和 α 振荡与成功的梦境回忆有关，涉及颞顶区（Temporoparietal，TP）和腹内侧前额皮质（vmPFC）区域。有趣的是，往返于腹内侧前额皮质的白质束的病变或颞顶联合区与社会脑其他区域的断开都会导致梦境回忆的停止。与低频回忆者相比，高频回忆者脑中流向TP和vmPFC的局部脑血量水平更高，所以那些声称从不做梦的人很可能是因为（相对于其他人）降低了TP和vmPFC的脑活动水平。

西克拉里等人（2017）报告了一组非常有趣的关于做梦/梦境回忆的神经相关性的发现。自 20 世纪 50 年代以来，我们已经知道在REM期唤醒个体能够可靠地得到梦境报告，但N2 轻度睡眠阶段也有大约 70%的时间同样可以得到报告，甚至深层慢波睡眠状态（N3）也可以，尽管肯定不如在REM或N2 期间获得的可靠。简而言之，虽然REM、N2 和N3 的EEG特征截然不同，但三种睡眠状态下均可以得到梦的报告。

显然，标准EEG睡眠蒙太奇是一个过于粗略的工具，无法分离出那些与梦境报告最可靠相关的脑状态。 175

于是，西克拉里等人使用高密度EEG记录来分离做梦的神经相关因素，而不考虑标准所确定的睡眠状态。通过对比NREM和REM睡眠中是否做梦，他们发现如果后部“热区”显示低频EEG活动（传统上被称为“EEG激活”）减少，被试在醒来时报告称确实有做梦的经历；与之相反，如果该区域低频EEG活动增加，被试则报告称没有做梦。因此，在被试报告有梦时持续激活、报告无梦时持续负激活的神经部位（无论标准定义的睡眠状态如何）包括“热区”内的部位，包括枕叶皮质、楔前叶和后扣带回。通过监测这一后部“热区”的神经活动，可以预测被试何时能回忆起做过的梦。

使用高密度EEG在技术上极具挑战性，这就是为什么很少有睡眠研究使用该技术。它受到各种伪迹（artifact）的影响，所以研究人员在使用这些巨大的EEG蒙太奇时必须采取特别的预防措施（如专门建造隔音室等）来控制噪声。可以推测研究者不仅在被试睡眠期间使用了高密度EEG，因为他们显然在反复唤醒被试进行梦境报告时也避免了人为污染。

在这项研究中，梦境体验的神经相关因素被定位在后部皮质区域所谓的梦境体验“热区”，包括枕叶皮质（视觉中心）、楔前叶和后扣带。在我看来，这一部位成为梦境体验的“热区”很合理。例如，楔前叶激活与自我意识有关，是社会脑回路的一部分。我们已经知道，对顶颞枕（Parietal-Temporal-Occipital，PTO）联合区的损害会导致梦境回忆的停止，而本章所描述的“热区”可能在某种程度上与PTO重合。

研究人员在观察被试REM期间的“热区”时，发现其皮质活动模式远远超出了后部皮质“热区”而延伸到了额叶。此外，腹内侧额叶的病变也会导致梦境回忆停止。总之，西克拉里的研究结果与之前关于梦境回忆的神经相关因素的研究一致，但在先前的基础上增加了楔前叶。因此，我们将楔前叶、TP和vmPFC视为负责产生梦境和随后梦境回忆的回路中的关键节点，这些节点也是社会脑回路中的关键节点。 176

10.4 清醒梦者尤其易于回忆起梦境

报告称自己经常做清醒梦的人也最常回忆起梦境。这并不奇怪，因为如果想在梦中有意识或清醒的话，就需要经常做梦和回忆梦。那么是什么让这些人成了梦境回忆的世界冠军？研究表明，他们与普通梦境回忆者的不同之处在于解谜能力、在解谜过程中获得突然的自知力，以及对注意力的控制，可以推测其社会脑回路中的脑活动水平也很高。

对于希望回忆起更多梦境的人来说，如何才能提高梦境回忆率呢？在能直接提高社会脑回路的脑活动水平之前，需要做的就是设定回忆梦境的意图，然后用日记记录所记得的梦境，而这便是与智能手机设备相关的新应用程序可以提供帮助的地方。

一款睡眠和梦境的日记应用程序可以在两分钟内下载到数以百万计的手机上。举例来说，假设你有一个能够确切（通过加速度计）检测REM睡眠的应用程序，如果运动数据检测到REM睡眠，手机就会发出唤醒警报并打开录音功能，这样你就可以在遗忘之前直接向手机说出你的梦境。以上操作可以通过自动接入手机录音或专门用于录制音频文件的应用程序等来完成。大多数梦境应用程序可以将梦境音频文件直接传送到某网站上自动进行内容分析，并与其他来自世界各地的梦境一起汇总到一个巨大的数据库里。

DreamON是苏格兰某团队推出的一款智能手机应用程序，意在验证声景将以积极的方式切实改变梦境内容的假设。用户可以在激活该应用程序后选择一个夜间工作的声景（如宁静的海浪），并将手机放在床上。手机通过加速计来检测用户是否运动，从而识别其何时进入REM。一旦个体似乎进入了REM，声景就会被触发并通过手机的扬声器播放。个体在醒来后被要求记录梦境，梦境随后被发送到中央数据库。

177

哈佛大学博士生丹尼尔•纳德勒（Daniel Nadler）开发了一款名为Sigmund的类似应用程序，但该应用程序使用的不是声景，而是一个包含1000个关键词的列表，这些关键词可以在用户处于REM睡眠时播放。用户可以从列表中选择1至5个词，随后一个女声会在其REM周期中念出所选择的词。我曾与Dreamboard智能手机应用程序的创建者合作，该应用程序会收集用户一段时间内的梦境报告并确定不同梦境中出现的主题和信息序列。Dreamboard可以提示用户记住梦中的细节，并且我预计其随着时间推移还能从用户自己的个人梦境档案中选择提示词，从而极大地增强用户记忆梦境细节以及过去和现在梦境之间联系的能力。

10.5 传统社会中的梦

没有什么比研究梦在小规模传统社会中的作用更能说明梦的社会功能的了。我所说的传统社会是指以部落为基础的群体，可能有几百到几千人，过着和我们的祖先在两万年或更久以前相同的狩猎、采集或园艺生活方式。虽然传统社会和早期人类群体之间并无直接的一致性，但前者并不仅仅是后者的复制品，他们既不“原始”，也不落后，其生活方式很可能正是早期人类群体的生活方式，所以我们可以通过研究这些传统社会来了解我们的祖先。小规模的传统社会是我们所拥有的最接近人类祖先社会面貌的图景，它们可以揭示一些关于我们的祖先如何看待和使用梦的信息。

目前，我们已经有几位民族学家和人类学家对梦在传统社会中的作用和地位进行了出色研究，如斯图尔特•林肯（Steward Lincoln）（1935）、埃根（Eggan）（1949）、德弗罗（Devereux）（1951）、基尔伯恩（Kilborne）（1981）、柯睿格（Kracke）（1979）和欧文（Irwin）（1994）；此外，人类学文献也已经多次回顾了梦在社会关系和文化产物（如仪式、亚社会、宗教神话、群体联盟、医疗实践等）产生中所扮演的角色，如巴尔诺（Barnouw）（1963）、布吉侬（Bourguignon）（1972）、德•安德雷德（D'Andrade）（1961）、埃根（1961）、格鲁内鲍姆（Grunebaum）和卡洛瓦（Callois）（1966），欧文（1994）、洛曼（Lohmann）（2003）、劳克林（Laughlin）（2011）、特德洛克（Tedlock）（1987, 1992）等的研究。只要研究这些人类学家和民族学家所仔细记录的世界各地土著民族的民族志，就会发现梦几乎被普遍认为是管理社会关系的规则以及各种文化创新（特别是宗教创新）的来源。欧文（1994）在研究北美平原的印第安人文化时指出，“做梦在美洲原住民背景下可称为高级知识的创造性基础……梦和幻觉不断揭示出许多类型的新应用，如创造性的技术、狩猎方法、战争策略、治疗方法和草药配方，以及其他文化创新。例如，拉科塔人（Lakota）把生火的起源归功于幻觉经验”（Irwin, 1994）。

178

在许多传统社会中，某些成员会通过入会仪式成为分享和解释梦境的专家。例如，危地马拉基切玛雅人中的“守日者（daykeeper）”不仅解梦，还积极鼓励部落儿童记住梦中的活动，并认为这些梦中的活动与日间清醒时的活动同等重要。墨西哥的惠乔尔（Huichol）印第安、扎伊尔的扬西（Yansi）、中非约鲁巴（Yoruba）民族的许多部落群体、智利的马普切（Mapuche）印第安、北美的奥吉布瓦（Ojibwa）、北达科他州的拉科塔（Lokota）等传统社会每天都有分享梦境的仪式，即大家在早晨聚集在一起分享梦境，并偶尔演绎梦境。例如，如果某个梦被认为对梦者的人生使命或部落的福利具有重要意义，梦中的场景就会被转化成舞蹈和仪式并进行表演；部落甚至可能拨出宝贵的时间和资源来创造新的服装、面具、装饰品和其他文化产物，以充分展现梦中的场景、角色和剧情。

在传统社会中，梦可以赋予某人极其重要的社会地位——而在我所研究过的所有民族志中，均没有关于试图伪造重要梦境的记载。关于这种可以提升地位的梦境经验，最佳研究例子是传统社会的巫医。巫医是传统世界中精神和魔法艺术的专业实践者，是药师和巫师的混合体。他们成为巫医往往并非出自个人选择，而是因为在某个晚上做了一个梦，并在与大家分享后被指定为巫医。他们必须向现有的巫医学习部落的医疗和宗教传说，进行医疗干预、仪式指导、神话吟诵，偶尔也要将狩猎队引向最佳狩猎区。西伯利亚巫医的启蒙梦境几乎总是包含身体肢解的幻象，接着是五脏六腑的更新、升入天空与神或灵体对话、下降到冥界与死去巫医的灵体和灵魂交谈，这些强烈的内在体验随后会带来梦境中的各种启示。

179

在加拿大，说着阿尔冈金语的奥吉布瓦印第安人认为梦中角色和事件的意义几乎等同于日间发泄（daytime vent），但他们并不把梦中的事件与清醒时的事件混为一谈。“帕瓦格纳克（Pawaganak）”或“梦中访客”是人类以外的角色（我们可以称之为超自然生物），其在梦中来到奥吉布瓦梦者身边，传递信息、天赋或要求。这些交流在访客和梦者之间建立了互惠关系，而一旦梦境被分享，这些互惠义务就会被公开，并被要求严格遵守；不遵守的行为会被部落视为不良行为，这种不良行为会累积到个体的声誉中，并在个体适当地履行义务或完成其他仪式的干预之前如影随形。帕瓦格纳克在奥吉布瓦文化中备受追捧，不仅因为其可以建立改变个人社会地位的关系，还因为这些天赋常常在个体身上产生特殊力量——预见未来、治愈疾病、获得最佳狩猎或资源的力量。梦者偶尔还会获得巫术的力量，因而可以通过执行在梦中发现的仪式或咒语来伤害敌人。死亡之歌、治疗之歌、狩猎之歌和其他强大的歌曲也可以在梦中与访客一起来到梦者身边，然后在梦者的余生中伴随左右。

正如西伯利亚巫医通过入梦仪式进入巫医生活，奥吉布瓦男孩也需通过入梦仪式获得特殊天赋。即将进入青春期成为男人的男孩将接受梦境斋戒，并在进入仪式后被称为“基古萨莫（kigusamo）”。在接受其启蒙梦境之前，基古萨莫必须通过斋戒、净化仪式和避开女性以变得纯洁或“佩基泽（Pekize）”，随后由一群男性亲属带至野外的睡觉平台（通常是赤身裸体直面大自然），在启蒙梦境到来之前不被允许进食。男性亲属可能会表演在梦中获得的歌曲来加强男孩的力量，但男孩通常会被完全孤立。然后，启蒙梦境出现了，超自然的生物出现在梦中。基古萨莫被告诫不要接受第一个出现在面前的生物的天赋，因为其往往是邪恶或诡计多端的灵体；男孩务必耐心等待真正的梦中访客，然后必须向灵体证明自己有资格与灵体建立个人关系和互惠义务。通过这些测试后，梦中访客会以咒语、歌曲、舞蹈或治疗等形式向男孩授予天赋或特殊力量或“皮马达齐温（Pimadaziwin）”。男孩会感到自己变成了其现有名义上的精神存在的形式，继而回到村中分享梦境，部落随后可能会以完整的仪式方式演绎该梦境，从而使男孩成为男人——拥有特殊能力可以为部落服务的男人。

180

以上是关于梦在传统社会中的作用和力量的简短总结，强调了梦在这些文化中的重要性，其可以显著改变梦者的社会关系。因此，梦会触及刚才讨论的社会脑回路也就不足为奇了。

10.6 身体症状梦

由于睡眠与视觉输入减少有关，所以目前普遍认为睡眠脑会变得更加适应于接收内部体感信号，并将其转化为梦中出现的表象。然而，无论外部感觉输入是否减少，脑/心智都完全有可能接收到微弱或突出的内部体感信号，但关于这些内部产生的身体信号的评估标准会因为首先由清醒或做梦的脑部评估而改变。让梦脑首先评估身体疼痛或发展中的感染可能会有益处，因为有时表象能比文字或论述捕捉到更多信息，而且梦境会倾向于放大感觉，比如卧室里几乎听不到的声音在梦中会变成响亮的警报声，示例如下：

> 在注射流感疫苗后不久，我感到发烧和头晕，并意识到与四肢快速不自主震颤有关的疲惫。我躺在地上陷入沉睡，发现自己在书房里面对着一条响尾蛇，它抬起的头快速摆动（我醒来时意识到这与我腿部肌肉颤抖的速度和频率相同）。我因为惊骇而跌倒在地，并在它稳步靠近之前向后爬。终于，我将一把椅子推到响尾蛇面前，令我惊讶的是，它停止了前进。当我醒来时，短暂的发烧已经退去。（Hunt, 1989, 第 80 页）

文献中有许多案例，记录了梦境常在通过常规方法检测到疾病之前捕捉到与身体功能障碍和疾病有关的信号。这是一个需要更严格审查的梦境研究领域，因为其可能具有巨大的临床意义。

181

10.7 多重人格障碍/分离性身份识别障碍患者的梦

多重人格障碍（Multiple Personality Disorder，MPD）/分离性身份识别障碍（Dissociative Identity Disorder，DID）患者的梦境与许多研究不足但令人惊奇的现象有关。这一障碍的治疗师报告称，患者的变换人格会作为梦中的角色而出现。通常情况下，新的人格会首先出现在梦中，然后接管个体的行为体系并成为日间的人格。梦者经常在梦中经历从自身主要身份到另一个身份的转换，而由于其在清醒时会遗忘这一转换，所以主要身份偶尔会把新人格的日间体验当作梦境体验。巴雷特（Barrett）介绍了一个患有MPD/DID的女性的案例：该患者经常产生梦魇，梦见自己在捕捉恶猫并将其塞进垃圾袋里，醒来后却发现自己满身猫毛，她因此担心自己真的有一个人格在这么做；有时同一个梦中会出现数个人格，其中一号人格以患者作为旁观者的角度详细描述梦境，二号人格则以患者不作为旁观者的视角描述同一场景，以此类推；主人格有时还会在梦中获得属于其中某个人格的记忆，内容是该人格清醒时经历的相关事件。

10.8 性梦

虽然弗洛伊德使我们都认为梦是关于性的，但对梦境内容的定量研究表明，仅12%的梦境报告包含明确的性内容，大多数梦都是梦者与家人和几个陌生人的日常社会交往。但是当然，大多数人不喜欢分享自认为令人尴尬的内容，所以这些数字可能低估了含有明确性内容的梦境数量。梦交或由梦境所引起的高潮在男性20多岁时和女性40多岁时达到顶峰，许多人可能正是在梦中经历了自己的第一次高潮，虽然我尚未找到关于这一猜测的确凿数据。大多数人对其梦中的性内容都有愉悦的体验，正如前几章所讨论的，REM睡眠与生殖器唤醒有关，尽管这种唤醒并非总是与梦中的性内容有关；性梦通常也不会反映个体的性幻想，我们并不总是梦见我们最常见的性幻想，虽然有些梦确实涉及梦者的性幻想。有些性梦是典型的愿望成真梦，比如梦见与渴望却没有任何关系的人做爱。性梦几乎会描述所有类型和种类的性行为，甚至是个体清醒时没有做过的性行为。关于性和梦，还有许多尚未解答的问题。同性恋和跨性别者的梦还没有被广泛地研究，日间性活动和夜间梦境之间的相关性也没有被研究，如果梦的补偿理论是正确的，那么这两个系列的活动之间便有可能存在反向关联，但目前还没有此类数据。

182

10.9 孵化梦

出于治疗或医疗目的而召唤梦境的仪式在古代世界存在了数千年，其中最好的研究案例是阿斯克勒庇俄斯（Asclepian）[①]仪式，患者需要前往阿斯克勒庇俄斯神的庙宇睡觉，直到做关于疾病问题的梦，随后病情会有明显的好转甚至被治愈，而他们心怀感恩刻在石头上的铭文便成了仪式有效性的证据。有时神庙的祭司会解读这些梦，然后根据其内容进行治疗，所以也许是这些治疗治愈了患者，而非与孵化梦

① 希腊神话中的医神。——译者注

境有关的东西。然而，必须记住的是，祭司的治疗方法往往包括几乎肯定会使患者病情恶化的项目（药剂、放血、毒物、刺划等），这些治疗方法不可能是患者在神庙中得到疗愈的原因。前往神庙的祈求者必须报告称神明在梦中邀请其到神庙中接受治疗，并在进入神庙的仪式区之前进行斋戒、冷水沐浴和动物祭祀。祈求者一进入神庙，就会被带到一张长榻或“阿巴顿（abaton）”或“阿迪通（adytum）”上睡觉，直到有合适的梦到来。大多数吉祥的梦境均涉及神明本尊的现身，其触摸患者被感染的身体部位，或传递一些信息、表象或某种可以用于解除与疾病相关痛苦的天赋。 183

当代有许多人试图将梦境孵化用于各种目的，并且取得了不同程度的成功。梦毫无疑问可以被孵化出来，但促进孵化的方法目前尚未达成共识，因为我们无法重现古代世界支持阿斯克勒庇俄斯仪式的宗教背景。

10.10 清醒梦

长期以来，清醒梦一直是梦研究领域中的热门话题，该词由弗雷德里克•凡•伊登（Frederick van Eeden）于 1911 年首创，他在其他清醒现象中报告了清醒梦魇。在清醒梦魇中，梦者会意识到自己在经历梦魇，梦魇主题通常涉及试图给梦者带来可怕伤害的恶魔形象，梦者挣扎着要醒来却无法醒来。

然而，在更为常见的清醒梦中，梦者会意识到自己在做梦，但并没有强烈的要醒来和结束梦的欲望。

考虑到梦者显然具有意识和自我意识，其可以在梦中分辨真实与虚幻，那么清醒梦中的真实感呢？此处出现了悖论：一方面，梦者意识到自己在做梦；另一方面，梦者所经历的仍然完全真实。传统民族培养了清醒梦境，他们也能在梦中分辨真实和虚幻，却仍然认为精神生物是真实的。这种情况下（梦者的理性完好无损，却仍然相信所经历的事情是真实的），梦者的轻信不可采信。梦者推理和逻辑思考的能力、进入自传体记忆的能力，以及采取第三人称视角的能力完好，因此可以思考、娱乐和想象梦中另一个角色的想法或感受。事实上，梦者和梦中角色之间的整个互动和对话可以像在清醒生活中一样发生。梦中的角色也不能被视为仅仅是清醒梦者的创造物，因为其行为就像拥有完全的心智能力和自主性一样，并且在许多清醒梦（当然还有清醒梦魇）中显然与梦者的愿望相反。简而言之，清醒梦境中的梦者和梦中角色均存在着所有我们认为理所当然存在于清醒生活中的心理成分。 184

除了存在于清醒状态的正常心理要素，清醒梦者和其他梦中角色还拥有额外的心智能力。清醒梦者经常可以在梦中实现一些在清醒生活中被认为是奇迹的事情，可能会相信自己在清醒状态下拥有超自然的精神力量。此外，清醒梦者有时可以控制梦中情节的发展，所以其与梦中角色的关系好比小说家与小说角色的关系；但与此同时，梦中角色又作为真实的存在（甚至是清醒梦魇中的超真实存在）与梦者对峙，因而梦中发生的事情常与梦的意愿相悖。从梦者的高潮到梦者的濒死体验，梦中角色所发起的行动可以引起一切。例如，有记录显示，梦中角色向梦者的心脏开枪，梦者醒来时心脏病发作。这是梦者为了解释心脏病发作的痛苦而编造的故事情节吗？我们永远无法得知。梦中角色很可能也曾导致梦者死亡，但我们同样永远无法记录此类事件。

当然，最有趣的是清醒梦者本质上完全清醒，不能被认为处于幻觉状态（因为其可以分辨真实和虚构），虽然其观察到一个完全现实的视觉世界，充满了背景、环境、角色、超自然存在、不寻常运动、行动、故事情节和“气氛”。事实上，这个梦境世界和其中的角色真实到足以强烈影响梦者的生理反应，甚至导致死亡。

清醒梦虽然事实上经常出现于REM状态（这就是为什么称之为梦是合理的），却是在某种混合的REM和NREM的过渡状态（更确切地说，REM和部分觉醒的过渡状态）中运行。因此，清醒梦虽然经常产生于睡眠状态，但严格来说并不是一种睡眠状态。

然而，清醒梦也不是一种清醒的状态。一方面，不同于闭眼的放松清醒状态，清醒梦在EEG上并未显示出 α 波段活动的证据，而是以与睡眠有关的低频 θ 和 δ 活动为特征。另一方面，清醒梦在40 Hz频段持续显示出更高的能量，特别是在EEG的额叶部位。

185

现在，我们已经确认清醒梦确实与清醒状态下前额网络的重激活有关。德莱斯勒（Dresler）等人（2012）设法收集了所研究的四名清醒梦者中至少一人的功能性神经成像数据，发现其清醒状态下的双侧楔前叶、楔叶、顶叶、前额和枕颞皮质的激活程度明显强于非清醒的REM状态。正如他们所指出的，这些激活的区域（如顶部和背侧，而不是腹侧）前额叶与已知在REM睡眠期间发生负激活的区域有很大的重合。因此，神经成像数据似乎证实了这样一个观点：清醒梦虽然可能始于REM，却并不完全是REM现象，而REM的某些要素（如肌肉麻痹）在清醒状态下仍然存在。前额和顶叶皮质网络在清醒梦中被重激活，这解释了梦者可以在清醒状态下进行逻辑思维和意识加工的原因。然而，清醒梦最吸引人的奥秘仍未解开。

10.11 双胞胎的梦

我们有多个案例集合，记录了双胞胎做了同样的梦，或其中一人做了另一人的预知梦。同卵双胞胎如果由于相似的遗传禀赋而具有相似的脑结构，那么也应该具有相似的REM睡眠能力，进而具有相似（但不完全相同）的梦境内容。偶尔会有两个人声称做了完全相同的梦，我们必须认真对待这些报告，比如我们选择两个不同的人证实其是否确实共享了一个梦。双胞胎通常报告称做了同一个梦。如果假设双胞胎没有在这些经历上撒谎，我们便有以下两个选择：（1）双胞胎以某种未知的方式无意识、隐蔽地共享了关于梦境内容的信息；（2）相同（或几乎相同）的梦可能发生在两个不同（但非常相似）的脑中。

也许双胞胎会做相同的梦是因为脑部太相似了？是的，不无可能，但为什么是同一个晚上做相同的梦？如果是脑结构的相似性产生了梦境内容的相同性，就不应预期这种内容相同性仅发生在同一个晚上，否则这一关于结构相似性的看法便可笑了。我们知道双胞胎的脑结构不可能完全相同，是脑的可塑性使之成为不可能。鲁尼恩（Runyan）（2010）报告了以下双胞胎的梦境共享内容：

186

一组双胞胎报告称最近的梦魇中出现了类似的威胁——龙卷风，而另一组双胞胎在并肩睡觉时从两个角度报告了同样的事件：一人梦见自己来告诉另一人其不会结婚，另一人梦见对方来告知其不会结婚（Runyan, 2010, 第 141 页）。

除了这些共享的梦，鲁尼恩还报告了明显的预知梦，即双胞胎中的一人在梦中预见了另一人将要遭受灾难：

> 连续数周，我反复做同一个梦（梦魇），梦见我在天黑后驾驶汽车，然后被卷入车祸，我驾驶的汽车一次又一次地翻车，导致我丧命；我的同卵双胞胎兄弟后来死于一场车祸，他的车翻了，直接落在他身上，对脑部造成了巨大伤害，他因此死亡。自那以后，我几乎不再在天黑后开车。（Runyan, 2010, 第 140 页）

鲁尼恩使用标准化的霍尔/范•德•卡斯尔评分表对双胞胎的梦境内容与单胞胎的梦境内容进行了定量比较，发现大约 44%的双胞胎梦包含双胞胎中的另一人作为梦中的角色，单胞胎则不会那么频繁地梦到兄弟姐妹，事实上后者的梦中只有 19%的角色是家庭成员（父母、兄弟姐妹等）；鉴于双胞胎的梦经常有关双胞胎中的另一人，所以其梦中的社会交往比单胞胎更为友善（前者有 66%出现了友善，后者仅有 42%）也就不足为奇了；而最有趣的发现也许是，双胞胎梦有 76%发生在陌生的背景中，单胞胎梦却只有 38%。为什么会出现这种情况？为什么双胞胎梦见陌生环境的次数要远远多于单胞胎？我们不得而知。双胞胎的梦代表了人类心智和梦境中一个相对未被探索的领域，代表了一个非常丰富的科学领域，因为它将提供梦境本质以及脑和心智关系本身的性质的线索。

10.12 大梦

187

“大梦”是有影响力、变革性的梦，通常涉及梦者和超自然力量（supernatural agent）的直接接触，后者标志着梦者生命中的转折点。大梦在宗教史上一直很重要，在拥有大梦的个体的宗教和精神生活中当然也很重要。

近几十年来，学者对大梦的兴趣与日俱增。例如，奎肯及其同事（见 Kuiken & Sikora, 1993）研究了普通人中具有影响力和精神变革的梦，并确定了三种主要的有影响力的梦，即存在性梦、超越性梦或梦魇性梦。这三种类型均非常强烈、令人难忘、绝对真实/现实，并会产生不同类型的后遗效应：存在性梦之后，梦者对以前不愿意接受的感觉的自我反思增加了；梦魇之后，梦者对威胁的警觉和敏感性增加了；超越性梦之后，梦者对以前忽视的精神可能性的考虑增加了。

10.13 梦魇

如前文所述，DSM-5 将梦魇障碍［DSM-5 307.47（F51.5）］定义为一种涉及反复从极其可怕的梦（并非发生在其他心理障碍的背景下）中惊醒的睡眠异态，个体在醒后能迅速恢复定向和警觉，可以清晰地回忆起梦的内容，而这又与临床上显著的痛苦和日间功能的损害有关。流行病学研究表明，2% 至 6% 的美国成人（约 640 万至 1500 万人）每周至少经历一次梦魇，二分之一到三分之二的儿童则会反复出现梦魇。虽然之前的章节已经讨论过梦魇，但我必须说，梦魇不同于普通的恐怖梦境，因为其中存在着可怕的超自然力量，唤起了梦者体内的胆怯、惊骇、敬畏和诡诞的恐惧。

10.14 在梦/梦魇中遇到替身

在梦中遇到自己的替身（二重身）的经历在整个有记载的历史中均有报告，最常见的是被经历者和文学作品描述为与自己灵魂的深刻而危险的接触。二重身的梦罕见却令人难忘，大多数人（如果被追问的话）会报告自己的一生中至少有一个这样的梦。在大多数二重身的梦中，梦者会像看镜子一样看到自己，尽管二重身通常没有很多动作，但当二重身出现在梦中时，梦者几乎总是将其描述为可怕的和具有特殊精神意义的。对二重身的一种认知解释是，其代表了在镜子中看到自己的记忆，甚至是一种加倍的自传体记忆。 188

10.15 探视梦

探视梦中会出现已经去世的亲人或熟人，逝者看似仍然健在，通常会给梦者带来信息。探视梦的常见主题是逝者以生活而非患病的形象出现，事实上，逝者往往比去世时显得更为年轻或健康，并向梦者传达了一种安慰："我很好，仍然和你在一起。"这一信息往往不是通过口语，而是通过心灵感应或心理感受传达的。梦的结构不杂乱无章或离奇怪异，通常显得清晰、生动、强烈，梦者醒来时感到身临其境。梦者总是被这种经历所改变，其悲伤得到了安抚，并有了更豁达的精神视角。通常情况下，这些探视梦可能相当情绪化。读者可以在我的博客上看到一些探视梦的例子。

10.16 假性觉醒和睡眠麻痹的梦

假性觉醒是一种涉及在梦境中醒来的主观体验的梦。梦者感觉自己已经醒来，然后继续日常生活，如穿衣服或刷牙，而在进行这些例行任务时，梦者才真醒了！其他假性觉醒还包含与梦者醒来时情况无关的奇妙或非现实元素。梦者醒来时的环境可能与假性觉醒之前的梦境相同。就像电影《盗梦空间》中那样，梦者可能要经历几次假性觉醒才能真正醒来。偶尔，梦者可能会在一个包含梦者过去某些方面内容的梦中醒来。例如，假性觉醒可能需要在梦者童年的卧室中醒来。

20世纪初，法国动物学家伊夫•德鲁格（Yves Deluge）描述了一个梦，梦中朋友敲门求救，叫醒了他。惊醒后，他穿上衣服，开始洗脸，这时他意识到自己是在做梦，但随后他发现自己又睡着了，听到敲门声，急忙穿上衣服去帮助朋友，然后用湿布擦了擦脸，又发现自己在做梦。如此循环往复数次，最后他才真正醒过来。 189

假性觉醒有时还伴有身体无法移动，这种体验很可能是与偶发性睡眠麻痹有关的梦的变体（在前文和后文均有讨论）。假性觉醒和睡眠麻痹都发生在清醒和睡眠之间的过渡期，并以不寻常的方式结合了两种状态的特征。有关假性觉醒的描述与关于出体体验、幽灵目击和外星人绑架的报告之间也有明显的重合。

10.17 睡眠麻痹的梦

如前文所述，偶发性睡眠麻痹（ISP）是一种较为常见的体验，其典型特征是个体在醒来后无法移动或说话，并伴有一种诡异的感觉，感到自己与某个邪恶或恶毒的人或物同处一室并遭其威胁（Cheyne & Girard, 2007）。ISP被合理地归类为梦，因为个体经常经历视听幻觉，并通常伴随着REM的肌肉张力缺失或麻痹。

路易斯•普劳德（Louis Proud）（2009）提供了以下实例：

> 我醒了，但醒得并不彻底。我能感觉到有什么东西在触摸我的额头，这使我想要又踢又叫，进入半清醒状态；但事实上，我不能踢也不能叫，甚至不能移动身上的任何一块肌肉，即使我的头脑是清醒的。天哪！我连眼睛都睁不开。我能做的就是躺在那里，任凭这个东西以微妙的爱意抚摸我的额头。不管它是什么，我都能闻到它存在的臭味，我可以猜到它的心思，就像它可以猜到我的一样；但它的爱，它的孩子般的感情让我感到恶心，我只想让它离开。我继续躺在那里，被黑暗吞噬，而影子抚摸着我的额头，然后移到我左侧，在我身边躺下。它恼人地蠕动着，直到找到一个舒适的位置，而一旦捣乱完毕，就用它的手臂抱住我。它抱得很紧，我的胸口都生疼了。我想在恐惧和厌恶中大喊大叫，却无能为力。（Proud, 2009, 第 26 至 27 页）。

190

普劳德17岁时有了以上经历，他在书中报告称，这种体验经常出现，而且经常伴有其他更为可怕的恶魔形象，但几乎每次都涉及最初体验中所描述的一些或大部分事件。他的头脑清醒，身体却麻痹了。他感觉有一个恶魔般的邪恶存在靠近他，然后试图以某种方式与他互动。大多数情况下，恶魔的意图是占有或摧毁他。普劳德经常听到或感觉到不止一个存在，后者被认为是想要摧毁他的巨大邪恶的东西。他体验到的主要情绪几乎总是恐惧或惊骇，这种体验是由与REM相关的脑状态的碎片化（从REM过渡到清醒期时并未完全脱离REM）所引起的。

10.18 音乐梦

虽然很少有人会经常回忆起有音乐的梦，但大多数人都至少经历过一个可以称为音乐梦的梦，即以音乐为主要内容的梦。为什么我们没有更多的音乐梦呢？毕竟，对很多人来说，音乐是日常生活中非常重要的一部分。如果梦的内容通常反映了我们的日常活动，那么“听到的”音乐不是应该出现在相当多的梦中吗？然而，事实并非如此。克恩（Kern）等人（2014）最近报告了日间音乐活动所用时间与反映某种程度音乐活动的梦境的百分比之间的关联，发现梦中出现乐句的频率似乎仍然相当低。为什么音乐在梦中如此罕见？

也许，梦境将乐句和其他非自身产生的想法视为“外来者”，因此试图保护我们免受这类“寄生性”想法的影响。这一观点可以追溯到克里克和米奇森（1986）提出的关于梦的功能的新假说，他们认为REM睡眠/梦境系统作为一种反向的学习机制，可以分离非必要和潜在的寄生性信息元素，然后将其从脑/心智中排除出去。在大多数人中，梦脑都将乐句视为非必要和寄生性的，因此会防止乐句被捕捉并进入长期记忆。然而，音乐家的梦境却并非如此，音乐对他们来说是必要和非寄生性的，所以其梦境系统允许加工乐句。

10.19 感觉有限的梦

191

盲人和正常视力的个体一样有很多梦，但梦境内容在视觉表象的生动性方面有所不同。从出生起就失明的个体通常不会报告梦中存在视觉表象，而是会报告言语互动和事件，也许还有触摸和声音表象；而那些在7岁左右失明的人仍然会做存在视觉表象的梦，但这些表象会随着时间推移变得不那么生动。

截肢者会梦见自己完好无损，即使在截肢多年后，甚至在身体残缺是先天性的情况下，他们也不会在梦中体验到肢体丧失。

与之类似，先天聋哑的人或先天截瘫者的梦也无法与非残疾被试的梦区分开来，它们在形式和内容的大多数方面都是如此。聋哑人报告其在梦中可以正常说话和听声，有不同程度截瘫的患者则报告称自己会飞、跑、走和游泳。

10.20 复发性梦

复发性梦是随时间推移而重复出现的梦，并且在一段时间内保持相同的内容。复发性梦比较常见，60%至75%的成人报告称在生命中的某个时刻经历过。我们可以多次做同一个梦，这是一个了不起的事实。鉴于脑结构和活动不断变化，它如何设法反复产生相同的内容呢？大多数做复发性梦的人坚持认为梦的内容在重复中是相同的，这意味着重复的不仅仅是表象，还有整个场景和戏剧性动作事件，如被怪物追赶或被动物威胁等。还要注意的是，有些复发性梦并非消极或可怕的梦，只是在重复平凡的场景、地点或事件，但研究复发性梦的学者坚持认为这些梦与梦者生活中未解决的情绪问题有关。回顾童年时期所经历的复发性梦，几乎 90% 的梦境都被描述为不愉快或具有威胁性的；而随着年龄的增长，报告称具有威胁性内容的复发性梦境越来越少。高达 40% 的成人复发性梦是由非威胁性内容组成的（例如，对地方、日常活动或熟人的描述），这一比例在童年复发性梦中仅有 10% 至 15%。

192

10.21 结论

在制定完整的梦境解释框架时，必须考虑到以上所有非典型梦境类型。梦的理论必须能够解释为什么人们认为存在相互的梦、预知的梦，以及亲人从坟墓中来访的梦，简单地解释说这些人容易受骗并不可取，因为该说法无法解释这些不寻常梦境的类似现象和内容特征。此外，感觉受限的个体（如盲人、聋哑人和截瘫者）会有不存在身体障碍的梦，这一事实也必须在任何完善的梦境理论中得到解释。弗洛伊德会声称这些梦证实了他的梦是满足愿望的理论，但该解释不能说明这些梦的内容，因为这些梦的故事并不涉及梦者做自己希望能做的事，反而涉及日常平凡的活动。梦的连续性理论也不能解释感觉障碍者的梦，因为梦境内容显然与其日常生活不连续，他们在梦中行走、听声、视物等，但日常生活中显然不行。这些梦也无法以预测误差理论解释，后者认为知觉是一个构建世界模型并由感觉印象进行修正的贝叶斯过程，其中世界模型是对世界将如何发展的预测或期望，而梦是无正常感觉输入情况下对模型世界或预测的构建，因为视觉模态在REM期做梦时被部分阻断；由于模型世界或预测中总会存在误差，所以需要感觉印象来减小误差方差，随着时间推移，误差方差逐渐减小，模型对世界的预测也相当准确，梦也是如此，只是模型的构建没有来自视觉模态的夜间修正；然而，这些个体在日间和夜间都不能使用输入的感觉印象来建立或构建预测模型，包括梦，却仍然做梦。

在下一章中，我们将讨论一些主要的梦境理论，并衡量其能够在多大程度上解释有关梦的所有事实。

回顾思考

- 生活在传统社会中的人的梦与生活在现代社会中的人的梦有什么不同？

193

- 为什么梦中可能包含即将发生的身体疾病的迹象或早期预警信号？
- 探视梦或睡眠麻痹梦可能会如何影响前现代文化对超自然领域所持有的观念？
- 假性觉醒的梦对意识理论有什么意义（如果有的话）？

拓展阅读

- Grunebaum, G., & Callois, R. (1966). *The Dream and Human Societies*. Berkeley: University of California Press.
- Hobson, J. A., Pace-Schott, E. F., & Stickgold, R. (2000b). Dreaming and the brain: Toward a cognitive neuroscience of conscious states. *Behavioral and Brain Sciences*, 23, 793–842; discussion 904–1121.
- Hunt, H. T. (1989). *The Multiplicity of Dreams: Memory, Imagination and Consciousness*. New Haven, CT: Yale University Press.
- McNamara, P., Pae, V., Teed, B., Tripodis, Y., & Sebastian, A. (2016). Longitudinal studies of gender differences in cognitional process in dream content. *Journal of Dream Research*, 9(1). doi: http://dx.doi.org/10.11.588/ijord.2016.

第 11 章

梦境理论

194

学习目标

- 了解当前基于证据的梦境理论
- 评估社会模拟理论的优缺点
- 评估神经科学证据在建立梦境理论方面的优缺点
- 评估恐惧消除和情感网络功能障碍模型对梦魇和做梦的意义

11.1 引言

20 世纪初，弗洛伊德在其里程碑式的著作《梦的解析》中提出了他的梦境理论，其基本主张是梦是一种幻觉性的愿望满足。最近的记忆和被称为日间残留物的想象片段为梦境表象提供了原材料，然后激活了具有动机的内容和情感或愿望，这些愿望与清醒的自我相冲突，因此必须通过梦的审查机制加以掩饰。梦的工作机制（凝缩、表征、移置等）获取承载着欲望或动机愿望的基本内容，并围绕其构建精心的伪装（通过次级修正），同时仍然试图在幻觉中实现愿望。在 1953 年REM睡眠被发现之前，大多数研究梦的学者和科学家都在弗洛伊德的框架内进行研究。卡尔•荣格（Carl Jung）打破了这一框架，提出了自己的理论，他认为梦是对个体人格或心理结构的某些方面进行补偿的模拟，并假设神话原型在梦中出现，后者与弗洛伊德关于在梦中重演恋母悲剧和越轨行为的主张一致。

第二次世界大战刚结束，霍尔就开始开发能够可靠地将梦境的基本内容制成表格的技术。他认为，为了检验弗洛伊德和荣格的梦境理论，我们需要围绕基本内容指标建立一些可靠的数据，如角色的数量和身份、背景、社交、物体、情绪等。他收集了数以千计的梦境报告，并基本上计算了所有梦境类别中的每一个实例。霍尔

195

在《梦的意义》(1966)中总结了其20年的工作，他认为自己的研究结果基本证实了弗洛伊德关于梦是一个文本或故事的理论，即梦编码并象征着一些由未实现的愿望所产生的精神冲突。罗伯特•范•德•卡斯尔(Robert Van de Castle)后来完善了霍尔发明的量表，所以如今我们称梦境内容评分系统的金标准为霍尔/范•德•卡斯尔系统。

在半个世纪前REM睡眠被发现后(1953)，梦境理论也开始纳入对REM生物学的临时解释。早期的研究人员提出，夜醒会为动物提供一种守卫或警觉功能，否则动物在睡觉时很容易被捕食，而REM为短暂的夜醒提供了一个觉醒或准备阶段；此外，睡眠中对威胁的幻觉模拟也有助于动物在受到攻击时做好防御准备。朱维特(1980, 1999)提出，REM为支持重塑或重新编程表观遗传行为规则/策略的突触回路提供了必要的内源性刺激。朱维特在猫的脑干处设置了病变，消除了通常与REM相关的张力缺失，而当运动系统不再受到抑制时，猫似乎在出现REM电生理学迹象时演绎了"梦境"，其演绎的情节通常涉及主要的本能行为，如恐惧和愤怒的姿势，以及定向反射等。

11.2 AIM理论和霍布森

在20世纪60年代和70年代，艾伦•霍布森(Allan Hobson)及其同事开始绘制支持REM启动和停止的神经元网络，他们明确地认为可以从REM睡眠的基本神经机制中推导出REM梦的形式属性。霍布森等人(2000b)于2000年将激活–合成理论更新为激活–输入源–神经调制模型(Activation-Input Source-Neuromodulation Model, AIM)，总结了几十年来有关REM睡眠和梦的神经科学的经验工作。激活–合成和AIM模型始于以下事实：REM睡眠的特点是爆发式、随机的脑干和基底前脑的胆碱能活动，而去甲肾上腺素能和5-羟色胺能的调制在REM睡眠期间基本停止；伴随着单胺能调制的高水平胆碱能激活则被假设导致了奇异和生动的幻觉活动，我们称之为梦。激活–合成的名称源于前脑的边缘和感觉运动部位所进行的一种反应性的尝试，即尝试从脑干的REM开启细胞激活产生的一连串原本混乱的冲动中产生一种连贯的体验；前脑试图从脑干REM开启网络产生的脉冲中合成某种故事，结果产生了虚构的梦境场景。与激活–合成模型一样，AIM模型也依赖于激活成分，且同样以脑干为中心，但还包括丘脑和前脑部位。两种模型均认为脑干LDT/PPT中的胺能和胆碱能相互作用是调节REM表达的因素之一，但AIM模型认为GABA能、腺苷酸和组胺能也会影响REM开关网络。现在，除了脑干激活外，皮质激活(activation，AIM中的"A")在AIM模型中也被赋予了很大权重，其允许在梦的合成过程中有效地获

196

取大量存储信息，梦的构建依赖于获取内部（“输入”，AIM中的“I”）或精神内部信息来源，而在较早的激活-合成模型中，脑部从胺能神经调制到胆碱能神经调制（modulation，AIM中的“M”）的转变降低了梦境构建中皮质回路的稳定性，因而增加了梦境包含奇异元素的可能性。这三种AIM脑状态可以被认为是占据在由三条轴线定义的三维立体空间中的点，其中REM位于激活轴线的高端、（内部）输入源的低端，以及调制性胆碱能轴线的高端（胺能的低端）；清醒意识的激活水平与REM同样高，但是外部输入源，并位于胺能调制的高端；NREM则位于立体空间的中间位置，是三条轴线的中间值。

AIM模型的一个缺点是，激活部分必须以某种方式在前脑和皮质产生选择性的激活模式，而非全局激活水平。毕竟，REM涉及边缘、杏仁核和顶叶网络的选择性激活以及背外侧前额皮质（DLPFC）的相对负激活。然而，AIM模型在对脑状态变化的描述中只指定了全局激活水平。前脑的整体激活如何导致REM期间DLPFC激活水平降低也尚不清楚，霍布森等人似乎认为神经调制的影响（胺能输入减少/胆碱能输入增强）可以解释DLPFC的选择性负激活。或许DLPFC在REM期间并未负激活，只是无法被激活；又或许激活在功能上与负激活或抑制没有区别。然而，抑制需要活跃的资源支出（例如，在目标神经元的突触后抑制位点释放抑制性递质并进行突触激活），而未能激活只需要克制释放递质。就算假设DLPFC根本没有被激活，那为什么顶叶皮质可以被激活呢？二者都是负责执行和其他高水平认知功能的复杂皮质网络；更重要的是，顶叶和DLPFC通过上纵束等神经束紧密相连。如果DLPFC未被“点亮”，那么认为DLPFC上存在着活跃的抑制过程便理所应当，但顶叶在REM期间确实被“点亮”了。

197

11.3 梦是对现实的虚拟模拟和预测

霍布森与卡尔•弗里斯顿（Karl Friston）进行了合作（2012），在霍布森先前的工作基础上提出了一个新的梦境理论，这一理论将梦脑的概念正式化为一种模拟机器或虚拟现实发生器，其试图以最佳方式模拟和预测清醒的环境，并需要REM睡眠过程（特别是PGO波）来实现这一点。该理论的基本观点是脑天生配备了一个神经元系统，可以在REM睡眠期间生成清醒世界的虚拟现实，因为REM睡眠过程对优化这一模型至关重要。将心智/脑视为虚拟现实机器、预测-误差装置或“亥姆霍兹机器”（所有这些大同小异）的做法在整个认知科学和神经科学领域比比皆是，而按照这些思路考虑梦也是很有意义的。毕竟，梦境被体验为完全实现的“世界”，其似乎是在无当前感觉输入的情况下（因为视觉输入在REM期间被阻断了）在内部产生的。霍布森和弗里斯顿认为脑在清醒时对感觉数据进行采样，从而形成复杂的指导行为并减少预测误差和意外的世界模型，该模型随后在睡眠期间“离线”并接受优化程序的调整（修剪冗余并降低复杂性），从而提高对世界的适应性。

清醒时候的模型参数变化（主观体验为知觉）由解释未预测到的视觉输入的需要所驱动，而做梦时没有视觉等感觉输入，所以其知觉由解释未预测到的动眼输入的需要所驱动。因此，梦的内容是脑试图为虚构的视觉搜索找到合理的解释，这些视觉搜索由动眼输入（可能通过快速眼球运动和PGO波）和修剪突触连接所引发，其中修剪突触连接是降低复杂性的优化过程的一部分。为什么需要“离线”以优化这一模拟机器？在我看来，研究者从未充分回答过这个问题。也许优化过程提供了一个更好的模型，可以更好地指导行为——这个回答很好，但它并未解释为什么优化必须“离线”进行。毕竟，考虑到清醒脑所能得到的感觉反馈，在清醒的时候进行模型优化应该更有效。研究者认为，“离线”对于表现出REM睡眠的哺乳类（和鸟类）的复杂脑而言尤其重要，但REM睡眠度量与脑的大小或复杂性并无关联，有许多动物（如有袋类动物）存在大量REM睡眠，脑部却不是很复杂。研究者还提出，他们的理论对于REM的特征（体温调节反射失效）有一些启发。长期以来，体温在REM期间会恢复到变温状态一直是与REM相关的众多生物学谜团之一。为什么大自然母亲要让动物在睡觉时出现危险的体温调节失调？研究者认为，除了其他功能，模拟机器还能对生物体的温度需求和条件进行预测，而如果机器“离线”，“脑部将对温度变化无动于衷，不会做出反应以抑制体温预测的误差，从而导致恒温暂停”——这等于说，体温调节过程无法进行是因为体温调节反射作为REM状态的一部分被抑制了，但我们想知道的是反射为什么会被抑制这一更为根本的问题的答案。

198

也许研究者想说的是，感觉反射和输入通常作为REM状态的一部分被抑制，因为优化程序必须在所有感觉输入均被门控的情况下进行。研究者认为优化可以在感觉门控的情况下进行，但并未确定其必须与门控一起进行，即门控是必需的。然而，优化可以在清醒时发生的事实反驳了门控必要性的观点。请注意，“离线”优化的益处必须超过其风险，包括被捕食的可能性增加、体温调节失效等。

199

为了支持“离线”优化的论点，研究者提出，如果没有定期的“离线”修复（修剪），该模型将变得过于复杂并出现功能障碍，这与弗朗西斯•克里克（Francis Crick）的观点一致，即REM梦代表了认知系统中多余的关联和复杂性的清除或修剪。“简而言之，为了拥有复杂的认知系统，能够从感觉样本中提炼出复杂而微妙的关联，让脑‘离线’修剪在清醒状态下建立的大量关联可能是必要的代价。”然而，与之类似，许多物种并无复杂的认知系统，却有大量REM，反之亦然——有些物种有着复杂的脑部，却很少或没有REM（如一些海洋哺乳类动物）。

将脑视为世界的虚拟现实或生成模型是否有助于我们理解梦的内容？为了回答这个问题，研究者认为需要谨慎："在现实世界中寻找秩序可能与在虚拟世界中不同。"在我看来，正在经历模型拟合或优化过程的虚拟世界可能会产生各种不可预测的内容，这就是为什么我认为霍布森和弗里斯顿的理论需要进行重大修正，从而适用于梦的内容。

梦并非都是不可预知的，成千上万的梦境内容研究已明确确立了梦境内容的规律性，这种规律性与虚拟现实机器的梦境理论大体一致，但如果该理论希望与数据取得良好的吻合，就需要认真对待梦境内容的规律性。为了获得这一拟合度，研究者认为优化过程中必须使用多个建模过程，并在排演已了解的世界和探索新的假设与经历的可能性之间取得最佳平衡。

安特罗伯斯（Antrobus）（1991）提供了一个做梦的神经网络模拟，他认为做梦和清醒的特性均会随着皮质激活和外部刺激程度（以感觉阈值为指标）而变化。创造梦境叙事的并不是NREM或REM的脑状态，而是特化皮质网络在皮质内的相互作用，这些网络介导着相关的感觉运动和认知功能，以及需要整合到正在进行的皮质加工中的传入皮质下输入。这一理论表述与梦境生成的单发生模型一致，即前脑激活水平提高时，通常会出现与REM相关的更生动和离奇的梦，而较低的激活水平会产生NREM梦，等等。

200

11.4 索尔姆斯

神经心理分析学家马克•索尔姆斯（Mark Solms）（1997）指出，REM睡眠对于梦的产生既不必要也不充分。因此，我们需要确定另外一组参与梦的产生及现象学创造的脑回路。索尔姆斯使用经典的神经病变相关方法确定了一组与梦的产生、现象学和回忆有关的脑部病变，发现产生REM状态的胆碱能脑干和基底前脑机制需要得到中脑边缘多巴胺能机制的支持；此外，包括高级联合皮质在内的前脑结构，如颞顶枕联合区周围的皮质区域（布罗德曼40区）、内侧颞枕皮质以及额叶的深层白质结构被证明对梦的出现具有重要意义。

索尔姆斯（1997）收集了332名各种类型的脑病患者（和29名非病变的对照组）关于梦境回忆的调查问卷，发现全面停止做梦的报告与两侧下顶叶区域的病变或（连接额叶与皮质和皮质下部位的）白质束中深达额叶内侧的病变有关。这些病变可能会切断前额皮质与皮质下和边缘部位的连接，从而阻止梦的产生。具有与奖赏有关的激励机制的多巴胺能束（食欲和期望回路）承载着梦境内容的激励和愿望实现。

索尔姆斯的梦境模型推测，其所谓的与上行中脑边缘皮质多巴胺能回路有关的食欲、期望和好奇心回路具有重要作用，这些多巴胺能回路从基底神经节和边缘部位投射到基底内侧和前额皮质。独立证据表明，中脑皮质的儿茶酚胺能回路对预测奖赏至关重要，因此与行为的动机方面有关，索尔姆斯声称这些多巴胺能回路的激活激发了梦的形成过程。由于索尔姆斯同意弗洛伊德关于梦的功能之一是保护睡眠的观点，他提供了一个激活水平从前部向后部区域传播和阻尼的想法，其中与REM相关的前边缘部位的激活被假设同时阻止了运动皮质的激活，并促进了他称为反向传播的过程；而在反向传播中，多巴胺能回路的激活水平从前额、辅助运动区和前运动区保持下来，然后改道至顶下叶和枕颞区的视觉关联区，睡眠者由此可以安全地体验到愿望实现的视觉模拟（幻觉），并且不会在不完全清醒或运动活跃的情况下觉醒。 201

虽然索尔姆斯的模型基于有据可查的临床数据，但反向传播的过程并不明确，很难确定是否真的在做梦时发生。如果反向传播真的会发生，并起到了保护睡眠的作用，那么做梦的能力便有可能丧失，导致清醒或至少是睡眠不佳。虽然索尔姆斯声称他的一些患者确实报告了睡眠不佳，但并不清楚这是失去梦境还是医疗状况所造成的。据我所知，没有证据表明额叶脑白质切除术或双侧顶叶病变的患者可以永久清醒。事实上，贾斯（Jus）等人（1973）证明了白质切除的患者会出现REM，而这些患者很少报告有任何梦。

福克斯（1985）认为梦是“可信的世界类似物”或对清醒生活的想象性模拟，服从清醒认知的基本规则，但在很大程度上缺乏反思性思维。虽然他认为做梦在意识的发展中起到了一定的作用，但同时他也认为梦很可能没有适应性的功能。福克斯建议我们更多关注梦的形式认知特征，而非梦的内容本身，因为形式特征比梦的内容主题更有可能是功能性的。福克斯提出，做梦涉及记忆材料的扩散性激活，因此无法起到适应性功能，但正如他自己所指出的，梦的内容不是随机的。梦者通常在梦的叙述中被表征为核心角色，这通常涉及梦者个人选择的对过去经验的总结。过去的经历为梦中的事件提供了信息，梦不仅是对这些过去经历的重放，梦还具有认知上的创造性。

哈特曼（1998）认为，梦是语义网络中语义节点之间的兴奋扩散的产物，只不过梦中的激活模式是由当前的情绪关注点所引导的，并且建立的意义联系比清醒时的更广泛、更有包容性。哈特曼提出，某些梦境表象具有将强烈的情绪背景化的功能， 202

后者使梦能够促进创伤性或过度的情绪的整合。

11.5 梦的情绪加工功能

哈特曼的观点与当代许多强调梦境的潜在情感功能的观点相似，所有这些研究者都为梦中的适应性情绪问题的解决和加工提供了大量证据。奎肯和西科拉（1993）认为，有影响力的梦反映了经典定向反应成分的激活，这些情绪强烈、有影响力的梦对清醒时的情绪状态有持久的影响。

11.6 恐惧消除和情感网络功能障碍（AND）模型

尼尔森和莱文（2007）制定了一个新的梦魇神经认知模型，其中也隐含了一个梦的基本理论。情感网络功能障碍（Affective Network Dysfunction，AND）模型表明，正常的REM梦涉及从充满恐惧的表象中剥离背景材料，这一过程使恐惧表象可以更有效地融入长期记忆。在这一观点中，REM所支持的情绪记忆巩固本质上在于去除情感满溢（affect laden）表象的“尖牙”，使其能够被储存到长期记忆中，而这一变化过程涉及从情感满溢的记忆片段中剥离背景信息。表象背景由海马结构的激活所介导，如果背景信息从情感满溢的表象或记忆片段中剥离，恐惧就会消失；而如果剥离或去背景的过程中断，就会出现梦魇和复发性梦，然后情感满溢的表象片段就会留在短期记忆储存中，在受到语义相关的线索激活时被定期重激活。

11.7 梦的连续性假说（CH）

施雷德尔等（Schredl & Hoffman, 2003）和多姆霍夫（1996）一直是梦境模拟各种我们在日常生活中所做和遇到的事物的最主要支持者。梦的连续性假说（Continuity Hypothesis，CH）认为，梦境内容在很大程度上与梦者清醒时的概念和关注点是连续的。卡尔文•霍尔是第一个认为梦的某些内容反映了梦者的日常关注和想法，而非弗洛伊德和荣格等心理动力学理论家所主张的隐藏性欲愿望或补偿性情绪策略的梦境研究者。通过[在玛丽•卡尔金斯（Mary Calkins）等人的工作之上]创建标准化的梦境内容评分表，霍尔证明了最常出现的梦境内容根本不是奇异的表象，而是梦者与其日常交往的人之间的社会交往。

203

我们无需援引有关精心设计的梦的工作理论来掩饰埋藏在梦中的潜在性欲和攻

击性愿望；相反，只要对梦中的角色、互动、物体、行动和事件进行简单统计，就可以相当准确地描绘出梦的内容，而且其与梦者的日常生活并无明显区别。自卡尔文以来，许多梦境研究者都证实了梦的基本要素是大多数人每天都会经历的日常社会交往和关注点。多姆霍夫（2003）对从芭布•桑德斯处收集的纵向梦境系列进行了令人印象深刻的内容分析，结果显示桑德斯与梦中关键角色的攻击和友善互动模式，与她和这些人物在清醒生活中的关系起伏是一致的。

因此，梦境内容和清醒生活之间某种程度的连续性存在着强有力的经验支持。自霍尔在20世纪50年代至70年代的开创性努力以来，许多梦境研究者已大大丰富了支持这一理论的数据库。因此，显然任何完整的梦境理论都必须容纳显示梦境内容与清醒的概念和关注点之间存在实质性的连续性数据。

然而，正如每一位连续性理论的支持者所承认的那样，也有一些梦在内容和清醒的概念/关注点之间存在着一些明显的不连续性。例如，大多数人都做过像长篇冒险故事或电影一样的梦，这些“叙事驱动”的梦不像日常的梦那么平凡，它们包含更多奇异的元素和意象，而且梦者参与的行动和事件与他们的普通想法、行动和关注点明显不同；此外，还有相当一部分报告显示梦境很少或根本没有熟悉的角色、背景或活动，这类梦能否用连续性理论来解释？如果试图以连续性理论来解释，又如何才能避免诡辩、循环推理或对理论的临时性补充？

204

多姆霍夫（2003）根据索尔姆斯的数据、近日从神经成像研究中收集到的一组结果，以及他自己对梦境内容的广泛研究，提出了一个详细的梦境神经认知模型。与霍布森等人、安特罗伯斯和索尔姆斯一样，多姆霍夫认为做梦取决于脑的激活模式，但梦境内容来自对认知系统中图式和脚本的概念系统的访问。这些数据来源的汇合表明，负责做梦的大规模但有选择性的神经网络包括脑干发生器、下丘脑和丘脑、杏仁核、边缘系统、前扣带和皮质部位中的结构；多姆霍夫后来确定负责做梦的神经网络基本上是默认模式网络的很大一部分。多姆霍夫提出了梦境内容兼有“连续性原则”和“重复性原则”的观点，指出清醒生活和梦境生活之间存在着连续性，同时梦境中存在着随时间推移而重复某些主题的倾向。他列举了重复的梦魇、童年和青少年时期的复发性梦，以及在从单个个体身上引出的某些梦境系列中所发现的重复主题。多姆霍夫将这种重复内容的倾向与杏仁核的恐惧警觉系统的激活联系起来，我想他在很大程度上会同意尼尔森和莱文的梦境恐惧消除功能的AND模型。根据多姆霍夫的观点，梦是利用记忆图式、一般知识和情景记忆所产生的对现实世界的准验证性模拟。多姆霍夫不认为梦本身具有适应性功能，因而与进化理论家瑞文索分道扬镳。

11.8 威胁模拟理论

瑞文索（2000）提出，梦的功能是模拟威胁性事件。威胁模拟被认为使个体得以对威胁知觉进行排练，从而增强威胁规避。瑞文索指出，梦的内容不是随机的，而是在持续地过度表征对不愉快/威胁事件的模拟。在某些情况下，这些模拟是对以前不愉快梦境的重复（多姆霍夫的重复性原则），如被野生动物追赶的梦魇等。在涉及人类祖先生活事件的梦境中重复模拟这种威胁性事件被认为会赋予个体（相对于未经历过该模拟的个体的）选择性优势，使其可能在面对威胁时反应速度稍快，或是检测早期攻击的能力略有提高，等等。儿童尤其受益于这种威胁模拟装置，现代儿童梦境研究表明，儿童梦境中的野生威胁性动物表征过多。梦魇和创伤后的重复性梦境则被认为是威胁模拟装置解除抑制的实例。然而，尽管威胁模拟能很好地解释某些梦境内容的某些方面，但大多数梦并不能被同化为威胁模拟，有太多梦根本不是关于威胁和/或甚至不是不愉快的。对于我们的祖先来说，同样迫切的需要是与群体中其他成员的互动：如何找到配偶，如何避免冲突，如何建立联盟，等等。这种关于梦的“社会模拟理论”表明梦也会模拟社会交往，如果在梦中模拟这些互动能提高个体的适应度，自然选择就会“支持”这种梦的发展，事实似乎如此。

205

11.9 社会模拟理论

社会模拟理论（Social Simulation Theory，SST）试图解释许多梦是关于社会交往的事实。许多研究者都谈到了梦可能具有社会功能，其中人类学家一直将梦视为一种战略性的社会行为，因为梦在传统社会中被用于促进社会联盟的谈判，并促进梦者的社会地位改变。众所周知，梦是不由自主的体验，所以很难伪造，而正因为难以被伪造，所以被认为是关于梦者能力和意图的诚实信号。弗洛伊德和精神分析传统中的许多研究者可以被解读为稍许支持SST，因为他们经常从原生或当前家庭的情感冲突以及性伴侣和恋爱对象之间的情绪冲突角度来解释梦。瑞文索、图米宁（Touminin）和瓦利（Valli）（2015）整理了一些支持SST的数据和论据。SST认为梦境实际上模拟了梦者社会意义上的互动，因为其模拟了人类的社会现实，包括我们在清醒时涉及的社会技能、联系、互动和网络。布里尔顿（Brereton）（2000；也见Franklin & Zyphur, 2005）在其“社会映射假说”中提出了一个类似的想法，即认为做梦可以排练情绪和知觉能力，而这些能力是将梦者与情绪上重要的他人和社会群体联系起来所需要的。

206

显然，社会映射假说和SST与我在本书中提出的关于睡眠和梦的社会功能的论点是一致的。事实上，我相信SST是目前我们所拥有的最受支持的梦境理论，但正如瑞文索等人所指出的，该理论很少得到直接检验。尽管如此，(为了支持SST)瑞文索等人指出，95%或更多的梦是梦者与其他2至4个角色的互动，这些角色中的大多数可以被识别为梦者直接社会网络中的熟悉角色；友善性互动(典型的言语对话)出现在大约40%的梦中，而攻击性的社会交往出现在大约45%的梦中；此外，80%以上的梦中存在读心或推断他人(尤其是与梦者互动的角色)心理状态的行为；最后，梦者的清醒网络中最重要的人经常出现在梦者的梦中。因此，现有的梦境内容研究数据肯定与SST一致，我也试图证明现有的睡眠神经生物学数据同样与SST一致。

11.10 结论

上述所有梦境理论均得到了大量梦境文献证据的支持，但就目前而言，所有这些理论都不可能是完全正确的。很可能每种理论中的元素都包含了梦境终极理论的组成部分，而这一梦境的终极理论也必须解释前文所总结的梦的变体，以及梦境内容随着生命周期的不同阶段而变化的事实。任何关于梦境功能的理论都必须与现有的与梦境回忆相关的神经解剖学特征以及REM和NREM睡眠状态的神经学数据相一致。尽管睡眠和梦的神经科学在过去的几十年里取得了巨大的进步，但其仍未成熟到理论指导研究的地步。尽管如此，以上文字所描述的社会假说，包括在REM期间激活并在NREM期间“离线”的社会脑网络，以及解释大量梦境内容数据的社会模拟假说，至少提供了一个关于REM睡眠和梦的启发式理论框架，可以在未来几年的实验室中进行测试和验证：如果其被证伪，那么这一领域就可以突破启发式框架，而去研究其他潜在的框架；如果其得到支持，那么它将继续为这一领域提供理论导向的研究问题，而不是由盲目的数据驱动的研究项目。

207

回顾思考

- 梦境连续性假说有哪些优缺点？
- 目前是否有任何理论可以解释前几章所讨论的各种各样的梦境体验？
- 哪一梦境理论与有关梦境回忆和REM期间脑激活模式的神经科学数据最为一致？
- 目前的梦境理论均假设梦境对日间的意识有一定作用，哪些证据可能支持梦境对睡眠或夜间意识而非清醒意识有一定作用的说法？

拓展阅读

- Maquet, P., Ruby, P., Maudoux, A., Albouy, G., Sterpenich, V., Dang-Vu, T., Desseilles, M., Boly, M., Perrin, F., Peigneux, P., & Laureys, S. (2005). Human cognition during REM sleep and the activity profile within frontal and parietal cortices: A reappraisal of functional neuroimaging data. *Progress in Brain Research*, 150, 219–27.
- Nir, Y., & Tononi, G. (2010). Dreaming and the brain: From phenomenology to neurophysiology. *Trends in Cognitive Science*, 14(2), 88–100. doi: 10.1016/j.tics.2009.12.001. Epub January 14, 2010.
- Schredl, M. & Hofmann, F. (2003). Continuity between waking activities and dream activities. *Consciousness and Cognition*, 12(2), 298–308. 10.1016/S1053–8100(02)00072–7.
- Solms, M. (1997). *The Neuropsychology of Dreams*. Mahwah, NJ: Lawrence Erlbaum.

附录：方法

A.1 研究生物节律的方法

208

研究人类生物节律的最简单方法，是在 24 小时的阶段内记录一组变量，以观察其值如何随时间变化，变量可以包括温度、饥饿度、休息与活动/运动情况、认知过程、激素活性等。这一简单的技术已经证明，大多数事物在 24 小时或昼夜节律的周期内循环，随着有规律的 24 小时周期而盈亏盛衰或增加减少。例如，体内温度和皮质醇在早晨上升，又在天黑后下降；褪黑素的上升和下降则与明暗周期相反；肠胃激素也在 24 小时内有规律地上升和下降，以期待进餐。人类生理和行为变量以规律周期循环的例子不胜枚举，从某种意义上说，它们都受到占首要地位的明暗周期的调节。我们认为所有这些变量都受明暗周期的影响，并以精心编配的方式协同工作，如温度和皮质醇节律会随着光周期的开始而上升，可能是为了让我们准备好迎接新一天的挑战。如果把某人放在无光暗周期的洞穴里，则所有这些变量的节律活动将去同步化，温度和皮质醇节律不再一起上升，或在早晨光线开始出现的正确时间上升；而如果温度和皮质醇节律开始在黑暗期出现或上升，睡眠将变得更加困难，因为个体会在应该准备睡觉时感到兴奋。

研究节律的功能性编配的常用方法是强迫去同步化方案，即睡眠–觉醒周期被从温度/觉醒周期中分离出来，被试因而在其正常温度/觉醒周期的不同阶段入睡或觉醒。例如，他们可能被要求在温度周期上升开始时睡几分钟，然后在黑暗期的大部分时间醒来，等等。

209

另一种用于识别生物节律和节律障碍的常用技术是睡眠日记。如果连续几周记录每天的睡眠–觉醒时间表，你便能注意到工作日和周末之间有何不同，因为周末有许多人在补觉。由于社会性职责，这些人在工作日会经历睡眠剥夺，又得以在周末纠正睡眠障碍，这从周末的睡眠时间延长中可见一斑。我们也可以通过腕式体动仪来记录睡眠–觉醒时间表以及休息–活动节律，其包含一个加速度计，能够检测任何身体运动，然后显示几天甚至几周的休息-活动模式，我们可以很容易地从其输出的图形中读取定期发生的休息-活动周期。

A.2 研究睡眠机制的方法

我们对于睡眠神经生物学的大部分知识都来自动物研究，动物睡眠状况可以应用现代“台式实验室（bench laboratory）”的全套设备来研究。本书适当回顾了使用基因和分子神经生物学技术进行的动物睡眠研究，但如果我们主要对人类的睡眠感兴趣，尤其对梦更感兴趣，那么动物研究就存在严重的局限性。动物虽然很可能做梦，却无法将这些梦传达给我们。因此，本章将回顾通常用于研究人类睡眠和梦的神经科学技术，而由于睡眠是由脑产生的，所以我们首先回顾睡眠的关键脑系统。

A.3 脑中重要的睡眠系统

大脑皮质是脑的最外层，介导着高级认知功能，如思考、计划、视觉空间推理、语言和记忆。皮质的大部分区域包含 6 层细胞，其中第 4 层被称为丘脑，是皮质下中继中心投射的目标。例如，视网膜中的细胞先将进入眼睛的视觉刺激转化为神经冲动，然后将视觉信息通过视黄醇-下丘脑束发送到位于丘脑下方的下丘脑；视觉信息也被发送至丘脑，继而到位于脑后部的枕叶皮质，先是枕叶皮质的中央或初级区域，然后是次要区域，并在次要区域进行信息分析，以及与来自皮质其他区域的其他信息进行比较。

210

其他感觉也是如此：触觉传到丘脑，然后到皮质中央沟附近的躯体感觉带，在其中的初级区域进行分析后，又到脑岛和顶叶进一步分析；声音信息从耳朵传播到丘脑，再到达颞叶的听觉皮质；语音分别在左内侧和上颞区的韦尼克区域进行分析；视觉信息在枕区和颞下区进行分析；记忆信息也在颞叶及其深处的结构（如杏仁核和海马）中进行分析。脑前部的大面积皮质称为额叶，其似乎介导执行控制功能、注意功能、工作记忆、预期认知形式和计划，以及其他高级功能。大多数人的左前额叶区域包含布罗卡区域，其对于语音的产生很重要。

皮质下方有一组统称为间脑的结构，其中一组相互关联的结构称为边缘系统，它似乎对情绪反应和情绪记忆特别重要。边缘系统的关键结构包括杏仁核和海马，二者均在REM睡眠的神经生理学中起着重要作用。间脑之下则是脑干和睡眠的主要调节结构，其中有些脑干核会制造神经递质，即神经元相互交流的化学物质。

A.4 神经调质

神经调质是促进中枢神经系统（包括脑）神经细胞之间信息传递的化学物质，从方法论的角度来看，我们可以借助研究其在脑的各个区域的影响，来确定这些区域的潜在功能（包括睡眠和梦的功能）。我们还可以开发能够增强或抑制某些神经调质作用的药物，从而获取有关这些神经调质的作用和功能的宝贵知识。例如，如果在脑干/脑桥的脑桥被盖核中施用某种可以增强乙酰胆碱作用的药物（事实的确如此）确实与REM睡眠的激活增加有关（同样，事实的确如此），则可以得出乙酰胆碱通常促进REM睡眠激活的结论。 211

神经细胞通常由被称为神经元的细胞体和从细胞体延伸出来向其他神经元发送信息的轴突或树突所组成。不同神经元可以通过轴突释放到突触间隙（神经元之间的空间）中的化学物质进行通信，这些化学物质一旦被发送神经元释放，就会漂移穿过间隙，直到抵达接收神经元，后者继而在其细胞膜上使用“小钳子”从间隙中“拾取”化学信使分子，并将这些分子像锁（递质）和钥匙（膜的“受体”）一样连接到其细胞膜中，而化学信使一旦被受体捕获，就会被释放到受体神经元中，并影响该神经元正在进行的电活动。

倾向于激活脑结构的神经调质被称为兴奋性神经递质，倾向于抑制神经元放电的神经调质则被称为抑制性神经递质。兴奋性神经调质包括去甲肾上腺素、5-羟色胺、乙酰胆碱、谷氨酸和多巴胺，其中去甲肾上腺素产生于被称为蓝斑核的脑干核，5-羟色胺产生于被称为中缝核的脑干核，多巴胺产生于被称为黑质和腹侧被盖区的中脑核，乙酰胆碱则产生于桥脚被盖核和脑干上方的基底前脑的几个核团，谷氨酸受体遍布整个皮质，并可能与精神病的某些方面和一些梦魇有关。

去甲肾上腺素在脑中的释放往往会促进觉醒，5-羟色胺倾向于调节情绪功能，多巴胺有助于检测显著性和奖赏，乙酰胆碱则支持学习和记忆功能。如前所述，这些神经调质使神经细胞得以相互交流。神经递质一旦产生于神经细胞中，或被吸收到神经元中，其微小的分子就会被捆绑在一起，形成被称为囊泡的小包，然后被送到轴突中等待释放。当电荷沿着轴突传递时，其触发神经递质囊泡束释放到突触间隙中，这些递质分子束在突触间隙中缓慢扩散，直到被吸收进受体神经元中。递质分子附着在受体神经元的受体上会触发进一步的电尖峰，即突触后动作电位。每种神经递质都有其特殊的受体类型，如专门接收5-羟色胺能递质分子的神经元被称为5-羟色胺能受体。脑中各处散布着几种这样的5-羟色胺能受体，以及几种多巴胺能、去甲肾上腺素能和胆碱能（乙酰胆碱）受体。 212

有一种乙酰胆碱受体被称为烟碱受体，因为其可以被乙酰胆碱和烟碱（也称尼古丁）激活。和去甲肾上腺素一样，烟碱是一种促进觉醒的刺激物质。组胺能神经元从结节乳头体核投射到皮质中非常广泛的区域，而服用抗组胺药物之所以会使人昏昏欲睡，是因为其阻断了组胺能受体对脑的作用。当5-羟色胺扩散到突触间隙时，盐酸氟西汀片等选择性5-羟色胺再摄取抑制剂会阻止5-羟色胺的摄取，从而延长其在释放神经元中的作用。左旋多巴会增加黑质中多巴胺的产生，通常用于帕金森病患者的治疗。可乐定会抑制蓝斑核细胞的放电，从而降低整体觉醒。

直接产生睡眠的药物（见表A.1）大多是镇静性质的，如巴比妥类（如苯巴比妥）和苯二氮卓类药物，后者包括地西泮（安定）、氯硝西泮（氯安定）、劳拉西泮（氯羟安定）、替马西泮（羟基安定）、氟硝西泮（氟硝安定）、三唑仑（酣乐欣）和阿普唑仑（赞安诺）等，所有这些镇静药物都通过增加GABA（γ-氨基丁酸）这一脑中主要抑制性神经递质的效用来发挥作用。

主要的睡眠促进核是下丘脑的GABA能腹外侧视前核，觉醒促进核则包括促食欲素能外侧下丘脑/穹窿周围区、组胺能结节乳头体核、胆碱能桥脚被盖核、去甲肾上腺素能蓝斑核、5-羟色胺能中缝核和多巴胺能腹侧被盖区。因此，促进觉醒的药物往往是（通过直接刺激释放或抑制突触间隙的再摄取机制）增强主要神经调质（如5-羟色胺、去甲肾上腺素和多巴胺）的活性的药物。

215

总之，降低主要神经调质的活性可以增强睡意，提高活性则可以促进觉醒。

A.5 脑电图和多导睡眠监测

除了睡眠的药理学和神经成像研究外，研究人类自然睡眠过程的主要方法是脑电图或EEG，而如果将EEG与眼球运动（眼电图或EOG）、肌肉运动（肌电图或EMG）以及睡眠期间的呼吸测量相结合，我们则称之为多导睡眠监测（Polysomnography，PSG）。

EEG可以捕获脑表面的电波活动，但脑电波模式背后的机制是构成脑的数十亿个神经元的特性。我们知道睡眠需求反映在睡眠期间EEG的δ能量上，而δ能量是衡量慢波在EEG中占主导地位的指标。

大群神经元以同步、有节奏的模式一起放电时，就会产生EEG中的慢波。在睡眠期间使用EEG的最基本的发现是，睡眠大多与缓慢、高振幅的同步化波有关，而清醒与快速、去同步化的低振幅波有关。同步化模式表明脑（或至少是大量神经元）处于发射单一、缓慢、有节奏的模式，去同步化模式则反映了脑的不同部位以不同

216

表 A.1　影响睡眠的药物

	特定药物				
	药物亚组	举例	机制	主要影响	标准用途
褪黑素	激素	补充	褪黑素受体1型和2型激动剂	思睡	失眠；时差反应
镇静	苯二氮卓类药物	地西泮（安定），氯硝西泮（氯安定），劳拉西泮（氯羟安定），替马西泮（羟基安定），氟硝西泮（氟硝安定），三唑仑（酣乐欣），阿普唑仑（赞安诺）	γ-GABA激动剂	肌肉放松；思睡	焦虑
	苯二氮卓类激动剂	唑吡坦（安必恩），右佐匹克隆（舒乐安定），佐匹克隆，扎来普隆（Sonata）	γ-GABA激动剂	思睡	失眠
	巴比妥类药物	苯巴比妥，戊巴比妥，硫喷妥钠（喷妥撒钠、异戊巴比妥钠），司可巴比妥	γ-GABA受体上巴比妥类部位的激动剂	麻醉性思睡	癫痫
兴奋剂	苯丙胺	苯丙胺（阿得拉），甲基苯丙胺（脱氧麻黄碱），苯哌啶醋酸甲酯（利他林）	增加5-羟色胺（5-HT）、多巴胺（Dopamine，DA）和去甲肾上腺素（Norepinephrine，NE）的释放	欣快，清醒	注意缺陷多动障碍（Attention Deficit Hyperactivity Disorder，ADHD）、发作性睡病
		摇头丸（主要成分包括MDMA〔3,4-亚甲基二氧甲基苯丙胺〕、MDA〔4,5-亚甲基二氧基苯丙胺〕等），MDEA（3,4-亚甲二氧基-N-乙基安非他命）	5-HT和DA的释放	欣快，社会连结	无
	可卡因		抑制5-HT、NE和DA再摄取，从而增强其效用	寻求奖赏的行为增强	无
	莫达非尼		抑制DA再摄取	警觉增强	发作性睡病

续表

表 A.1　影响睡眠的药物

	特定药物		机制	主要影响	标准用途
	药物亚组	举例			
抗抑郁药	选择性5-羟色胺再摄取抑制剂（盐酸氟西汀片、盐酸舍曲林片、帕罗西汀）		抑制5-HT再摄取，从而增强其效用	缓解情绪障碍；抑制REM睡眠	抑郁
	三环类抗抑郁药		抑制5-HT再摄取和NE释放	抑制REM	抑郁和焦虑
抗精神病药	氯丙嗪，氟哌啶醇，硫醚嗪		阻断边缘系统中的D1和D2多巴胺受体	抑制REM并增加SWS	精神病
非典型抗精神病药	阿立哌唑，利培酮，喹硫平		阻断皮质中的D2多巴胺和5-HT2A受体	抑制REM并增加SWS	精神病
麻醉剂	全阿片类激动剂	吗啡，海洛因（二乙酰吗啡），维柯丁（氢可酮），羟考酮（扑热息痛、奥施康定），芬太尼，哌替啶，可待因，鸦片，氢吗啡酮（盐酸二氢吗啡酮），羟吗啡酮，美沙酮	增强阿片受体释放	欣快的思睡，缓解疼痛	疼痛

表A.2 药物研究所揭示的睡眠和觉醒的神经生物学信息

神经化学机制	促进睡眠	促进觉醒
拮抗组胺H1受体	×	
拮抗毒蕈碱M1受体	×	
拮抗5-羟色胺2受体	×	
拮抗肾上腺素α1受体	×	
拮抗多巴胺D1/D2受体	×	
抑制5-HT、NE和DA受体再摄取		×

的模式去同步化放电。有趣的是，REM期间也发现了去同步化的EEG。因此，实际上同步化模式与慢波阶段N3睡眠有关。

如果对数千名人类被试进行EEG检查，就可以发现一整夜睡眠过程中EEG活动变化的平均模式。一整夜睡眠过程中EEG变化或脑活动变化的平均模式称为个体的睡眠结构，典型的睡眠结构模式可以用睡眠趋势图来描述（见第 2 章的图 2.1）。

图 2.1 显示了与每个睡眠阶段（图b）相关的EEG波形式（图a）。N1 期（即第 1 阶段）与开始进入睡眠状态有关，EEG从警觉清醒的快速、去同步化的波形转变为频率为 8 Hz至 12 Hz的较慢、更规则的波形（Hz是每秒发生的波数或周期数），这些在 8 Hz至 12 Hz频率范围内的缓慢规则波是放松、昏昏欲睡状态的特征，称为 α 波；α 波又被低振幅混合频率模式所取代，后者活动在 4 Hz至 8 Hz范围内占主导，该频段称为 θ 波；EOG表明被试开始出现缓慢的眼球运动，进入了NREM睡眠第 1 阶段，该阶段在进入睡眠期间仅持续几分钟。被试随后进入N2 期（即第 2 阶段），N2 期构成了大多数人睡眠的主要部分，其中EEG波频率继续减慢，即使波的振幅增加；但该阶段的特点是偶尔爆发睡眠纺锤波和K复合波的高频振荡，二者是振幅非常高的尖峰，其中睡眠纺锤波是 7 Hz至 14 Hz的低振幅同步波形，通常出现在N2 期NREM轻度睡眠期间所谓的K复合波波形之前。最后，个体进入由N3 期（即第 3 和第 4 阶段）组成的深度睡眠，EEG进一步减慢，并显示出高振幅的慢波，这是深度睡眠或NREM睡眠第 3 阶段的标志；该阶段的睡眠有时也称为慢波睡眠，因为EEG显示慢 δ 波在 0.5 Hz至 4.5 Hz的波段占主导地位；此外，第 3 阶段还会出现眼球运动。

表A.3　睡眠和梦境研究的资料来源

睡眠相关的大型数据集越来越多地用于公共分析，如美国国家睡眠研究资源（National Sleep Research Resource，NSRR）、复杂生理信号研究资源（Research Resource for Complex Physiologic Signals，PhysioNet；网站为 www.physionet.com）、蒙特利尔睡眠研究档案（Montreal Archive of Sleep Studies，MASS），甚至还有正在进行中的面向消费者的数据集。随着"大数据"分析工作的势头越来越猛，越来越重要的是在了解PSG表型分型潜在优势的同时也要了解其潜在缺陷。在实验室PSG越来越受到限制的时代，增强信号加工和大数据分析可以证明资源分配的合理性，从而为个体和群体水平的研究提供信息。睡眠表型分型（sleep phenotyping）的目标涵盖基础和临床研究以及基因型–表型关联（genotype–phenotype associations），尤其在学术中心越来越多地储存生物样本的情况下。

在经历了第 1、2 和 3 阶段后，个体又迅速循环回第 2 和 1 阶段，但此次会进入其第一个REM睡眠（以图 2.1 中的黑条为特征），从而结束夜间睡眠的第一个周期。夜间将有 3 至 5 个这样的周期，每个周期在SWS上花费的时间较少，在REM上花费的时间较多，因为REM周期的时长在整个夜间逐渐增加，直到在早晨达到持续约 30 至 40 分钟的高潮。

A.6 神经成像方法

20 世纪 80 年代和 90 年代出现了先进的脑成像设备，这些新技术很快就被用于研究睡眠脑，其中最常用的是功能性磁共振成像（fMRI）、正电子发射断层扫描（PET）和单光子发射计算机断层成像（Single Photon Emission Computed Tomography，SPECT）。我们将简要回顾每种方法及其作为研究睡眠的工具的优缺点。

fMRI于 20 世纪 90 年代被开发出来，代表一种特殊形式的磁共振成像扫描，用于测量血液中的血流动力学变化。与其他身体区域一样，脑需要血液才能运行，因此脑中血液消耗的变化反映了脑活动水平的变化。血氧水平会表现出不同的磁性，并发出可以通过磁共振扫描仪捕获和测量的磁信号。血氧水平依赖（Blood Oxygen Level Dependent，BOLD）信号反映了血液中氧合血红蛋白和去氧血红蛋白水平的瞬时变化，二者的磁性可以用磁共振扫描仪来检测，神经活动则可以从去氧血红蛋白的局部波动来推断。目前，脑的所有区域（皮质和皮质下）都可以通过fMRI进行成像，其中BOLD信号通过每 1 至 5 秒（时间分辨率）的影像快速体积采集来检测，并

218

被映射到 2 至 5 立方毫米体素上（空间分辨率），科学家正努力在影像采集的过程中实现更精细的时/空间分辨率。

然而，使用fMRI研究睡眠或梦存在着特殊问题：尽管耳机可以阻挡大部分扫描仪发出的噪声，但这种噪声仍然会使大多数人无法在机器中入睡；此外，当个体在机器中时，记录来自其头皮的EEG信号也存在困难；最后，fMRI很昂贵，目前的运行费用约为每小时 800 美元。尽管如此，fMRI仍然是研究不同脑区对睡眠和梦的作用的首选方法。

PET扫描（正电子发射扫描）是另一种有时会用于研究脑对睡眠的作用的脑成像技术，其相对于fMRI的优势是可以提供有关睡眠期间神经化学活动的信息，fMRI则不能。PET是一种侵入性方法，是将半衰期较为短暂的放射性同位素注射到被试的血液中，然后通过计算重建法进行脑成像。放射性物质在个体体内循环（成像可以是对脑或身体的），放射性痕迹集中在生物活性组织中，示踪剂 β 随着时间的推移而衰变，释放出正电子（电子反粒子），后者依次与附近的电子碰撞，产生相反方向的 γ 粒子，而围绕个体头部或身体的PET扫描仪中的循环检测（circular detecting）装置将这些 γ 光子收集在闪烁体中。归一化数据和计算措施被应用于有关 γ 光电发射偶（photo-emission couplet）的时间和位置的信息，结果将数据以时间的函数方式转换为三维脑激活模式。这一脑成像技术的主要缺点是放射性同位素的使用昂贵又耗时，并且必须在PET扫描被试的数小时内协调好；此外，将个体暴露于不同水平的放射性物质和注射程序中也会带来重大的健康和安全风险。尽管如此，PET对于研究人类脑睡眠仍具有独特的价值，因为它是唯一可以检测到有关睡眠状态下体内神经递质活动的技术：放射性核素可以作为配体制备到非常特殊的生化底物上，如多巴胺受体、5-羟色胺转运体或酶等，我们因而可以获得一些关于睡眠状态下神经化学事件的信息。

与PET一样，SPECT是一种依赖于放射性核素和光子发射的核成像技术，可以提供组织活动的三维信息。γ 照相机会捕获光子发射模式，并将活动映射到个体组织的横切面上。放射性药物被注射到个体的血液中，其放射性核素对目标底物具有神经化学特异性。γ 照相机大约每 15 秒记录一次影像，空间分辨率约为 1 厘米。个体的健康风险和该程序的高成本是该技术的主要缺点。

除了神经成像扫描仪，睡眠的标准EEG评估还可以用所谓的定量EEG技术进行修改，后者的时间分辨率相当不错，可以达到毫秒级。目前用于睡眠评估的标准EEG的源定位技术最多可包含几十个具有高密度电极阵列（如 64、128 和 256 电极），允许从皮质捕获更多信息，这些信息可以重建为脑活动模式的详细影像。头皮记录

EEG是一种相对非侵入性的方法，用于记录皮质表面不同位置的微电压电位。信号加工变换评估脑内的电流源，时空精度分别近似为5毫秒和5毫米。高密度EEG源定位成像在睡眠研究中的优势在于成本相对较低、设备便于在各种环境中使用、时间分辨率较高、运动耐受性较好，以及不会加重噪声或要求紧密封闭的测试空间，其主要缺点是无法捕捉皮质下的脑活动。

A.7 心理物理学

典型的心理物理范式会检查给定刺激（视觉、听觉等）与主观知觉反应之间的潜在关系，但这些技术有时可以用于研究被试睡眠的或最近醒来的反应，其中一种常用的视觉心理物理学方法是语义启动。与不相关的概念相比，接触到语义相关的概念后做出词汇决定时，语义网络中的信息加工速度会加快。例如，如果要求被试回答给定的单词是否是一个单词，比起"钱包"或"托儿所"，在"医生"之前简短地加上"护士"一词时，被试的反应会更快。由于"睡眠惯性"现象，脑在个体醒来后大约10分钟内仍处于（可能是REM）睡眠状态，所以如果在觉醒后的10分钟内呈现刺激或让个体执行任务，便可以探测REM状态。

221

语义启动技术表明，在一轮REM睡眠后，我们获取不同联想（disparate association）的速度比获取强联想（strong association）更快，即REM会增强获取相对于给定刺激更远的语义关联的能力。例如，在REM睡眠后，我们更善于在通常不相关的动物（如狗–大象），而非更典型的动物（如狗–猫）之间建立联想。这种认知能力的增强对于破框思维和获取顿悟至关重要。事实上，现在似乎已经明了，在一夜好梦的睡眠之后，我们解决字谜问题的能力会有所提高，或是突然"发现"睡眠前的难题的解决方法；现有数据也表明，我们需要梦境丰富的REM这一睡眠类型来增强创造力。例如，在远距离联想任务中，日间小睡期间进行REM睡眠的被试的表现优于进行NREM睡眠或根本不睡觉的被试。

表 A.4　研究睡眠脑的功能性神经成像方法

方法	空间分辨率	时间分辨率	测量对象	在睡眠研究方面的优点	在睡眠研究方面的弱点	评论
fMRI	厘米	秒	BOLD信号 血流	有时可以在扫描仪中睡觉；可以在扫描仪中执行实验	扫描仪产生噪声；空间狭小封闭	广泛可用的研究工具
[18F]FDG-PET①	厘米	10至20分钟	葡萄糖代谢	可获取睡眠脑的能量需求指数	时间分辨率差；无法在扫描仪中睡觉	
[15O]H_2O-PET②	厘米	分钟	血流	有时可以在扫描仪中睡觉	时间分辨率差	
SPECT	厘米	分钟	血流和代谢	可用于受体显像	无法在扫描仪中睡觉	

① [18F]FDG 是 ^{18}F- 氟代脱氧葡萄糖（^{18}F-fluorode-oxyglucose，^{18}F-FDG）。——译者注

② [15O]H_2O 是放射性 ^{15}O 分子标记的水。——译者注

A.8 研究梦境内容的方法

所有研究梦境内容的方法均基于梦境样本的收集。睡眠实验室通过在志愿者进入REM状态时唤醒他或她来收集梦境报告，而如果将实验室收集的梦境与自发回忆的梦境（如在家庭环境中）进行比较，只有一个差异会始终存在：家庭梦境比实验室梦境表现出更大的攻击性，这可能表明被试在实验室中会审查梦境内容的各个方面，或是自发回忆的梦境被美化以增加故事的趣味性。典型梦境中的真实攻击量（amount of aggression）可能介于实验室所报告的数量与自发回忆的数量之间。

222 在实验室之外，梦境研究人员收集梦境样本的最典型方式是让一组被试回忆最近的梦并写下来，或是让被试在床边准备笔记本、录音机或梦境日记，从而记录一周（或更长时间）的梦。偶尔，人们可能会向梦境研究人员赠送“礼物”：多年的日志或梦境日记。这些包含了数十年来单个主题的梦境的日记是研究梦境极具有价值的资源，因为其可以帮助回答梦境内容在整个生命周期中如何变化以及与被试的生活事件有关的问题。

显然，梦境科学家还需要标准化的梦境内容评分方法来比较其对梦境内容的分析结果，“霍尔/范•德•卡斯尔系统”（Domhoff, 1996; Hall & Van de Castle, 1966）就是这样一个标准化系统。该系统具有内置技术，通过使用基本类别按百分比和比率自动评分来控制长度效应，是迄今为止最全面的系统，涵盖了许多最常见的梦境事件、特征和元素。定量评分系统由多达16个经验量表以及多个派生量表组成，其中“角色”量表可以对梦者已知的角色（如家人、朋友）或未知的陌生人按性别和年龄等进行分类，动物和想象人物也会被评分；3种主要的互动类型（攻击、友善和各类型的性行为）会被评分，互动的发起角色和目标角色或接收者会被识别；互动的子类型也会被评分，如攻击性互动被分为身体、言语攻击等；5种不同类型的情绪会被评分；活动量表会提供有关梦者的目标或努力以及是否经历成功或不幸的信息；“背景”量表针对梦境事件的发生位置（熟悉/不熟悉、室内/室外等）；“物体”量表用于描述梦中任何有形的物体。

为了真正服务于梦境研究团体，多姆霍夫和施耐德（Schneider）建立了一个网站（www.dreamresearch.net），以提供关于如何更好地利用霍尔/范•德•卡斯尔系统的完整信息以及广泛的梦境档案。电子表格程序“DreamSat”可以自动将梦境内容分数制成表格，并自动计算派生量表和百分比，大大提高了使用系统获得的结果的可靠性；223 该程序还可以生成Cohen'h统计量，这是一种效应值，用于比较相对于常模或其他类型（如REM-NREM差异）的内容差异。

霍尔/范•德•卡斯尔系统虽然被批评类别范围过窄（如情绪类别偏向负面情绪），但仍然是可靠和标准化的，所以应尽可能地推荐使用，从而使跨研究和实验室的结果具有可比性。温盖特（Wingate）和克雷默（Kramer）（1979）描述了许多其他评分系统，并研究了它们探究霍尔/范•德•卡斯尔系统不易捕获的评分内容的可靠性。

表A.5　常见的睡眠和梦境测量方法

测试	变量概要
多导睡眠图	总睡眠时间（Total Sleep Time，TST）；NREM第1、2、3、4阶段的总量（以分钟和占总睡眠时间的百分比表示）；NREM总量；S2中的纺锤波活动；SWS的δ活动总量（第3和4阶段合计）；REM总量；首次REM的潜伏时间（以分钟为单位）；REM密度；REM-NREM周期的长度（从每次REM结束到下一次REM结束所经过的时间）；#呼吸暂停指数；#低通气；#觉醒；#清醒、清醒时长、睡眠效率
睡眠日记（3周）	睡眠质量的主观每日排序；就寝时间，入睡时间，#觉醒次数，起床时间，#小睡，每次小睡的时长，睡眠地点，梦的频率和内容。（Sleep Disturbance Index，SDI：睡眠紊乱指数=每周平均夜醒频率+每日睡眠质量平均评分）

A.9 觉醒程序

为了从EEG验证的睡眠状态中获取梦境，必须在睡眠实验室中唤醒被试。通常，每名被试从REM睡眠中醒来两次，从NREM睡眠中醒来两次（N2期）。觉醒的顺序需被平衡，使一半被试首先从REM中觉醒，另一半首先从NREM中觉醒，所有随后的觉醒在REM和NREM之间轮流。REM觉醒在每个REM的20分钟后发生，NREM觉醒则在连续第二阶段睡眠的20分钟后发生，所有觉醒至少相隔20分钟。 224

每秒叫一次被试的名字，直到其做出回应，然后面试者（睡眠技术人员）询问：

回想一下，试着记住在被唤醒之前脑海里在想什么，并尽可能完整地报告。例如，你以为自己在哪里？还有谁在那里？你在做什么？你周围发生了什么？你看到了什么，想到了什么，感受到了什么？你能说出其他角色在想什么吗？如果你没有睡着，陈述这一事实，并描述脑海中闪过的任何想法、表象或感觉。

被试将其心理报告口述到微型盒式录音机中，后者自动将时间和日期多路复用到每个记录上，从而允许研究者随后检索每个报告的时间。

A.10 心理报告的转录

所有报告都是逐字转录的，包括“嗯”“呃”和咳嗽等言语外的声音。为了校正不同的词长，需要采取词频信息统计（Word Information Count，WIC）措施。WIC是对每个报告中有关睡眠体验的信息量的估计，即描述内容的词频统计。WIC排除了报告、评论中的冗余内容，以及它们与被试醒来后心理的联系。如果这些WIC量表显示出正偏态（就像在其他一些研究中的一样，这违反了方差分析的标准假设），则所有WIC分数都需进行对数转换[log10（WIC + 1）]，以消除其正偏态。

每个梦境报告都会有一个标题，包含报告的日期和时间。每组4份（REM和NREM各2份），所有后续内容分析应要求两名评委在不知道每份报告的来源的情况下进行，以帮助区分被试的表达风格和真实信息。所有主要内容结果都需计算评分者间的编码可靠性。

A.11 角色、社交和情绪的评分

要使用所谓的霍尔/范•德•卡斯尔内容评分系统进行评分，请参阅www.dreamresearch.net，其提供了一个名为“DreamSat”的电子表格程序。如前所述，该程序可以将梦境内容分数制成表格，并在使用霍尔/范•德•卡斯尔评分系统时自动计算派生量表和百分比，大大提高了使用该系统获得的结果的可靠性。用于对梦境内容进行评分的霍尔/范•德•卡斯尔系统是一个标准化且可靠的内容评分系统，由多达16个经验量表以及多个派生量表组成，用于分析梦境内容中的社会交往，可以对三种主要类型的情绪互动（攻击、友善和性）和互动的子类型（如攻击性互动可分为身体、言语攻击）进行评分；除了识别这些互动发生的物理背景外，互动的发起角色和目标角色或接收者也会被识别；“角色”量表可以对梦者已知的角色（如家人、朋友）或未知的陌生人按性别、年龄，以及与梦者的关系等进行分类。除了对所有基本类别进行评分外，还可以（使用DreamSat软件）计算以下霍尔/范•德•卡斯尔结果衡量标准（表A.6）：

225

表A.6 霍尔/范•德•卡斯尔内容比率

- 按性别划分已知和未知角色
- 情绪的数量和种类
- 攻击/友善比例=梦者参与攻击/(梦者参与攻击+梦者参与友善)
- 友善比例=梦者友善待人/(梦者友善待人+梦者被友善相待)

  在所有梦者参与的友善互动中，梦者与其他角色交好的比例
- 攻击比例=梦者为攻击者/(梦者为攻击者+梦者为受害者)

  在所有梦者参与的攻击行为中，梦者是攻击者的比例
- 身体攻击百分比=身体攻击/所有攻击

  报告中出现的身体攻击(包括目击或涉及其中的)占所有攻击的比例
- 攻击指数(A/C)=每个角色的攻击频率(所有攻击行为/角色总数)
- 友善指数(F/C)=每个角色的友善频率(所有友善行为/角色总数)
- 性指数(S/C)=每个角色的性接触频率(所有性接触行为/角色总数)

A.12 睡眠日志/日记

226

为了解释梦境发生的睡眠和清醒背景，研究人员经常要求研究中的被试记录睡眠日志/日记。被试每天晚上睡觉前(表明上床睡觉的时间)和每天早上醒来时填写睡眠日记，后者记录了被试上床睡觉的时间、睡眠潜伏时间和入睡后醒来时间的估量、早晨醒来的次数，以及睡眠质量的主观衡量。通常情况下，被试在夜间睡眠研究前一周、夜间研究期间和睡眠研究后一周(共三周)填写每日睡眠日志信息，收集的信息涵盖被试主观排序的影响其睡眠质量的诸要素：就寝时间、入睡时间、觉醒次数、起床时间、小睡次数、每次小睡的时长、睡眠地点、梦的频率和内容。睡眠日记的一个佳例是《匹兹堡睡眠日记》，它记录了被试稳定、可靠的主观排序。

A.13 睡眠与梦的大数据资源

美国国家睡眠研究资源(NSRR)：“NSRR是一个基于网络的数据门户，其汇总、协调和组织了来自数千名作为队列研究或临床试验一部分的个体的睡眠和临床数据，

并为用户提供了一套帮助进行数据探索和可视化的工具。每个去识别化的研究记录至少包括夜间睡眠研究的总结结果，带有评分事件的注释文件，来自睡眠记录的原始生理信号，以及可供参考的临床和生理数据。NSRR旨在与其他公共数据资源交互操作，如生物样本和数据存储信息协调中心（Biologic Specimen and Data Repository Information Coordinating Center，BioLINCC）数据，并使用复杂生理信号研究资源（Physionet）所提供的方法进行分析。”［另见Dean, D. A., Goldberger, A. L., Mueller, R., et al. “Scaling up scientific discovery in sleep medicine: The National Sleep Research Resource.” Sleep. 2016; 39(5): 1151–1164. Journal of Sleep Research. 2014; 23(6): 628–635.］

蒙特利尔睡眠研究档案（MASS）:“MASS是一个基于实验室的多导睡眠监测（PSG）记录的开放访问和协作数据库，其目标是提供一个标准且易于访问的数据源，用于对帮助睡眠分析自动化的各种系统进行基准测试；MASS还为快速验证实验结果和探索性分析提供了现成的数据来源；最后，MASS是可以促进睡眠研究大规模合作的共享资源。”（摘自其网站）“蒙特利尔睡眠研究档案：仪器基准测试和探索性研究的开放访问资源”摘自奥赖利（O’Reilly）、戈塞林（Gosselin）、卡里尔（Carrier）和尼尔森的论文。

227

Dreambank仍是目前最好的梦境叙事储存库，由加州大学圣克鲁斯分校的心理学家亚当•施耐德（Adam Schneider）和威廉•多姆霍夫（G. William Domhoff）创建，包含了从许多来源和研究中收集的20000余个“梦境报告”，并拥有一个基于经典和标准化的霍尔/范•德•卡斯尔梦境评分系统的搜索和分析工具。

凯利•巴尔克利（Kelly Bulkeley）的睡眠和梦境数据库在梦境叙述的数量和种类上可与Dreambank相媲美，用户可以使用其内置工具进行单词搜索和调查分析来探索这些叙述。

有一个包含多导睡眠监测数据（像NSRR）和来自相同被试的相关梦境叙述的档案将是一件幸事，但目前为止我还不知道有这样的档案存在。鉴于MASS团队在睡眠和梦境研究方面的专业知识，MASS将来可能会发布一些类似的数据。

无论如何，这些梦境数据库最多包含20000个梦境，而一旦从智能手机应用程序收集的数据库开始被清理和存档，这一数字很快就会被认为是微不足道的。

蒂尔•罗恩内伯格（Til Roenneberg）的时间型问卷意在确定用户的时间型、是否和为什么是清晨型或夜晚型。罗恩内伯格的团队旨在了解生物钟的潜在复杂性和个体差异，如日常清醒和睡眠状态下的表现。提交问卷后，对用户时间型（个人资料）的自动评估将通过电子邮件发送，用户可以看到自己的结果与到目前为止已填写问卷的其他 50000 余人的对比结果。

国际梦研究协会（Association for the Study of Dreams，ASD）是梦境学者/科学家的专业协会，为对梦感兴趣的人提供了大量资源，并出版了APA学术期刊《梦》（*Dreaming*）；此外，还可以在社交媒体上关注ASD。

参考文献

Achermann, P., Finelli, L. A., & Borbély, A. (2001). Unihemispheric enhancement of delta power in human frontal sleep EEG by prolonged wakefulness. *Brain Research*, 913(2), 220–223.

Affani, J. M., Cervino, C. O., & Marcos, H. J. A. (2001). Absence of penile erections during paradoxical sleep: Peculiar penile events during wakefulness and slow wave sleep in the armadillo. *Journal of Sleep Research*, 10, 219–228.

Ainsworth, M. S., Blehar, M. C., Waters, E., & Wall, S. (1978). *Patterns of Attachment: A Psychological Study of the Strange Situation*. Hillsdale, NJ: Erlbaum.

Alloy, L. B., Ng, T. H., Titone, M. K., & Boland, E. M. (2017). Circadian rhythm dysregulation in bipolar spectrum disorders. *Current Psychiatry Reports*, 19(4), 21. doi: 10.1007/s11920-017-0772-z. Review. PMID:28321642.

Anderson, J. R. (1998). Sleep, sleeping sites, and sleep-related activities: Awakening to their significance. *American Journal of Primatology*, 46(1), 63–75.

Anderson, C., & Horne, J. A. (2003). Prefrontal cortex: Links between low frequency delta EEG in sleep and neuropsychological performance in healthy, older people. *Psychophysiology*, 40(3), 349–357. PMID:12946109.

Antony, J., Gobel, E. W., O'Hare, J. K., Reber, P. J., & Paller, K. A. (2012). Cued memory reactivation during sleep influences skill learning. *Nature Neuroscience*, 15, 1114–1116.

Antrobus, J. S. (1991). Dreaming: Cognitive processes during cortical activation and high afferent thresholds. *Psychological Review*, 98, 96–121.

Argiolas, A., & Gessa, G. L. (1991). Central functions of oxytocin. *Neuroscience and Biobehavioral Reviews*, 15(2), 217–231.

Arnulf, I., Zeitzer, J. M., File, J., Farber, N., & Mignot, E. (2005). Kleine-Levin syndrome: A systematic review of 186 cases in the literature. *Brain*, 128 (Pt 12), 2763–2776. E-pub October 17, 2005. Review. PMID:16230322.

Aviv, A., & Susser, E. (2013). Leukocyte telomere length and the father's age enigma: Implications for population health and for life course. *International Journal of Epidemiology*. doi:10.1093/ije/dys236.

Barnouw, V. (1963). *Culture and Personality*. Homewood, IL: Dorsey Press.

Beattie, L., Kyle, S. D., Espie, C. A., & Biello, S. M. (2015). Social interactions, emotion and sleep: A systematic review and research agenda. *Sleep Medicine Reviews,* 24, 83–100. doi: 10.1016/j. smrv.2014.12.005.

Beebe, D. W. (2016). WEIRD considerations when studying adolescent sleep need. *Sleep*, 39(8), 1491–1492.

Beijers, R., Jansen, J., Riksen-Walraven, M., & de Weerth, C. (2011). Attachment and infant night waking: A longitudinal study from birth through the first year of life. *Journal of the American Academy of Child and Adolescent Psychiatry*, 32(9), 635–643.

Belsky, J., Steinberg, L., & Draper, P. (1991). Childhood experience, interpersonal development, and reproductive strategy: An evolutionary theory of socialization. *Child Development*, 62, 647–670.

Benington, J. H., & Frank, M. G. (2003). Cellular and molecular connections between sleep and synaptic plasticity. *Progress in Neurobiology*, 69(2), 71–101. Review. PMID:12684067.

Benington, J. H., & Heller, H. C. (1994). Does the function of REM sleep concern non-REM sleep or waking? *Progress in Neurobiology*, 44, 433–449.

(1995). Restoration of brain energy metabolism as the function of sleep. *Progress in Neurobiology*, 45, 347–

360.

Benoit, D., Zeanah, C. H., Boucher, C., & Minde, K. K. (1992). Sleep disorders in early childhood: Association with insecure maternal attachment. *Journal of the American Academy of Child and Adolescent Psychiatry*, 31(1), 86–93.

Blanco-Centurion, C., Xu, M., Murillo-Rodriguez, E., Gerashchenko, D., Shiromani, A. M., Salin-Pascual, R. J., et al. (2006). Adenosine and sleep homeostasis in the basal forebrain. *Journal of Neuroscience*, 26(31), 8092–8100.

Bliwise, D. L. (2000). Normal aging. In M. H. Kryger, T. Roth, & W. C. Dement (eds.), *Principles and Practice of Sleep Medicine* (pp. 26–42). Philadelphia: Saunders.

Blurton Jones, N. G., & da Costa, E. (1987). A suggested adaptive value of toddler night waking: Delaying the birth of the next sibling. *Ethology and Sociobiology*, 8, 135–142.

Booker, C. (2006). *The Seven Basic Plots: Why We Tell Stories*. New York: Bloomsbury Academic Press.

Bourguignon, E. (1972). Dreams and altered states of consciousness in anthropological research. In F. L. K. Hsu (ed.), *Psychological Anthropology* (pp. 403–434). Cambridge, MA: Schenkman Publications.

Borbely, A. A. (1980). Sleep: Circadian rhythm versus recovery process. In M. Koukkou, D. Lehmann, & J. Angst (eds.), *Functional States of the Brain: Their Determinants* (pp. 151–161). Amsterdam: Elsevier.

(1982). A two process model of sleep regulation. *Human Neurobiology*, 1, 195–204.

Borbely, A. A., Tobler, I., & Hanagasioglu, M. (1984). Effect of sleep deprivation on sleep and EEG power spectra in the rat. *Behavioral Brain Research*, 14, 171–182.

Bowlby, J. (1969). *Attachment and Loss* (Vol. 1). New York: Basic Books.

Braun, A. R., Balkin, T. J., Wesensten, N. J., Carson, R. E., Varga, M., Baldwin, P., Selbie, S., Belenky, G., & Herscovitch, P. (1997). Regional cerebral blood flow throughout the sleep-wake cycle. *Brain*, 120, 1173–1197.

Braun, A. R., Balkin, T. J., Wesensten, N. J., Gwadry, F., Carson, R. E., Varga, M., Baldwin, P., Belenky, G., & Herscovitch, P. (1998). Dissociated pattern of activity in visual cortices and their projections during human rapid eye-movement sleep. *Science*, 279, 91–95.

Brereton, D. (2000). Dreaming, adaptation, and consciousness: The social mapping hypothesis. *Ethos*, 28(3), 379–409. 10.1525/eth.2000.28.3.379.

Brubaker, L. L. (1998). Note on the relevance of dreams for evolutionary psychology. *Psychology Reports*, 82(3), 1006.

Bulkeley, K. (2014). Digital dream analysis: A revised method. *Conscious and Cognition*, 29, 159–170. doi: 10.1016/j.concog.2014.08.015. Epub October 3, 2014. PMID: 25286125.

Burnham, M. M., Goodlin-Jones, B. L., Gaylor, E. E., & Anders, T. F. (2002). Nighttime sleep-wake patterns and self-soothing from birth to one year of age: A longitudinal intervention study. *Journal of Child Psychology and Psychiatry*, 43(6), 713–725.

Burns, J. (2007). *The Descent of Madness: Evolutionary Origins of Psychosis and the Social Brain*. New York: Routledge.

Buxton, J. L., Suderman, M., Pappas, J. J., Borghol, N., McArdle, W., Blakemore, A. I., Hertzman, C., Power, C., Szyf, M., & Pembrey, M. (2014). Human leukocyte telomere length is associated with DNA methylation levels in multiple subtelomeric and imprinted loci. *Scientific Reports*, 4, 4954. doi: 10.1038/srep04954.

Buysse, D. (2011). Insomnia: Recent developments and future directions. In M. Kryger, T. Roth, & W. C. Dement (eds.), *Principles and Practice of Sleep Medicine* (5th edn). Philadelphia: W. B. Saunders Co.

Buzsaki, G. (1996). The hippocampo-neocortical dialogue. *Cerebral Cortex*, 6(2), 81–92.

Cajochen, C., Foy, R., & Dijk, D. J. (1999). Frontal predominance of a relative increase in sleep delta and theta EEG activity after sleep loss in humans. *Sleep Research Online*, 2(3), 65–69. PMID: 11382884.

Capellini, I., Barton, R. A., Preston, B., McNamara, P., & Nunn, C. L. (2008). Phylogenetic analysis of the ecology and evolution of mammalian sleep. *Evolution*, 62(7), 1764–1776. PMID: 18384657.

Capellini, I., McNamara, P., Preston, B. T., Nunn, C. L., & Barton, R. A. (2009). Does sleep play a role in memory consolidation? A comparative test. *PLoS ONE*, 4(2), e4609. PMID: 19240803.

Capellini, I., Nunn, C. L., McNamara, P., Preston, B. T., & Barton, R. A. (2008). Energetic constraints, not predation, influence the evolution of sleep patterning in mammals. *Functional Ecology*, 22(5), 847–853.

Carskadon, M. A., Acebo, C., & Jenni, O. (2004). Regulation of adolescent sleep: Implications for behavior. *Annals of the New York Academy of Sciences*, 1021, 276–291.

Carskadon, M., & Dement, W. C. (2000). Normal human sleep: An overview. In M. H. Kryger, T. Roth, & W. C. Dement (eds.), *Principles and Practice of Sleep Medicine* (3rd edn, pp. 15–25). Philadelphia: Saunders.

Cartwright, R. D. (1999). Dreaming in sleep disordered patients. In S. Chokroverty (ed.), *Sleep Disorders Medicine: Basic Science, Technical Considerations, and Clinical Aspects* (pp. 127–134). Boston: Butterworth-Heinemann.

Cartwright, R. (2010). *The Twenty-Four Hour Mind*. Cambridge: Cambridge University Press.

Chauvet, J., Deschamps, E. B., & Hillaire, C. (1995). *Chauvet Cave: The Discovery of the World's Oldest Paintings*. London: Thames and Hudson.

Chemelli, R. M., Willie, J. T., Sinton, C. M., Elmquist, J. Scammell, T., Lee, C., Richardson, J. A., Williams, S. C., Xiong,Y., Kisanuki, Y., Fitch, T. E., Nakazato, M., Hammer, R. E., Saper, C. B., & Yanagisawa, M. (1990). Narcolepsy in orexin knockout mice: Molecular genetics of sleep regulation. *Cell*, 98(4), 437–451.

Chen, Q., Yang, H., Zhou, N., Sun, L., Bao, H., Tan, L., Chen, H., Ling, X., Zhang, G., Huang, L., Li, L., Ma, M., Yang, H., Wang, X., Zou, P., Peng, K., Liu, T., Cui, Z., Ao, L., Roenneberg, T., Zhou, Z., & Cao, J. (2016). Inverse u-shaped association between sleep duration and semen quality: Longitudinal observational study (MARHCS) in Chongqing, China. *sleep*, 39(1), 79–86.

Cheyne, J. A. (2002). Situational factors affecting sleep paralysis and associated hallucinations: Position and timing effects. *Journal of Sleep Research*, 11(2), 169–77. PMID: 12028482.

Cheyne, J. A., & Girard, T. A. (2007). Paranoid delusions and threatening hallucinations: A prospective study of sleep paralysis experiences. *Conscious and Cognition*, 16(4), 959–749. Epub March 6, 2007. PMID: 17337212.

Chisholm, J. S. (ed.). (1999). *Death, Hope and Sex: Steps to an Evolutionary Ecology of Mind and Morality*. Cambridge: Cambridge University Press.

Cipolli, C., & Poli, D. (1992). Story structure in verbal reports of mental sleep experience after awakening in REM sleep. *Sleep*, 15, 133–142.

Clayton-Smith, J., & Laan, L. (2003). Angelman syndrome: A review of the clinical and genetic aspects. *Journal of Medical Genetics*, 40(2), 87–95.

Clawson, B. C., Durkin, J., & Aton, S. J. (2016). Form and function of sleep spindles across the lifespan. *Neural Plasticity*. 2016:6936381. doi: 10.1155/2016/6936381. Epub April 14, 2016.

Colace, C. (2010). *Children's Dreams: From Freud's Observations to Modern Dream Research* (1st edn). London: Karnac Books Ltd.

Corsi-Cabrera, M., Miro, E., del-Rio-Portilla, Y., Perez-Garci, E., Villanueva, Y., & Guevara, M. A. (2003). Rapid eye movement sleep dreaming is characterized by uncoupled EEG activity between frontal and perceptual cortical regions. *Brain and Cognition*, 51(3), 337–345.

Crick, F., & Mitchison, G. (1983). The function of dream sleep. *Nature*, 304, 111–114.

(1986). REM sleep and neural nets. *Journal of Mind and Behavior*, 7, 229–250.

Czeisler. C. (2006). Impact of extended-duration shifts on medical errors, adverse events, and attentional failures. *PLOS Medicine*, 3, 12.

Czeisler, C. A., & Gooley, J. J. (2007). Sleep and circadian rhythms in humans. *Cold Spring Harbor Symposia on Quantitative Biology*, 72, 579–597.

Czisch, M., Wehrle, R., Kaufmann, C., Wetter, T. C., Holsboer, F., Pollmacher, T., & Auer, D. P. (2004). Functional

MRI during sleep: BOLD signal decreases and their electrophysiological correlates. *European Journal of Neuroscience*, 20(2), 566–574.

Czisch, M., Wetter, T. C., Kaufmann, C., Pollmacher, T., Holsboer, F., & Auer, D. P. (2002). Altered processing of acoustic stimuli during sleep: Reduced auditory activation and visual deactivation detected by a combined fMRI/EEG study. *Neuroimage*, 16(1), 251–258.

Dale, A., Lafrenière, A., & De Koninck, J. (2017). Dream content of Canadian males from adolescence to old age: An exploration of ontogenetic patterns.; *Consciousness and Cognition*, 49, 145–156. doi: 10.1016/j.concog.2017.01.008. Epub February 15, 2017. PMID:28212501.

Dale, A., Lortie-Lussier, M., & De Koninck, J. (2015). Ontogenetic patterns in the dreams of women across the lifespan. *Consciousness and Cognition*, 37, 214–224.

Dang-Vu, T. T., Desseilles, M., Petit, D., Mazza, S., Montplaisir, J., & Maquet, P. (2007). Neuroimaging in sleep medicine. *Sleep Medicine*, 8, 349–372.

Dang-Vu, T. T, Desseilles, M., Laureys, S., Degueldre, C., Perrin, F., Phillips, C., Maquet, P., & Peigneux, P. (2005). Cerebral correlates of delta waves during non-REM sleep revisited. *Neuroimage*, 28(1), 14–21. Epub June 23, 2005.

Dang-Vu, T. T., Schabus, M., Desseilles, M., Sterpenich, V., Bonjean, M., & Maquet, P. (2010) Functional neuroimaging insights into the physiology of human sleep. *Sleep*, 33(12), 1589–603. Review. PMID:21120121.

D'Andrade, R. G. (1961). Anthropological studies of dreams. In F. L. K. Hsu (ed.), *Psychological Anthropology: Approaches to Culture and Personality* (pp. 296–332). Homewood, IL: Dorsey Press.

Daoyun, J., & Wilson, M. A. (2007). Coordinated memory replay in the visual cortex and hippocampus during sleep. *Nature Neuroscience*, 10(1), 100–107.

De Gennaro, L., Vecchio, F., Ferrara, M., Curcio, G., Rossini, P. M., & Babiloni, C. (2004). Changes in fronto-posterior functional coupling at sleep onset in humans. *Journal of Sleep Research*, 13(3), 209–217.

Dement, W. C. (1965). Recent studies on the biological role of rapid eye movement sleep. *American Journal of Psychiatry*, 122, 404–408.

Dement, W. C., & Vaughn, C. (2000). *The Promise of Sleep*. New York: Dell Publishing.

Devereux, G. (1951). *Reality and Dream: Psychotherapy of a Plains Indian*. New York: International Universities Press.

Dew, M. A., Hoch, C. C., Buysse, D. J., Monk, T. H., Begley, A. E., Houck, P. R., et al. (2003). Healthy older adults' sleep predicts all-cause mortality at 4 to 19 years of follow-up. *Psychosomatic Medicine*, 65(1), 63–73.

Dewald, J. F., Meijer, A. M., Oort, F. J., Kerkhof, G. A., & Bögels, S. M. (2010). The influence of sleep quality, sleep duration and sleepiness on school performance in children and adolescents: A meta-analytic review. *Sleep Medicine Review*, 14(3), 179–89. doi: 10.1016/j. smrv.2009.10.004. Epub January 21, 2010.

Dixon, B. R. (1908). Notes on the Achomawi and Atsugewi Indians of Northern California. *American Anthropologist*, 10, 208–220.

Domhoff, G. W. (1996). *Finding Meaning in Dreams: A Quantitative Approach*. New York: Plenum.

(2003). *The Scientific Study of Dreams: Neural Networks, Cognitive Development, and Content Analysis*. Washington, DC: American Psychological Association.

(2011). The neural substrate for dreaming: is it a subsystem of the default network? *Consciousness and Cognition*, 20(4), 1163–1174. doi: 10.1016/ j.concog.2011.03.001. Epub March 29, 2011.

Domhoff, G. W., & Kamiya, J. (1964). Problems in dream content study with objective indicators: A comparison of home and laboratory dream reports. *Archives of General Psychiatry*, 11, 519–524.

Dresler, M., Wehrle, R., Spoormaker, V. I., Koch, S. P., Holsboer, F., Steiger, A., Obrig, H., Sämann, P. G., & Czisch, M. (2012). Neural correlates of dream lucidity obtained from contrasting lucid versus non-lucid REM sleep: A combined EEG/fMRI case study. *Sleep*, 35(7), 1017–1020. doi: 10.5665/sleep.1974. PMID: 22754049.

Dumoulin Bridi, M. C., Aton, S. J., Seibt, J., Renouard, L., Coleman, T., & Frank, M. G. (2015). Rapid eye movement sleep promotes cortical plasticity in the developing brain. *Science Advances*, 1(6), e1500105. doi: 10.1126/sciadv.1500105. eCollection July 2015.

Dunbar, R. (1998). The social brain hypothesis. *Evolutionary Anthropology*, 6, 178–190.

Dunbar, R. I. (2012). The social brain meets neuroimaging. *Trends in Cognitive Science*, 16(2), 101–102. doi: 10.1016/j.tics.2011.11.013. Epub December 15, 2011. PMID:22177800.

Durrence, H. H., & Lichstein, K. L. (2006). The sleep of African Americans: A comparative review. *Behavioral Sleep Medicine*, 4(1), 29–44. Review. PMID:16390283.

Eggan, D. (1949). The significance of dreams for anthropological research. *American Anthropology*, 51(2), 177–198.

(1961). Dream analysis. In B. Kaplan (ed.), *Studying Personality Cross-Culturally* (pp. 551–577). New York: Harper and Row.

Eisenberg, D. T. A. (2011). An evolutionary review of human telomere biology: The thrifty telomere hypothesis and notes on potential adapt paternal effects. *American Journal of Human Biology*, 23, 149–167.

Eisenberg, D. & Kuzawa, C. (2013) Commentary: The evolutionary biology of the paternal age effect on telomere length. *International Journal of Epidemiology*, 42(2), 462–465. doi:10.1093/ije/dyt027.

Eisenberg, D. T., Hayes, M. G., & Kuzawa, C. W. (2012). Delayed paternal age of reproduction in humans is associated with longer telomeres across two generations of descendants. *Proceedings of the National Academy of Sciences of the United States of America*, 109, 1025–1056.

Ekirch, A. (2005). *At Day's Close: Night in Times Past*. New York: W. W. Norton.

Everson, C. A., & Szabo, A. Repeated exposure to severely limited sleep results in distinctive and persistent physiological imbalances in rats. *PLoS ONE*, 6(8), e22987.

Fantini, M. L., Corona, A., Clerici, S., & Ferini-Strambi, L. (2005). Aggressive dream content without daytime aggressiveness in REM sleep behavior disorder. *Neurology*, 65(7), 1010–1015. PMID:16217051.

Finelli, L.A., Borbely, A. A. & Achermann, P. (2001). Functional topography of the human non-REM sleep electroencephalogram. *European Journal of Neuroscience*, 13, 2282–2290.

Fogel, S. M., Nader, R., Cote, K. A., & Smith, C. T. (2007). Sleep spindles and learning potential. *Behavioral Neuroscience*, 121(1), 1–10. PMID:17324046.

Fosse, M. J., Fosse, R., Hobson, J. A., & Stickgold, R. (2003). Dreaming and episodic memory: A functional dissociation? *Journal of Cognitive Neuroscience*, 15, 1–9.

Foulkes, D. (1962). Dream reports from different stages of sleep. *Journal of Abnormal and Social Psychology*, 65, 14–25.

(1978). *A Grammar of Dreams*. New York: Basic Books.

(1982). *Children's Dreams: Longitudinal Studies*. New York: John Wiley.

(1985). *Dreaming:* A Cognitive-Psychological Analysis. Hillsdale, NJ: Lawrence Erlbaum.

Foulkes, D., & Schmidt, M. (1983). Temporal sequence and unit composition in dream reports from different stages of sleep. *Sleep*, 6(3), 265–280.

Frank, M. G. (1999). Phylogeny and evolution of rapid eye movement (REM) sleep. In B. N. Mallick & S. Inoue (eds.), *Rapid Eye Movement Sleep* (pp. 15–38). New Delhi: Narosa.

Frank, M. G., & Benington, J. H. The role of sleep in memory consolidation and brain plasticity: Dream or reality? *The Neuroscientist*, 12(6), 477–488.

Frank, M. G., & Heller, H. C. Development of REM and slow wave sleep in the rat. *American Journal of Physiology*, 272, R1792–R1799.

Frank, M. G., Issa, N. P., & Stryker, M. P. Sleep enhances plasticity in the developing visual cortex. *Neuron*, 30, 275–287.

Frank, R. H. (1988). *Passions within Reason: The Strategic Role of Emotions*. New York: Norton.

Franken, P., Chollet, D., & Tafti, M. (2001). The homeostatic regulation of sleep need is under general control. *Journal of Neuroscience*, 21, 2610–2621.

Franklin, M. S. & Zyphur, M. J. (2005). The role of dreams in the evolution of the human mind. *Evolutionary Psychology*, 3, 59–78.

Freud, S. (1900). *Die Traumdeutung*. Vienna: Franz Deuticke, Leipzig & Vienna.

(1950). *The Interpretation of Dreams*. New York: Random House.

French, T., & Fromme, E. (1964). *Dream Interpretation: A New Approach*. New York: Basic Books.

Fruth, B., & Hohmann, G. (1993). Ecological and behavioral aspects of nest building in wild bonobos. *Ethology*, 94, 113–126.

Fruth, B., & McGrew, W. C. (1998). Resting and nesting in primates: Behavioral ecology of inactivity. *American Journal of Primatology*, 46(1), 3–5.

Garfield, A. S., Cowley, M., Smith, F. M., Moorwood, K., et al. (2011). Distinct physiological and behavioral functions for parental alleles of imprinted Grb10. *Nature*, 469, 534–538.

Gemignani, A., Piarulli, A., Menicucci, D., Laurino, M., Rota, G., Mastorci, F., Gushin, V., Shevchenko, O., Garbella, E., Pingitore, A., Sebastiani, L., Bergamasco, M., L'Abbate, A., Allegrini, P., & Bedini, R. (2014). How stressful are 105 days of isolation? Sleep EEG patterns and tonic cortisol in healthy volunteers simulating manned flight to Mars. *International Journal of Psychophysiology*, 93(2), 211–219. doi: 10.1016/j.ijpsycho.2014.04.008. Epub May 2, 2014.

Giuditta, A., Ambrosini, M. V., Montagnese, P., Mandile, P., Cotugno, M., Grassi, Z. G., et al. (1995). The sequential hypothesis of the function of sleep. *Behavioural Brain Research*, 69, 157–166.

Godbout, R., Bergeron, C., Stip, E., & Mottron, L. (1998). A laboratory study of sleep and dreaming in a case of Asperger's syndrome. *Dreaming*, 8(2), 75–88.

Goodenough, D. R. (1991). Dream recall: History and current status of the field. In S. J. Ellman & J. S. Antrobus (eds.), *The Mind in Sleep: Psychology and Psychophysiology* (2nd edn, pp. 143–171). New York: John Wiley.

Grunebaum, G., & Callois, R. (1966). *The Dream and Human Societies*. Berkeley: University of California Press.

Guevara, M. A., Lorenzo, I., Arce, C., Ramos, J., & Corsi-Cabrera, M. (1995). Inter- and intrahemispheric EEG correlation during sleep and wakefulness. *Sleep*, 18(4), 257–265.

Hafner, M., Stepanek, M., Taylor, J., Troxel, W. M., & van Stolk, C. (2017). Why sleep matters—The economic costs of insufficient sleep: A cross-country comparative analysis. *RAND Health Quarterly*, 6(4), 11. eCollection January 2017. PMID: 28983434.

Haig, D. (2002). *Genomic Imprinting and Kinship*. New Brunswick, NJ: Rutgers University Press.

(1993). Genetic conflicts in human pregnancy. *Quarterly Review of Biology*, 68(4), 495–532.

(2000). Genomic imprinting, sex-biased dispersal, and social behavior. *Annals of the New York Academy of Sciences*, 907, 149–163.

(2014). Troubled sleep: Night waking, breastfeeding and parent-offspring conflict. *Evolution, Medicine, and Public Health*, 2014(1), 32–9. doi: 10.1093/emph/eou005. Epub March 7, 2014. PMID: 24610432.

Haig, D., & Westoby, M. (1988). Inclusive fitness, seed resources and maternal care. In L. L. Doust (ed.), *Plant Reproductive Ecology* (pp. 60–79). New York: Oxford University Press.

Halász, P., Bódizs, R., Parrino, L., & Terzano, M. (2014). Two features of sleep slow waves: Homeostatic and reactive aspects – from long term to instant sleep homeostasis. *Sleep Medicine*, 15(10), 1184–1195. doi: 10.1016/j.sleep.2014.06.006. Epub July 8, 2014. Review. PMID:25192672.

Hall, C. (1963). Strangers in dreams: An empirical confirmation of the Oedipus complex. *Journal of Personality*, 31, 336–345.

Hall, C., & Van de Castle, R. (1966). *The Content Analysis of Dreams*. New York: Appleton-Century-Crofts.

Harrison, Y., Horne, J. A., & Rothwell, A. (2000). Prefrontal neuropsychological effects of sleep deprivation in young adults – a model for healthy aging? *Sleep*, 23(8), 1067–1073. PMID: 11145321.

Hartmann, E. (1984). *The Nightmare*. New York: Basic Books.

(1996). Outline for a theory on the nature and function of dreaming. *Dreaming*, 6, 147–169.

(1998). *Dreams and Nightmares: The New Theory on the Origin and Meaning of Dreams*. New York: Plenum.

Hartmann, E., Russ, D., van der Kolk, B., Falke, R., & Oldfield, M. (1981). A preliminary study of the personality of the nightmare sufferer: Relationship to schizophrenia and creativity? *American Journal of Psychiatry*, 138, 784–797.

Hartse, K. M. (1994). Sleep in insects and nonmammalian vertebrates. In M. H. Kryger, T. Roth, & W. C. Dement (eds.), *Principles and Practice of Sleep Medicine* (2nd edn, pp. 95–104). Philadelphia: Saunders.

Hennevin, E., Huetz, C., & Edeline, J. M. (2007). Neural representations during sleep: From sensory processing to memory traces. *Neurobiology of Learning and Memory*, 87(3), 416–440; https://doi.org/10.1016/j.nlm.2006.10.006.

Herlin, B., Leu-Semenescu, S., Chaumereuil, C., & Arnulf, I. (2015). Evidence that non-dreamers do dream: A REM sleep behaviour disorder model. *Journal of Sleep Research*, August 25. doi: 10.1111/ jsr.12323.

Hertz, G., Cataletto, M., Feinsilver, S. H., & Angulo, M. (1993). Sleep and breathing patterns in patients with Prader Willi syndrome (PWS): Effects of age and gender. *Sleep*, 16(4), 366–371.

Hobson, J. A. (1988). *The Dreaming Mind*. New York: Basic Books.

Hobson, J. A., Pace-Schott, E. F., & Stickgold, R. (2000). Dreaming and the brain: Toward a cognitive neuroscience of conscious states. *Behavioral Brain Sciences*, 23, 793–842.

Hobson, J. A., & Friston, K. J. (2012). Waking and dreaming consciousness: Neurobiological and functional considerations. *Progress in Neurobiology*, 98(1), 82–98. doi: 10.1016/j.pneurobio.2012.05.003; PMCID: PMC3389346.

Hobson, J. A., & McCarley, R. (1977). The brain as a dream state generator: An activation-synthesis hypothesis of the dream process. *American Journal of Psychiatry*, 134, 1335–1348.

Hobson, J. A., & Pace-Schott, E. F. (2002). The cognitive neuroscience of sleep: Neuronal systems, consciousness and learning. *Nature Reviews, Neuroscience*, 3, 679–693.

Hobson, J. A., Pace-Schott, E. F., & Stickgold, R. (2000a). Consciousness: Its vicissitudes in waking and sleep. In M. Gazzaniga (ed.), *The New Cognitive Neurosciences* (2nd edn, pp. 1341–1354). Cambridge, MA: MIT Press.

Hobson, J. A., Stickgold, R., & Pace-Schott, E. F. (1998). The neuropsychology of REM sleep dreaming. *Neuroreport*, 9(3), R1–R14.

Hofer, M. A., & Shair, H. (1982). Control of sleep-wake states in the infant rat by features of the mother-infant relationship. *Developmental Psychobiology*, 15(3), 229–243.

Hofle, N., Paus, T., Reutens, D., Fiset, P., Gotman, J., Evans, A. C., et al. (1997). Regional cerebral blood flow changes as a function of delta and spindle activity during slow wave sleep in humans. *Journal of Neuroscience*, 17, 4800–4808.

Hollan, D. (2003). The cultural and intersubjective context of dream remembrance and reporting: Dreams, aging, and the anthropological encounter in Toraja, Indonesia. In R. I. Lohmann (ed.), *Dream Travelers: Sleep Experiences and Culture in the Western Pacific* (pp. 169–187). New York: Palgrave Macmillan.

Hong, C. C. H., Gillin, J. C., Dow, B. M., Wu, J. & Buchsbaum, M. S. (1995) Localized and lateralized cerebral glucose metabolism associated with eye movments during REM sleep and wakefulness: A positron emission tomography (PET) study. *Sleep*, 18, 570–580.

Horne, J. A. (1993). Human sleep, sleep loss and behaviour: Implications for the prefrontal cortex and psychiatric disorder. *British Journal of Psychiatry*, 162, 413–419. Review. No abstract available. PMID: 8453439.

(2000). REM sleep—by default? *Neuroscience and Biobehavioral Reviews*, 24, 777–797.

Hrdy, S. B. (1999). *Mother Nature*. New York: Pantheon.

Huber, R., Ghilardi, M. F., Massimini, M., & Tononi, G. (2004). Local sleep and learning. *Nature*, 430(6995), 78–81. Epub June 6, 2004. PMID:15184907.

Hultkrantz, A. (1970). Attitudes to animals in Shoshoni Indian Religion. *Studies in Comparative Religion*, 4, 70–79.

(1987). *Native Religions of North America: The Power of Visions and Fertility*. New York: Harper and Row.

Hunt, H. T. *The Multiplicity of Dreams: Memory, Imagination and Consciousness*. New Haven, CT: Yale University Press.

Irwin, L. (1994). *The Dream Seekers: Native American Visionary Traditions of the Great Plains*. Norman: University of Oklahoma Press.

Isles, A. R., Davies, W., & Wilkinson, L. S. (2006). Genomic imprinting and the social brain. *Philosophical Transactions of the Royal Society of London B: Biological Sciences*, 361, 2229–2237.

Jackowska, M., Hamer, M., Carvalho, L. A., Erusalimsky, J. D., Butcher, L., et al. (2012). Short sleep duration is associated with shorter telomere length in healthy men: Findings from the Whitehall II Cohort Study. *PLoS ONE*, 7(10), e47292. doi:10.1371/journal.pone.0047292.

Janecka, M., Rijsdijk, F., Rai, D., Modabbernia, A., & Reichenberg, A. (2017). Advantageous developmental outcomes of advancing paternal age. *Translational Psychiatry*, 7, e1156; doi:10.1038/tp.2017.125; published online June 20, 2017.

Jedrej, M. C., & Shaw, R. (eds.). (1992). *Dreaming, Religion, and Society in Africa*. Leiden: E. J. Brill.

Jouvet, M. (1999). *The Paradox of Sleep: The Story of Dreaming*. Cambridge, MA: MIT Press.

Jouvet, D., Vimont, P., Delorme, F., & Jouvet, M. (1964). Study of selective deprivation of the paradoxal sleep phase in the cat. *Comptes Rendus des Seances de la Societe de Biology et de ses Filiales*, 158, 756–759.

Kahn, D., Stickgold, R., Pace-Schott, E. F., & Hobson, J. A. (2000). Dreaming and waking consciousness: A character recognition study. *Journal of Sleep Research*, 9(4), 317–325.

Karmanova, I. G. (1982). Evolution of Sleep: *Stages of the Formation of the Wakefulness-Sleep Cycle in Vertebrates*. Basel: Karger.

Kaufmann, C., Wehrle, R., Wetter, T. C., Holsboer, F., Auer, D. P., Pollmacher, T., & Czisch, M. (2006). Brain activation and hypothalamic functional connectivity during human non-rapid eye movement sleep: An EEG/fMRI study. *Brain*, 129(3), 655–667.

Keller, P. S. (2011). Sleep and attachment. In M. El-Sheikh (ed.). *Sleep and Development* (pp. 49–77). New York: Oxford University Press.

Kennedy, D. P., & Adolphs, R. (2012). The social brain in psychiatric and neurological disorders. *Trends in Cognitive Science*, 16(11), 559–572. doi: 10.1016/j.tics.2012.09.006. Epub October 6, 2012. Review. PMID: 23047070.

Kern, S., Auer, A., Gutsche, M., Otto, A., Preuß, K., & Schredl, M. (2014). Relationship between political, musical and sports activities in waking life and the frequency of these dream types in politics and psychology students. *International Journal of Dream Research*, 7(1), 80–84.

Keverne, E. B., & Curley, J. P. (2008). Epigenetics, brain evolution and behavior. *Front Neuroendocrinol*, 29, 398–412.

Keverne, E. B., Martel, F. L., & Nevison, C. M. (1996). Primate brain evolution: Genetic and functional considerations. *Proceedings of the Royal Society of London B: Biological Sciences*, 263, 689–696.

Kilborne, B. J. (1981). Moroccan dream interpretation and culturally constituted defense mechanisms. *Ethos*, 9(4), 294–312.

Kilduff, T. S., Krilowicz, B., Milsom, W. K., Trachsel, L., & Wang, L. C. (1993). Sleep and mammalian hibernation: Homologous adaptations and homologous processes? *Sleep*, 16(4), 372–386.

Kirkwood, T. B. L., & Holliday, R. (1979). The evolution of ageing and longevity. *Proceedings of the Royal Society of London B: Biological Sciences*, 205, 531–546.

Kochanek, K. D., Murphy, S. L., Xu, J., & Arias, E. (2014). Mortality in the United States, (178), 1–8. NCHS Data Brief. PMID: 25549183.

Kracke, W. (1979). Dreaming in Kagwahiv: Dream beliefs and their psychic uses in Amazonian culture. *Psychoanalytical Study of Society*, 8, 119–171.

Krakow, B., & Zadra, A. (2010). Imagery rehearsal therapy: Principles and practice. *Sleep Medicine Clinics*, 4(2), 289–298.

Kramer, M. (1993). The selective mood regulatory function of dreaming: An update and revision. In A. Moffit, M. Kramer, & R. Hoffman (eds.), *The Functions of Dreaming*. Albany: State University of New York Press.

Kripke, D. F., Langer, R. D., Elliott, J. A., Klauber, M. R., & Rex, K. M. Mortality related to actigraphic long and short sleep. *Sleep Medicine*, 12,(1), 28–33.

Krueger, J. M., Obal, F., & Fang, J. (1999). Why we sleep: A theoretical view of sleep function. *Sleep Medicine Reviews*, 3(2), 119–129.

Kuiken, D. L., & Sikora, S. (1993). The impact of dreams on waking thoughts and feelings. In A. Moffitt, M. Kramer, & R. Hoffman (eds.), *The Functions of Dreaming*. Albany: State University of New York Press.

Kuiken, D. L., Nielsen, T. A., Thomas, S., & McTaggart, D. (1983). Comparisons of the story structure of archetypal dreams, mundane dreams, and myths. *Sleep Research*, 12, 196.

Kushida, C. A., Bergmann, B. M., & Rechtschaffen, A. (1989). Sleep deprivation in the rat: Paradoxical sleep deprivation. *Sleep*, 12, 22–30.

LaBerge, S. P., Kahan, T. L., & Levitan, L. (1995). Cognition in dreaming and waking. *Sleep Research*, 24A, 239.

Lai, Y.-Y., & Siegel, J. (1999). Muscle atonia in REM sleep. In S. Inoue (ed.), *Rapid Eye Movement Sleep* (pp. 69–90). New York: Dekker.

Lakoff, G. (2001). How metaphor structures dreams. The theory of conceptual metaphor applied to dream analysis. In K. Bulkeley (ed.), *Dreams: A Reader on Religious, Cultural and Psychological Dimensions of Dreaming* (pp. 265–284). New York: Palgrave.

Laughlin, C. D. (2011). *Communing with the Gods: Consciousness, Culture, and the Dreaming Brain.* Brisbane: Daily Grail.

Ledoux, J. (ed.). (1996). *The Emotional Brain*. New York: Simon and Schuster.

Li, W., Ma, L., Yang, G., & Gan, W. B. (2017). REM sleep selectively prunes and maintains new synapses in development and learning. *Nature Neuroscience*, 20(3), 427–437. doi: 10.1038/nn.4479. Epub January 16, 2017. PMID: 28092659.

Lieberman, M. (2014). *Social: Why Our Brains Are Wired to Connect*. New York: Broadway Books Inc.

Lincoln, J. S. (1935). *The Dream in Primitive Cultures*. Oxford: Cresset Press.

Lohmann, R. (2003). *Dream Travelers: Sleep Experiences and Culture in the Western Pacific*. New York: Palgrave Macmillan.

Lyamin, O. I., Manger, P. R., Ridgeway, S. H., Mukhametov, L. M., & Siegel, J. M. (2008). Cetacean sleep: An unusual form of mammalian sleep. *Neuroscience and Biobehavioral Reviews*, 32, 1451–1484.

Lyamin O. I. et al. (2016). Monoamine release during unihemispheric sleep and unihemispheric waking in the fur-seal. *Sleep*, 39(3), 625–636.

Lugaresi, E., Medori, R., Montagna, P., Baruzzi, A., Cortelli, P., Lugaresi, A., et al. (1986). Fatal familial insomnia and dysautonomia with selective degeneration of thalamic nuclei. *New England Journal of Medicine*, 315, 997–1003.

Madsen, P. C., Holm, S., Vorstup, S., Friberg, L., Lassen, N. A. & Wildschiodtz, L. F. (1991) Human regional cerebral blood flow during rapid eye movement sleep. *Journal of Cerebral Blood Flow and Metabolism*, 11, 502–507.

Mahowald, M. W., & Cramer Bornemann, M. A. (2011). Non-REM arousal parasomnias. In M. Kryger, T. Roth, & W. C. Dement (eds.), *Principles and Practice of Sleep Medicine* (5th edn). Philadelphia: W. B. Saunders Co.

Mahowald, M. W., & Schenck, C. H. (2011). REM sleep parasomnias. In M. Kryger, T. Roth, & W. C. Dement (eds.), *Principles and Practice of Sleep Medicine* (5th edn). Philadelphia: W. B. Saunders Co.

Manford, M., & Andermann, F. (1998) Complex visual hallucinations: Clinical and neurobiological insights. *Brain*, 121, 1819–1840.

Margoliash, D. (2005). Song learning and sleep. *Nature Neuroscience*, 8, 546–548. doi:10.1038/nn0505-546.

Maquet, P. (2000). Functional neuroimaging of normal human sleep by positron emission tomography. *Journal of Sleep Research*, 9, 207–231.

Maquet, P., & Franck, G. (1997). REM sleep and amygdala. *Molecular Psychiatry*, 2(3), 195–196.

Maquet, P., Smith, C., & Stickgold, R. (eds.) (2003). *Sleep and Brain Plasticity*. Oxford: Oxford University Press.

Maquet, P., Degueldre, C., Delfiore, G., Aerts, J., Peters, J.M., Luxen, A., & Franck, G.(1997). Functional neuroanatomy of human slow wave sleep. *The Journal of Neuroscience*, 17, 2807–2812.

Maquet, P., Peters, J. M., Aerts, J., Delfiore, G., Degueldre, C., Luxen, A., & Franck, G. (1996). Functional neuroanatomy of human rapid-eyemovement sleep and dreaming. *Nature*, 383, 163–166.

Maquet, P., Ruby, P., Maudoux, A., Albouy, G., Sterpenich, V., Dang-Vu, T., Desseilles, M., Boly, M., Perrin, F., Peigneux, P., & Laureys, S. (2005). Human cognition during REM sleep and the activity profile within frontal and parietal cortices: A reappraisal of functional neuroimaging data. *Progress in Brain Research*, 150, 219–227.

Maquet, P., Ruby, P., Schwartz, S., Laureys, S., Albouy, G., Dang-Vu, T., Desseilles, M., Boly, M., & Peigneux, P. (2004). Regional organization of brain activity during paradoxical sleep (PS). *Archives Italiennes de Biologie*, 142(4), 413–419.

Marks, G. A., Shaffrey, J. P., Oksenberg, A., Speciale, S. G., & Roffwarg, H. (1995). A functional role for REM sleep in brain maturation. *Behavioural Brain Research*, 69, 1–11.

Mars, R. B., Neubert, F. X., Noonan, M. P., Sallet, J., Toni, I., & Rushworth, M. F. (2012). On the relationship between the "default mode network" and the "social brain." *Frontiers in Human Neuroscience*, 6, 189. doi: 10.3389/fnhum.2012.00189. eCollection 2012.

Matheson, E., & Hainer, B. L. (2017). Insomnia: Pharmacologic therapy. *American Family Physician*, 96(1), 29–35. Review. PMID: 28671376.

McKenna, J. J., & Mosko, S. S. (1994). Sleep and arousal, synchrony and independence, among mothers and infants sleeping apart and together (same bed): An experiment in evolutionary medicine. *Acta Paediatrica*, 397, 94–102.

McKenna, J. J., Mosko, S., Dungy, C., & McAninch, J. (1990). Sleep and arousal patterns of co-sleeping human mother/infant pairs: A preliminary physiological study with implications for the study of sudden infant death syndrome (SIDS). *American Journal of Physical Anthropology*, 83, 331–347.

McKenna, J. J., Thoman, E. B., Anders, T. F., Sadeh, A., Schechtman, V. L., & Glotzbach, S. F. (1993). Infant- parent co-sleeping in an evolutionary perspective: Implications for understanding infant sleep development and the Sudden Infant Death Syndrome. *Sleep*, 16, 263–282.

McNamara, K. (1997). *Shapes of Time: The Evolution of Growth and Development*. Baltimore: Johns Hopkins University Press.

McNamara, P. (2008). *Nightmares: The Science and Solution of Those Frightening Visions during Sleep*. Westport, CT: Praeger Perspectives.

(2004). *An Evolutionary Psychology of Sleep and Dreams*. Westport, CT: Praeger/Greenwood Press.

(2000). Counterfactual thought in dreams. *Dreaming*, 10(4), 237–246.

McNamara, P., Anderson, J., Clark, C., Zborowski, M., & Duffy, C. A. (2001). Impact of attachment styles on dream recall and dream content: A test of the attachment hypothesis of REM sleep. *Journal of Sleep Research*, 10, 117–127.

McNamara, P., Ayala, R., & Minsky, A. (2014). REM sleep, dreams, and attachment themes across a single night of sleep: A pilot study. *Dreaming*, 24(4), 290.

McNamara, P., Belsky, J., & Fearon, P. (2003). Infant sleep disorders and attachment: Sleep problems in infants with insecure-resistant versus insecure-avoidant attachments to mother. *Sleep and Hypnosis*, 5(1), 7–16.

McNamara, P., Dowdall, J., & Auerbach, S. (2002). REM sleep, early experience, and the development of reproductive strategies. *Human Nature*, 13, 405–435.

McNamara, P., Johnson, P., McLaren, D., Harris, E., Beauharnais, C., & Auerbach, S. (2010). REM and NREM sleep mentation. *International Review of Neurobiology*, 92, 69–86.

McNamara, P., McLaren, D., Kowalczyk, S., & Pace-Schott, E. (2007). "Theory of Mind" in REM and NREM dreams. In D. Barrett & P. McNamara (eds.), *The New Science of Dreaming: Volume I: Biological Aspects* (pp. 201–220). Westport, CT: Praeger Perspectives.

McNamara, P., McLaren, D., Smith, D., Brown, A., & Stickgold, R. (2005). A "Jekyll and Hyde" within: Aggressive versus friendly social interactions in REM and NREM dreams. *Psychological Science*, 16(2), 130–136. PMID: 15686579.

McNamara, P., Minsky, A., Pae, V., Harris, E., Pace-Schott, E., & Aurbach, S. (2015). Aggression in nightmares and unpleasant dreams and in people reporting recurrent nightmares. *Dreaming*, 25(3), 190–205.

McNamara, P., Pace-Schott, E. F., Johnson, P., Harris, E., & Auerbach, S. (2011). Sleep architecture and sleep-related mentation in securely and insecurely attached young people. *Attachment and Human Development*, 13(2), 141–154.

McNamara, P., Pae, V., Teed, B., Tripodis, Y., & Sebastian, A. (2016) Longitudinal studies of gender differences in cognitional process in dream content. *Journal of Dream Research*, 9(1). doi: hhtp://dx.doi.org/ 10.11.588/ijord.2016.

Merritt, J. M., Stickgold, R., Pace-Schott, E. F., Williams, J., & Hobson, J. A. (1994). Emotion profiles in the dreams of men and women. *Consciousness and Cognition*, 3, 46–60.

Mikulincer, M., Shaver, P. R., & Avihou-Kanza, N. (2011). Individual differences in adult attachment are systematically related to dream narratives. *Attachment & Human development*, 13(2), 105–123. doi:10.1080/14616734.2011.553918.

Mikulincer, M., Shaver, P. R., Sapir-Lavid, Y., & Avihou-Kanza, N. (2009). What's inside the minds of securely and insecurely attached people? The secure-base script and its associations with attachment-style dimensions. *Journal of Personality and Social Psychology*, 97(4), 615. doi:10.1037/a0015649.

Mirmiran, M. (1995). The function of fetal/neonatal rapid eye movement sleep. *Behavioural Brain Research*, 69(1–2), 13–22.

Mirmiran, M., Scholtens, J., van de Poll, N. E., Uylings, H. B., van der Gugten, J., & Boer, G. J. (1983). Effects of experimental suppression of active (REM) sleep during early development upon adult brain and behavior in the rat. *Brain Research*, 283, 277–286.

Montangero, J., & Cavallero, C. (2015). What renders dreams more or less narrative? A microstructural study of REM and stage 2 dreams reported upon morning awakening. *International Journal of Dream Research*, 8(2), 105–119.

Morrell, J., & Steele, H. (2003). The role of attachment security, temperament, maternal perception, and care-giving behavior in persistent infant sleeping problems. *Infant Mental Health*, 24(5), 447–468.

Muzur, A., Pace-Schott, E. F., & Hobson, J. A. (2002), The prefrontal cortex in sleep. *Trends in Cognitive Sciences*, 16, 475–481.

Nathanielsz, P. W. (1996). *Life Before Birth: The Challenges of Fetal Development*. New York: W. H. Freeman.

National Sleep Foundation. https://sleepfoundation.org/media-center/pressrelease/lack-sleep-affecting-americans-finds-the-national-sleepfoundation (downloaded November 16, 2017).

Nielsen, T. A. (2000). A review of mentation in REM and NREM sleep: "Covert" REM sleep as a possible reconciliation of two opposing models. *Behavioral and Brain Sciences*, 23(6), 851–866; discussion 904–1121.

Nielsen, T. A., Deslauriers, D., & Baylor, G. W. (1991). Emotions in dream and waking event reports. *Dreaming*, 1, 287–300.

Nielsen, T. A., Kuiken, D., Hoffman, R., & Moffitt, A. (2001). REM and NREM sleep mentation differences: A question of story structure? *Sleep and Hypnosis*, 3(1), 9–17.

Nielsen, T. A., Kuiken, D., Alain, G., Stenstrom, P., & Powell, R. A. (2004). Immediate and delayed incorporations of events into dreams: Further replication and implications for dream function. *Journal of Sleep Research*, 13(4), 327–336.

Nielsen, T. A., & Levin, R. (2007). Nightmares: A new neurocognitive model. *Sleep Medicine Reviews*, 11, 295–310.

Nir, Y., & Tononi, G. (2010). Dreaming and the brain: From phenomenology to neurophysiology. *Trends in Cognitive Science*, 14(2), 88–100. doi: 10.1016/j.tics.2009.12.001. Epub January 14, 2010.

Nofzinger, E. A., Buysse, D. J., Miewald, J. M., Meltzer, C. C., Price, J. C., Sembrat, R. C., Ombao, H., Reynolds, C. F., Monk, T. H., Hall, M., Kupfer, D. J., & Moore, R. Y. (2002) Human regional cerebral glucose metabolism during non-rapid eye movement sleep in relation to waking. *Brain*, 125, 1105–1115.

Nunn, C. L., McNamara, P., Capellini, I., Preston, B. T., & Barton, R. A. (2010). Primate sleep in phylogenetic perspective. In P. McNamara, R. A. Barton, & C. L. Nunn (eds.), *Evolution of Sleep: Phylogenetic and Functional Perspectives* (pp. 123–144). New York: Cambridge University Press.

Nunn, C. L., Samson, D. R., & Krystal, A. D. (2016). Shining evolutionary light on human sleep and sleep disorders. *Evolution, Medicine, and Public Health*, (1), 227–243. doi: 10.1093/emph/eow018. Print 2016. Review. PMID: 27470330.

Oberst, U., Charles, C., & Chamarro, A. (2005). Influence of gender and age in aggressive dream content of Spanish children and adolescents. *Dreaming*, (15), 170–177.

Offenkrantz, W., & Rechtschaffen, A. (1963). Clinical studies of sequential dreams: A patient in psychotherapy. *Archives of General Psychiatry*, 8, 497–508.

Ohayon, M. M., Carskadon, M. A., Guilleminault, C., & Vitiello, M. V. Meta-Analysis of quantitative sleep parameters from childhood to old age in healthy individuals: Developing normative sleep values across the human lifespan. *Sleep*, 27(7), 1255–1273.

Ohayon, M. M., Morselli, P. L., & Guilleminault, C. (1997). Prevalence of nightmares and their relationship to psychopathology and daytime functioning in insomnia subjects. *Sleep*, 20, 340–348.

Oksenberg, A., Shaffery, J. P., Marks, G. A., Speciale, S. G., Mihailoff, G., & Roffwarg, H. P. (1996). Rapid eye movement sleep deprivation in kittens amplifies LGN cell-size disparity induced by monocular deprivation. *Brain Research: Developmental Brain Research*, 97, 51–61.

Opp, M. R., & Krueger, J. M. (2015). Sleep and immunity: A growing field with clinical impact. *Brain, Behavior, and Immunity*, 47, 1–3. doi: 10.1016/j.bbi.2015.03.011. Epub April 4, 2015. PMID:25849976.

Oudiette, D., Dealberto, M. J., Uguccioni, G., Golmard, J. L., MerinoAndreu, M., Tafti, M., Garma, L., Schwartz, S., & Arnulf, I. (2012). Dreaming without REM sleep. *Consciousness and Cognition*, 21(3), 1129–1140. doi: 10.1016/j.concog.2012.04.010. Epub May 29. PMID:22647346.

Pace-Schott, E. F., & Picchioni, D. (2017). Neurobiology of dreaming. In M. Kryger, T. Roth, & W. C. Dement (eds.) *Principles and Practice of Sleep Medicine* (6th edn, pp. 529–538). Philadelphia: Elsevier.

Pace-Schott, E. F. (2013). Dreaming as a story-telling instinct. *Frontiers in Psychology*, 4, 159. doi: 10.3389/fpsyg.2013.00159.

Pace-Schott, E. F., & Hobson, J. A. The neurobiology of sleep: Genetics, cellular physiology and subcortical networks. *Nature Reviews Neuroscience*, 3, 591–605.

Pack, A. I. (1995). The prevalence of work-related sleep problems. *Journal of General Internal Medicine*, 10(1), 57. PMID: 7699486.

Parker, J. D., & Blackmore, S. (2002). Comparing the contents of sleep paralysis and dream reports. *Dreaming*, 12(1), 45–59.

Peluso, D. M. (2004). “That which I dream is true”: Dream narratives in an Amazonian community. *Dreaming*,

14(2–3), 107–119.

Peña, M. M., Rifas-Shiman, S. L., Gillman, M. W., Redline, S., & Taveras, E. M. (2016). Racial/ethnic and socio-contextual correlates of chronic sleep curtailment in childhood. *Sleep*, 39(9), 1653–1661.

Perogamvrosa, L., & Schwartz, S. (2012). The roles of the reward system in sleep and dreaming. *Neuroscience and Biobehavioral Reviews*, 36, 1934–1951.

Plihal, W., & Born, J. (1997). Effects of early and late nocturnal sleep on declarative and procedural memory. *Journal of Cognitive Neuroscience*, 9, 534–547.

Preston, B. T., Capellini, I., McNamara, P., Barton, R. A., & Nunn, C. L. (2009). Parasite resistance and the adaptive significance of sleep. *BMC Evolutionary Biology*, 9(7). PMID: 19134175.

Proud, L. (2009). *Dark Intrusions*. San Antonio, TX: Anomalist Books.

Rattenborg, N. C., Amlaner, C. J., & Lima, S. L. (2000). Behavioral, neurophysiological and evolutionary perspectives on unihemispheric sleep. *Neuroscience and Biobehavioral Reviews*, 24, 817–842.

Rattenborg, N. C., Martinez-Gonzalez, D., & Lesku, J. A. Avian sleep homeostasis: Convergent evolution of complex brains, cognition and sleep functions in mammals and birds. *Neuroscience and Biobehavioral Reviews*, 33, 253–270.

Rechtschaffen, A., Bergmann, B. M., Everson, C. A., Kushida, C. A., & Gilliland, M. A. Sleep deprivation in the rat. *Sleep*, 12(1), 68–87.

Reite, M., & Short, R. (1978). Nocturnal sleep in separated monkey infants. *Archives of General Psychiatry*, 35, 1247–1253.

Reite, M., Stynes, A. J., Vaughn, L., Pauley, J. D., & Short, R. A. (1976). Sleep in infant monkeys: Normal values and behavioral correlates. *Physiology and Behavior*, 16(3), 245–251.

Resnick, J., Stickgold, R., Rittenhouse, C. D., & Hobson, J. A. (1994) Self-representation and bizarreness in children's dream reports collected in the home setting. *Consciousness and Cognition*, 3, 30–45.

Revonsuo, A. (2000). The reinterpretation of dreams: An evolutionary hypothesis of the function of dreaming. *Behavioral and Brain Sciences*, 23, 877–901; discussion 904–1121.

Revonsuo, A., Tuominen, J. & Valli, K. (2015). The avatars in the machine: dreaming as a simulation of social reality. In T. Metzinger & J. M. Windt (eds), *Open MIND*: 32(T) (pp. 1–28). Frankfurt am Main. doi: 10.15502/9783958570375.

Runyan, M. (2010). Do twins dream twin dreams? A quantitative comparison with singles' dreams (UMI Number: 3389215 ProQuest LLC 789 East Eisenhower Parkway P.O. Box 1346 Ann Arbor, MI 48106–1346).

Sándor, P., Szakadát, S., & Bódizs, R. (2014). Ontogeny of dreaming: A review of empirical studies. *Sleep Medicine Reviews*. 18(5), 435–449. doi: 10.1016/j.smrv.2014.02.001. Epub February 12, 2014. Review. PMID: 24629827.

Sagi, A., van Ijzendoorn, M. H., Aviezer, O., Donnell, F., & Mayseless, O. (1994). Sleeping out of home in a Kibbutz communal arrangement: It makes a difference for infant-mother attachment. *Child Development*, 65(4), 992–1004.

Salzarulo, P., & Ficca, G. (eds.). (2002). *Awakening and Sleep Cycle across Development. Amsterdam*: John Benjamins.

Samson, D. R., Crittenden, A. N., Mabulla, I. A., Mabulla, A. Z., & Nunn, C. L. (2017). Hadza sleep biology: Evidence for flexible sleep-wake patterns in hunter-gatherers. *American Journal of Physical Anthropology*, 162(3), 573–582. doi: 10.1002/ajpa.23160. Epub January 7, 2017. PMID: 28063234.

Samson, D. R., & Nunn, C. L. (2015). Sleep intensity and the evolution of human cognition. *Evolutionary Anthropology*, 24(6), 225–237. doi: 10.1002/evan.21464. PMID: 26662946.

Saper, C. B., Scammell, T. E., & Lu, J. (2005). Hypothalamic regulation of sleep and circadian rhythms. *Nature*, 437(7063), 1257–1263.

Scher, A. (2001). Attachment and sleep: a study of night waking in 12-month-old infants. *Development Psychobi-*

ology, 38(4), 274–285.

Schouten, D. I., Pereira, S. I., Tops, M., & Louzada, F. M. (2017). State of the art on targeted memory reactivation: Sleep your way to enhanced cognition. *Sleep Medicine Reviews*, 32, 123–131. doi: 10.1016/j.smrv.2016.04.002. Epub April 21, 2016. Review. PMID: 27296303.

Schredl, M., & Hofmann, F. (2003). Continuity between waking activities and dream activities. *Consciousness and Cognition*, 12(2), 298–308. 10.1016/S1053–8100(02)00072–7.

Schwartz, S., & Maquet, P. (2002). Sleep imaging and the neuro-psychological assessment of dreams. *Trends in Cognitive Science*, 6(1), 23–30. PMID:11849612.

Schweickert, R. (2007). Social networks of characters in dreams. In D. Barrett & P. McNamara (eds.), *The New Science of Dreaming*. Westport, CT: Praeger.

Sejnowski, T. J., & Destexhe, A. (2000). Why do we sleep? *Brain Research*, 886(1–2), 208–223.

Selterman, D. F., Apetroaia, A. I., Riela, S., & Aron, A. (2014). Dreaming of you: Behavior and emotion in dreams of significant others predict subsequent relational behavior. *Social Psychological and Personality Science*, 5(1), 111–118. doi: 10.1177/1948550613486678.

Selterman, D., Apetroaia, A., & Waters, E. (2012). Script-like attachment representations in dreams containing current romantic partners. *Attachment and Human Development*, 14, 501–515. doi:10.1080/14616734.2012.706395.

Selterman, D., & Drigotas, S. (2009). Attachment styles and emotional content, stress, and conflict in dreams of romantic partners. *Dreaming*, 19, 135–151. doi: 10.1037/a0017087.

Shein-Idelson, M., Ondracek, J., Liaw, H.-P., Reiter, S., & Laurent, G. (2016). Slow waves, sharp-waves, ripples and REM in sleeping dragons. *Science*, 29.

Siclari, F., Khatami, R., Urbaniok, F., Nobili, L., Mahowald, M. W., Schenck, C. H., Cramer Bornemann, M. A., & Bassetti, C. L. (2010). Violence in sleep. *Brain*, 133(12), 3494–3509. doi: 10.1093/brain/awq296.

Siclari, F., Baird, B., Perogmvros, L., Bernardi1, G., LaRocque, J., Riedner, B., Boly, M., Postle, B., & Tononi, G. (2017). The neural correlates of dreaming. *Nature Neuroscience*, published online April 10, 2017; doi:10.1038/nn.4545.

Siegel, J. M. (2008). Do all animals sleep? *Trends in Neuroscience*, 31(4), 208–213.

(2005). Clues to the functions of mammalian sleep. *Nature*, 437, 1264–1271.

Simard, V., Chevalier, V., & Bédard, M. M. (2017). Sleep and attachment in early childhood: a series of meta-analyses. *Attachment and Human Development*, 19(3), 298–321. doi: 10.1080/14616734.2017.1293703. Epub February 20, 2017. PMID: 28277095.

Smith, C. (1995). Sleep states and memory processes. *Behavioural Brain Research*, 69(1–2), 137–145.

(1996). Sleep states, memory processes and synaptic plasticity. *Behavioural Brain Research*, 78, 49–56.

Smith, M. R., Antrobus, J. S., Gordon, E., Tucker, M. A., Hirota, Y., Wamsley, E. J., Ross, L., Doan, T., Chaklader, A., & Emery, R. N. (2004). Motivation and affect in REM sleep and the mentation reporting process. *Conscious and Cognition*, 13(3), 501–511.

Solms, M. (1997). *The Neuropsychology of Dreams*. Mahwah, NJ: Lawrence Erlbaum.

(2000). Dreaming and REM sleep are controlled by different brain mechanisms. *Behavioral and Brain Sciences*, 23, 843–850; discussion 904–1121.

Spoormaker, V. I., Schredl, M., & van den Bout, J. (2006). Nightmares: From anxiety symptom to sleep disorder. *Sleep Medicine Reviews*, 10(1), 19–31.

Spoormaker, V. (2008). A cognitive model of recurrent nightmares. *International Journal of Dream Research*, 1(1), 15–22.

Stepansky, R., Holzinger, B., Schmeiser-Rieder, A., Saletu, B., Kunze, M., & Zeitlhofer, J. (1998). Austrian dream behavior: Results of a representative population survey. *Dreaming*, 8, 23–30.

Stickgold, R. (2013). Parsing the role of sleep in memory processing. *Current opinion in neurobiology*, 23(5),

847–853.

(2005). Sleep-dependent memory consolidation. *Nature*, 437, 1272–1278.

Stickgold, R., Scott, L., Fosse, R., & Hobson, J. A. (2001). Brain-mind states: Longitudinal field study of wake-sleep factors influencing mentation report length. *Sleep*, 24(2), 171–179.

Stickgold, R., Scott, L., Rittenhouse, C., & Hobson, J. A. (1998). Sleep induced changes in associative memory. *Journal of Cognitive Neuroscience*, 11, 182–193.

Stickgold, R., & Walker, M. P. (2005). Memory consolidation and reconsolidation: What is the role of sleep? *Trends in Neuroscience*, 28(8), 408–415. Review. PMID: 15979164.

Stickgold, R., & Walker, M. P. (2013). Sleep-dependent memory triage: evolving generalization through selective processing. *Nature Neuroscience*, 16(2), 139–145. doi: 10.1038/nn.3303. Epub January 28, 2013. Review. PMID: 23354387.

Stranges, S., Tigbe, W., Gómez-Olivé, F. X., Thorogood, M., & Kandala, N. B. (2012). Sleep problems: An emerging global epidemic? *Sleep*, 35(8), 1173–1181. doi: 10.5665/sleep.2012. PMID: 22851813.

Strauch, I. (2005). REM dreaming in the transition from late childhood to adolescence: a longitudinal study. *Dreaming*, 15, 155–169.

Strauch, I., & Meier, B. (1996). *In Search of Dreams: Results of Experimental Dream Research*. Albany: State University of New York Press.

Steiger, A. (2003). Sleep and endocrinology. *Journal of Internal Medicine*, 254, 13–22.

Stearns, S. (1992). *The evolution of life histories*. New York: Oxford University Press.

Strecker, R. E., Basheer, R., McKenna, J. T., & McCarley, R. W. (2006). Another chapter in the adenosine story. *Sleep*, 29(4), 426–428.

Tafti, M., & Franken, P. (2002). Invited review: Genetic dissection of sleep. *Journal of Applied Physiology*, 92, 1339–1347.

Tedlock, B. (1987). Dreaming and dream research. In B. Tedlock (ed.), *Dreaming: Anthropological and Psychological Interpretations* (pp. 1–30). Cambridge: Cambridge University Press.

(1992). *Dreaming: Anthropological and Psychological Interpretations*. Albuquerque, NM: School of America Research Press.

Terzano, M. G., Mancia, D., Salati, M. R., Costani, G., Decembrino, A., & Parrino, L. (1985). The cyclic alternating pattern as a physiologic component of normal NREM sleep. *Sleep*, 8(2), 137–145.

Tononi, G., & Cirelli, C. (2006). Sleep function and synaptic homeostasis. *Sleep Medicine Reviews*, 10(2006), 49–62.

Trivers, R. L. (1974). Parent offspring conflict. *American Zoologist*, 14, 249–264.

Trosman, H., Rechtschaffen, A., Offenkrantz, W., & Wolpert, E. (1960). Studies in psychophysiology of dreams: Relations among dreams in sequence. *Archives of General Psychiatry*, 3, 602–607.

Troxel, W. M. (2010). It's more than sex: Exploring the dyadic nature of sleep and implications for health. *Psychosomatic Medicine*, 72(6), 578–586. doi: 10.1097/PSY.0b013e3181de7ff8. Epub May 13, 2010. Review. PMID: 20467000.

Troxel, W. M., Trentacosta, C. J., Forbes, E. E., & Campbell, S. B. (2013). Negative emotionality moderates associations among attachment, toddler sleep, and later problem behaviors. *Journal of Family Psychology*, 27(1), 127–136.

Tucci, V. (2016). Genomic imprinting: A new epigenetic perspective of sleep regulation. *PLOS Genetics*, 12(5), e1006004. https://doi.org/10.1371/ journal.pgen.1006004.

Ubeda, F., & Gardner, A. (2010). A model for genomic imprinting in the social brain: Juveniles. *Evolution*, 64, 2587–2600.

(2011). A model for genomic imprinting in the social brain: Adults. *Evolution*, 65, 462–475.

Uguccioni, G., Golmard, J.-L., de Fontréaux, A. N., Leu-Semenescu, S., Brion, A., & Arnulf, I. (2013). Fight or flight? Dream content during sleepwalking/sleep terrors vs. rapid eye movement sleep behavior disorder. *Sleep Medicine*, 14(5), 391–398.

Van de Castle, R. (1994). *Our Dreaming Mind*. New York: Ballantine. (1970). Temporal patterns of dreams. In E. Hartmann (ed.), *Sleep and Dreaming* (pp. 171–181). Boston: Little, Brown.

Van der Helm, E., & Walker, M. P. (2011a). Sleep and emotional memory processing. *Sleep Medicine Clinics*, 6(1), 31–43. PMID:25285060.

van der Helm, E., Yao, J., Dutt, S., Rao, V., Saletin, J. M., & Walker, M. P. (2011b). REM sleep de-potentiates amygdala activity to previous emotional experiences. *Current Biology*, 21(23), 2029–2032.

Vela-Bueno, A., Kales, A., Soldatos, C. R., Dobladez-Blanco, B., CamposCastello, J., Espino-Hurtado, P., et al. (1984). Sleep in the Prader-Willi syndrome: Clinical and polygraphic findings. *Archives of Neurology*, 41(3), 294–296.

Velasquez-Moctezuma, J., Salazar, E. D., & Retana-Marquez, S. (1996). Effects of short- and long-term sleep deprivation on sexual behavior in male rats. *Physiology and Behavior*, 59, 277–281.

Verdone, P. (1965). Temporal reference of manifest dream content. *Perceptual and Motor Skills*, 20, 1253–1268.

Verrier, R. L., Muller, J. E., & Hobson, J. A. (1996). Sleep, dreams, and sudden death: The case for sleep as an autonomic stress test for the heart. *Cardiovascular Research*, 31(2), 181–211. Review. PMID: 8730394.

Vgontzas, A. N., Kales, A., Seip, J., Mascari, M. J., Bixler, E. O., Myers, D. C., et al. (1996). Relationship of sleep abnormalities to patient genotypes in Prader-Willi syndrome. *American Journal of Medical Genetics*, 67, 478–482.

Vogel, G., & Hagler, M. (1996). Effects of neonatally administered iprindole on adult behaviors of rats. *Pharmacology, Biochemistry, and Behavior*, 55(1), 157–161.

Vogel, G. W. (1999). REM sleep deprivation and behavioral changes. In S. Inoue (ed.), *Rapid Eye Movement sleep* (pp. 355–366). New York: Dekker.

Wagner, U., Gais, S., & Born, J. (2001). Emotional memory formation is enhanced across sleep intervals with high amounts of rapid eye movement sleep. *Learning and Memory*, 8(2), 112–119.

Wagner, U., Gais, S., Haider, H., Verleger, R., & Born, J. (2004). Sleep inspires insight. *Nature*, 427, 352–355.

Walker, M. P. (2005). A refined model of sleep and the time course of memory formation. *Behavioral and Brain Sciences*, 28(1), 51–64; discussion 64–104. Review. PMID:16047457.

Walker, M. P., & Stickgold, R. Sleep-dependent learning and memory consolidation. *Neuron*, 44, 121–133.

Walker, M. P., & Stickgold, R. (2006). Sleep, memory, and plasticity. *Annual Review of Psychology*, 57, 139–166. Review. PMID: 16318592.

Walker, M. P., Brakefield, T., Morgan, A., Hobson, J. A.,& Stickgold, R. (2002). Practice with sleep makes perfect: Sleep-dependent motor skill learning. *Neuron*, 35, 205–211.

Werth, E., Achermann, P., & Borbely, A. A. (1996). Brain topography of the human sleep EEG: Antero-posterior shifts of spectral power. *NeuroReport*, 8, 123–127.

Werth, E., Achermann, P., & Borbely A. A. (1997). Fronto-occipital EEG power gradients in human sleep. *Journal of Sleep Research*, 6, 102–112.

White, H. (1999). *Figural Realism: Studies in Mimesis Effect*. Baltimore: Johns Hopkins University Press.

Wilson, M. A., & McNaughton, B. L. (1994). Reactivation of hippocampal ensemble memories during sleep. *Science*, 265, 676–679.

Windt, J. M. (2015). *Dreaming: A Conceptual Framework for Philosophy of Mind and Empirical Research*. Cambridge, MA: MIT Press.

Winget, C., & Kramer, M. (1979). *Dimensions of the Dream*. Gainesville: University of Florida Press.

Winson, J. (1985). *Brain and Psyche*. New York: Doubleday.

Yetish, G., Kaplan, H., Gurven, M., et al. (2015). Natural sleep and its seasonal variations in three pre-industrial societies. *Current Biology*, 25, 2862–2868.

索　引

（索引所表示数字为本书边码）

译后记

人的一生中大约有三分之一的时间是在睡眠中度过的，睡眠可谓是人生大事。庄生晓梦迷蝴蝶，我们在睡眠的过程中常常会进入梦境。对于睡眠与梦这样奇妙的状态，古往今来许多人尝试给出解释，而如何科学地理解睡眠与梦，则是许多研究者一直苦苦想要破解的难题。

我们在高校长期从事大学生心理健康教育与咨询工作。睡眠一直是大学生来访群体中比较突出的问题，梦也是心理咨询中经常会涉及的议题。非常高兴可以有机会翻译《睡眠与梦的神经科学》，让我们得以先睹为快，读到这本集大成的学术前沿作品，了解到睡眠与梦等领域的国际前沿的神经科学研究成果。

心理咨询是一个科学与艺术相结合、科研与应用相融合的专业。一线心理工作者在做好咨询实务的同时，应当保持对科研前沿进展的敏感性，向成为“研究—实践”型心理工作者努力奋进。我们相信睡眠与梦的前沿内容对我们今后的心理健康教育工作有重要的启示和指导意义。

非常感激浙江教育出版社编辑们为这本书付出的辛勤劳动，他们无论是工作还是为人，始终能让我们感受到出版社编辑严谨、可靠、包容、坚定的人格魅力。他们对文字的敬畏之心，是我们不断学习的榜样。

特别感谢后来参与到本书翻译工作中的史可卉，她认真校译了全书，对本书的顺利出版有着不可磨灭的作用。这是我们几位首次合作翻译学术著作，虽然尽了自己最大努力，但是肯定有错误和疏漏之处，希望读者可以多加指正。

人生大事，不容忽视。良好睡眠，健康同行！

黄俊锋　张大山

2023 年 8 月